21世纪应用型本科教材

电工电子技术

——电工技术与计算机仿真

王维荣　主编

上海交通大学出版社

内 容 简 介

　　本书是面向 21 世纪应用型本科教材,是应用型本科人才培养创新教材出版工程规划教材,是根据 1995 年国家教育委员会颁发的高等工业学校"电工技术"(电工学)和"电子技术"(电子学)两门课程的教学基本要求编写的。随着计算机的飞速发展,电工、电子技术与计算机软件技术的结合已成为当前学习电工学的大趋势,因此书中在第 2 章较早地简介了 EWB 仿真软件,并在以后相关章节增加了计算机电路仿真分析设计的内容,以利于学生软硬结合学好电工、电子技术。

　　本书分两册出版。一册是电工技术与计算机仿真;一册是电子技术与计算机仿真。各章均附有一定量的习题,另与黄大勉主编的电工与电子技术实训教材,作为与本书配套的实验指导书,以利于学生理论联系实际。本书可作为高等学校非电类专业上述两门课程的教材,也可供工程技术人员参考。

图书在版编目（C I P）数据

电工电子技术. 电工技术与计算机仿真／王维荣主编.
上海: 上海交通大学出版社，2007
ISBN 7-313-04578-6

Ⅰ.电... Ⅱ.王... Ⅲ.①电工技术－高等学校－
教材②电子技术－高等学校－教材③计算机仿真－高等
学校－教材 Ⅳ.①TM②TN

中国版本图书馆CIP数据核字（2006）第111718号

电工电子技术
一电工技术与计算机仿真
王维荣　主编
上海交通大学出版社出版发行
（上海市番禺路 877 号　邮政编码200030）
电话:64071208　出版人:张天蔚
常熟市文化印刷有限公司印刷　全国新华书店经销
开本:787mm × 960mm　1/16　印张:16.75　字数:315 千字
2007 年 1 月第 1 版　2007 年 1 月第 1 次印刷
印数:1－3 050
ISBN7－313－04578－6/TM·128　定价:24.00元

前　　言

本书是 96 学时左右的电工学教材,是从 21 世纪人才培养要求出发,结合我校依托工业办学、产学结合的教学改革成果,参照 1995 年国家教委颁布的非电类专业"电工技术"、"电子技术"两门课程的教学基本要求编写的。

"电工技术"和"电子技术"是高等学校理工科非电类专业本科学生的一门传统的技术基础课,也是充满改革生气的最有活力的课程。随着 20 世纪 90 年代可编程控制器技术的兴起,进入 21 世纪后许多高校均在电工、电子教材中引入了电子设计自动化(Electronics Design Automation,简称 EDA)技术,为非电类专业的工程技术人才掌握和应用 EDA 技术创造了条件。本书正是在继承传统、面向未来的前提下,根据课程的性质和实际应用情况,对传统的教学内容进行了精选和补充,突出了电工、电子技术的基础性、应用性和先进性,对课程的内容和体系进行了改革。本书以扩大知识面,加强应用性,引入 EDA 技术,结合实验、实训教学和适量的例题、习题为主线,融入电工领域的新技术、新成果以增强教材的创新和特色。考虑到本课程的教学必须与教学方法、教学手段的改革相结合,必须改变过去单纯以传授知识为主的教学观念和方法,必须注重学生的自学能力和创新能力,本书特别在有关章节编写了 EDA 技术的仿真分析,使读者能以计算机为工作平台、以硬件描述语言为电路和器件的设计基础,结合相应的 EDA 开发软件,随心所欲地搭接各种电路,接上相应的虚拟仪表,进行电路的仿真、测试,在计算机上进行预习,加深对课程内容的理解。

本教材分《电工技术与计算机仿真》(内容包括电路的基本理论和分析方法、EDA 基础知识、磁路与变压器、电动机的原理及应用、继电器-接触器控制和可编程控制器(PLC)等)和《电子技术与计算机仿真》(内容包括模拟电子电路、数字电子电路,电路的设计与仿真等)两册,各 48 学时,两学期完成。

参加《电工技术与计算机仿真》编写的有:王维荣(主编)(2、6、7 章),汪关镛(1、3、4 章),黄大勉(5、8、9 章),顾建勤(附录 A),崔红珍(附录 B)。参加《电子技术与计算机仿真》编写的有:范小兰(主编)(10、11、12、13、15、18 章),汪敬华(14 章),王维荣(16、17 章)。赵春锋老师完成了本书所有电路图的编制,何志苠、王艳新、汪敬华、梁艳和张锡民等老师编写了各章节的习题。全书由王维荣、赵春锋统稿,并配全了相关章节的仿真分析。

本书经上海工程技术大学曹林根副教授仔细审阅,提出了修改意见。在此,谨

1

向以上同志表示衷心的感谢。

由于我们的水平有限，书中错误和不妥之处在所难免，殷切希望使用本教材的广大师生和读者给予批评指正。

编　者
2006 年 5 月

目　　录

第 1 章　电路的基本概念和分析方法 ·················· 1

1.1　电路与电路模型 ·································· 1

1.2　电流、电压、电位 ······························ 2

 1.2.1　电流 ····································· 2

 1.2.2　电压 ····································· 2

 1.2.3　物理量的正方向 ·························· 3

 1.2.4　电位的概念 ······························ 4

1.3　电功率 ·· 5

1.4　电阻元件及欧姆定律 ···························· 6

 1.4.1　电阻 ····································· 6

 1.4.2　欧姆定律 ································· 6

1.5　电压源与电流源 ································ 7

 1.5.1　电压源 ··································· 7

 1.5.2　电流源 ··································· 8

 1.5.3　电压源与电流源的等效变换 ················ 8

1.6　基尔霍夫定律 ·································· 10

 1.6.1　基尔霍夫电流定律(KCL) ·················· 11

 1.6.2　基尔霍夫电压定律(KVL) ·················· 12

 1.6.3　关于独立方程的讨论 ······················ 13

1.7　简单的电阻电路 ································ 14

 1.7.1　电阻的串联 ······························ 14

 1.7.2　电阻的并联 ······························ 15

1.8　支路电流法 ···································· 16

1.9　节点电压法 ···································· 17

1.10　叠加原理 ····································· 19

1.11　等效电源定律 ································· 20

 1.11.1　戴维宁定理 ····························· 21

 1.11.2　诺顿定理 ······························· 22

1

1.12　含受控源的电阻电路 ……………………………………… 23

1.13　仿真实验 ……………………………………………………… 25

　　1.13.1　电位、电压的测定 ……………………………………… 25

　　1.13.2　基尔霍夫定律的验证 …………………………………… 26

　　1.13.3　叠加原理的验证 ………………………………………… 27

　　1.13.4　验证戴维宁定理 ………………………………………… 27

习题 …………………………………………………………………… 28

第2章　EWB应用软件入门 ……………………………………… 32

2.1　EWB软件简介 ………………………………………………… 32

　　2.1.1　概述 ………………………………………………………… 32

　　2.1.2　Multisim软件的基本界面 ……………………………… 33

　　2.1.3　Multisim软件的设置 …………………………………… 35

　　2.1.4　电路原理图绘制 …………………………………………… 37

2.2　虚拟仪器的使用与电路分析 ………………………………… 43

　　2.2.1　常用仪器的使用方法 …………………………………… 43

　　2.2.2　Multisim软件的高级分析功能 ………………………… 48

　　2.2.3　举例 ………………………………………………………… 53

第3章　正弦交流电路 ……………………………………………… 54

3.1　正弦交流电的基本概念 ……………………………………… 54

　　3.1.1　瞬时值、幅值和有效值 ………………………………… 54

　　3.1.2　周期、频率和角频率 …………………………………… 55

　　3.1.3　相位、初相位和相位差 ………………………………… 56

3.2　正弦交流电的相量表示法 …………………………………… 57

　　3.2.1　相量和正弦量 …………………………………………… 57

　　3.2.2　正弦量的相量表示法 …………………………………… 58

　　3.2.3　复数坐标的计算器转换法 ……………………………… 59

3.3　电阻、电感和电容元件的正弦交流电路 …………………… 61

　　3.3.1　电阻元件的正弦交流电路 ……………………………… 61

　　3.3.2　电感元件的正弦交流电路 ……………………………… 62

　　3.3.3　电容元件的正弦交流电路 ……………………………… 65

3.4　电阻、电感与电容元件的串联电路 ………………………… 67

3.5　阻抗的串并联 ………………………………………………… 72

3.5.1 阻抗的串联 ··· 72

3.5.2 阻抗的并联 ··· 73

3.6 电路中的谐振 ·· 77

3.6.1 串联谐振 ··· 77

3.6.2 并联谐振 ··· 80

3.7 功率因数的提高 ·· 82

3.8 *RC* 电路的频率特性 ·· 83

3.9 交流电压和电流有效值的仿真分析 ······················· 87

3.9.1 目的 ··· 87

3.9.2 原理及电路 ··· 87

3.9.3 仿真步骤 ··· 88

3.10 感抗和容抗的仿真分析 ···································· 90

3.10.1 目的 ·· 90

3.10.2 原理及电路 ·· 90

3.10.3 仿真步骤 ·· 91

3.11 串联交流电路阻抗的仿真分析 ····························· 93

3.11.1 目的 ·· 93

3.11.2 原理及电路 ·· 93

3.11.3 仿真步骤 ·· 96

3.12 交流电路的功率和功率因数的仿真分析 ··················· 97

3.12.1 目的 ·· 97

3.12.2 原理及电路 ·· 97

3.12.3 仿真步骤 ·· 100

习题 ··· 102

第4章 三相正弦交流电路 ······································ 105

4.1 三相电动势的产生 ·· 105

4.2 三相电路的分析和计算 ······································ 108

4.2.1 星形连接的三相负载 ····································· 108

4.2.2 三角形连接的三相负载 ··································· 112

4.3 三相电路功率 ·· 113

4.4 三相电路仿真实验 ·· 114

4.4.1 实验目的 ··· 114

4.4.2 实验原理及电路 ··· 115

4.4.3 实验内容 ……………………………… 115

4.5 三相电路功率的测量 ……………………… 117

4.5.1 实验目的 ……………………………… 117

4.5.2 实验原理及电路 ……………………… 117

4.5.3 实验内容 ……………………………… 121

习题 …………………………………………… 121

第5章 一阶线性电路的暂态过程分析 ………… 123

5.1 换路定理 …………………………………… 123

5.1.1 产生暂态过程的原因 ………………… 123

5.1.2 换路定理 ……………………………… 123

5.1.3 暂态过程中电路初始值与稳态值的确定 ……… 124

5.2 RC 电路的暂态过程 ……………………… 125

5.2.1 暂态过程分析 ………………………… 125

5.2.2 暂态过程的三种类型 ………………… 127

5.2.3 时间常数 τ 的物理意义 ……………… 129

5.3 一阶线性电路暂态过程的一般求解方法 ……… 130

5.4 RC 电路在矩形脉冲激励下的响应 ………… 132

5.4.1 由电阻两端输出的 RC 电路 ………… 132

5.4.2 由电容两端输出的 RC 电路 ………… 134

5.5 RL 电路的暂态过程分析 ………………… 135

5.6 电容器充电和放电的仿真分析 …………… 137

5.6.1 目的 …………………………………… 137

5.6.2 原理及电路 …………………………… 137

5.6.3 仿真步骤 ……………………………… 138

小结 …………………………………………… 139

习题 …………………………………………… 140

第6章 磁路和变压器 ……………………… 144

6.1 磁路的基本物理量和基本性质 …………… 144

6.2 铁磁材料的磁性能 ………………………… 145

6.3 磁路的概念及其基本定律 ………………… 149

6.3.1 磁路 …………………………………… 149

6.3.2 磁路的基本定律 ……………………… 149

6.4 铁芯线圈磁路分析 ……………………………………… 153

6.4.1 直流铁芯线圈电路 …………………………………… 153

6.4.2 交流铁芯线圈电路 …………………………………… 153

6.5 变压器的工作原理与应用 ……………………………… 156

6.5.1 变压器的分类 …………………………………………… 156

6.5.2 变压器的工作原理 …………………………………… 157

6.5.3 变压器的运行特性 …………………………………… 161

6.5.4 变压器的使用 …………………………………………… 162

小结 …………………………………………………………………… 164

习题 …………………………………………………………………… 165

第7章 交流电动机 …………………………………………………… 167

7.1 三相异步电动机 …………………………………………… 167

7.1.1 三相异步电动机的结构 …………………………… 167

7.1.2 三相异步电动机的转动原理 ……………………… 169

7.2 三相异步电动机的电路分析 …………………………… 174

7.2.1 定子电路 ………………………………………………… 175

7.2.2 转子电路 ………………………………………………… 175

7.3 三相异步电动机的电磁转矩和机械特性 ………… 176

7.3.1 电磁转矩 ………………………………………………… 176

7.3.2 转矩特性和机械特性 ………………………………… 177

7.4 三相异步电动机的铭牌数据 …………………………… 181

7.5 三相异步电动机的使用 ………………………………… 184

7.5.1 起动 ……………………………………………………… 184

7.5.2 调速 ……………………………………………………… 188

7.5.3 制动 ……………………………………………………… 189

小结 …………………………………………………………………… 191

习题 …………………………………………………………………… 191

第8章 继电接触器控制电路 …………………………………… 193

8.1 常用的控制电器 …………………………………………… 193

8.1.1 刀开关 …………………………………………………… 193

8.1.2 组合开关 ………………………………………………… 194

8.1.3 按钮 ……………………………………………………… 194

8.1.4 断路器 ·············· 195

8.1.5 熔断器 ·············· 195

8.1.6 交流接触器 ·············· 196

8.1.7 中间继电器 ·············· 197

8.1.8 热继电器 ·············· 198

8.1.9 时间继电器 ·············· 199

8.1.10 行程开关 ·············· 200

8.2 三相异步电动机的基本控制电路 ·············· 201

8.2.1 直接起动与停止控制 ·············· 201

8.2.2 正反转控制 ·············· 202

8.2.3 时间控制 ·············· 204

8.2.4 行程控制 ·············· 206

小结 ·············· 206

习题 ·············· 207

第9章 可编程控制器及其应用 ·············· 210

9.1 PLC 的组成和工作原理 ·············· 210

9.1.1 PLC 的组成和各部分的作用 ·············· 210

9.1.2 PLC 的工作原理 ·············· 211

9.2 PLC 的主要技术指标 ·············· 212

9.3 PLC 程序的编制 ·············· 213

9.3.1 编程元件 ·············· 213

9.3.2 编程语言 ·············· 214

9.3.3 基本指令 ·············· 215

9.4 程序设计方法 ·············· 222

9.4.1 编程方法 ·············· 222

9.4.2 应用举例 ·············· 223

小结 ·············· 228

习题 ·············· 229

附录A 工业电力系统与安全用电 ·············· 231

A.1 电力系统的基本概念 ·············· 231

A.2 安全用电 ·············· 233

A.2.1 触电的类型 ·············· 233

　　A.2.2　保护接地和保护接零 ·············· 235
　　A.2.3　电气防火和防爆 ·················· 241
　　A.2.4　静电的防护 ···················· 241

附录 B　电工测量 ························ 242
　B.1　电工测量仪表的分类 ·············· 242
　B.2　测量误差 ······················ 243
　　B.2.1　测量误差的表示 ·············· 244
　　B.2.2　测量误差的分类 ·············· 245
　B.3　电工测量仪表 ·················· 245
　　B.3.1　磁电式仪表 ················ 246
　　B.3.2　电磁式仪表 ················ 247
　　B.3.3　电动式仪表 ················ 248
　B.4　电流、电压和功率的测量 ·········· 249
　　B.4.1　电流的测量 ················ 249
　　B.4.2　电压的测量 ················ 250
　　B.4.3　功率的测量 ················ 251
　B.5　万用表 ······················ 252
　　B.5.1　磁电式万用表的原理 ·········· 252
　　B.5.2　万用表的正确使用 ·········· 253
　习题 ···························· 253

附录 C　国际单位制(SI)的词头 ·············· 255

附录 D　常用导电材料的电阻率和电阻温度系数 ········ 256

第1章 电路的基本概念和分析方法

本章从电路模型入手,介绍组成电路的各种电路元件及其伏安特性;对描述电路的基本物理量——电流、电压和电位等进行了复习,并讨论了电压、电流的参考方向问题;阐述了电路理论中的基本定律——基尔霍夫定律。文中着重以直流电路为例,介绍了分析电路的一些基本方法和定理,主要有支路电流法、节点电压法、叠加原理以及电路的等效变换、戴维宁定理、诺顿定理等。这些方法和定理同样适用于对正弦交流等时变信号电路的分析和计算。故本章内容是学习电工学课程的重要基础。

1.1 电路与电路模型

所谓电路,简单地说就是电流流通的路径。近代技术中利用电路的目的可分为两大类:一类用在电力工程中,用以传输与分配电能;另一类用在电子技术和控制技术中,用以传递各种信息。在这两类应用中,由于电流和电功率的量级相差很大,所以前者通常称为强电技术,后者称为弱电技术。

无论是强电技术或弱电技术,电路的结构形式总是包括电源、负载和中间环节三个组成部分。电源是为电路提供电能的元件,如发电机、蓄电池和电池等;负载是指将电能转换为其他形式能量的元件,如电动机、电炉、电灯等;中间环节是连接电源和负载的部分,如变压器、输电线等,它起传输和分配电能的作用。

在电能的传输和转换、或者信号的传递和处理中,电源或信号源的电压或电流称为激励,它推动电路工作;由激励在电路各部分产生的电压和电流称为响应。所谓电路分析,就是在已知电路的结构和元件参数的条件下,分析电路的激励与响应之间的关系。

人们在实际生产和生活中为了实现某种应用目的,将各种电气设备和器件按一定的方式相互连接,就构成了电路。发电机、电动机、电池、变压器、晶体管、电阻器、电容器等均为电路中常见的器件,它们种类繁多,各具不同的特性和用途。

一个实际电路元件往往呈现多种物理性质,以图 1.1 中的白炽灯为例,它除了具有电阻性外还具有电感性,即当电流通过时还会产生磁场,但由于电感很微小,可以忽略不计,于是通常可以认为它是一个电阻元件。为了便于对各种实际元件进行分析和数学描绘,常采用将其理想化的处理办法,即把它近似地看作理想元

1

件。例如上述的那个白炽灯,忽略其电感性质后就成为只具备电阻性质的元件了。由理想电路元件所组成的电路就是实际电路的电路模型。图 1.2 就是上述白炽灯电路的电路模型。今后所分析的电路都是指电路模型,它给实际电路的分析和计算带来很大方便,是研究电路问题的常用方法。

在电路图中各种理想电路元件(常简称为电路元件)如电阻元件、电感元件、电容元件和电源元件等都用规定的图形符号表示,如图 1.3 所示。

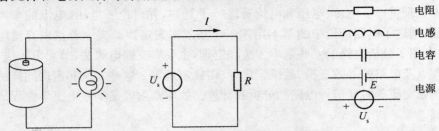

图 1.1 白炽灯电路   图 1.2 图 1.1 电路模型   图 1.3 各理想元件的电路符号

1.2 电流、电压、电位

在分析各种电路之前,先来介绍电路中的几个基本物理量包括电流、电压及其相关的概念。

1.2.1 电流

电荷的定向运动形成电流,物理中把正电荷运动的方向规定为电流的方向。在负载中电流的方向总是由高电位流向低电位;在电源中则为从低电位流向高电位。电流的大小为单位时间内通过导体截面积的电量,即

$$i = \frac{\mathrm{d}q}{\mathrm{d}t} \tag{1.1}$$

式中:q 表示电量或电荷量。

在国际单位制中,时间的单位为秒(s)、电量的单位为库仑(Q)、电流的单位为安培,简称安(A)。常用的电流单位还有千安(kA)、毫安(mA)、微安(μA)。

不随时间变化的电流称为直流电流,如图 1.2 所示。根据国家标准,直流电流用大写字母 I 表示,随时间变化的电流用小写字母 i 表示。

1.2.2 电压

电压也称电位差(或电势差)。电路中 a、b 两点之间的电压 U_{ab} 表示为单位正电荷由 a 点移动到 b 点所需要的能量,即

$$U_{ab} = V_a - V_b = \frac{\mathrm{d}W}{\mathrm{d}q} \tag{1.2}$$

式中:V_a 表示 a 点电位,V_b 表示 b 点电位,W 表示能量。国际单位制中,W 的单位为焦耳(J),电压的单位是伏特(V)。常用的电压单位还有千伏(kV)、毫伏(mV)、微伏(μV)。通常直流电压用大写字母 U 表示。

电压的方向,物理中规定为高电位端指向低电位端,也就是电位降低的方向。电源电动势的方向规定为在电源内部由低电位端指向高电位端,也就是电位升高的方向。

1.2.3 物理量的正方向

电路中电流、电压等基本物理量的正方向分为实际正方向和假设正方向。实际正方向是物理中对电量规定的方向;假设正方向是在分析计算电路时,对电量人为规定的方向,假设正方向又称为参考正方向。

在分析较为复杂的电路时,我们往往很难判断某条支路中电流的实际方向(如图 1.4 中电阻 R 上电流的实际方向),为此在分析计算电路时,常可任意人为规定某一方向作为电流的参考方向,即电流的假设正方向(简称为正方向)。此人为规定的假设正方向不一定就是电流的实际方向,若计算结果为正,说明该假设正方向与实际方向一致,若计算结果为负,说明假设正方向与实际方向相反。在电路中,电流和电压的假设正方向均可人为任意设定,两者可以一致,也可以不一致,如果一致,称为关联参考方向,如不一致,称为非关联参考方向,如图 1.5 所示。

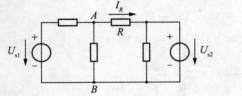

图 1.4 电路举例

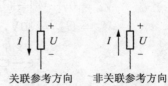

关联参考方向　　非关联参考方向

图 1.5 关联与非关联参考方向

电压的正方向一般用正负号或双下标来表示,如图 1.6(a)所示。图中 a 点的参考极性为正,b 点参考极性为负,以往也用箭头表示,由 a 端指向 b 端,即假设 a 端为高电位端,b 端为低电位端。

电流的正方向是用箭头或双下标表示的,如图 1.6(b)所示。

本书中以后在分析电路时,若未加特别说明,图中标示的方向均为假设正方向。

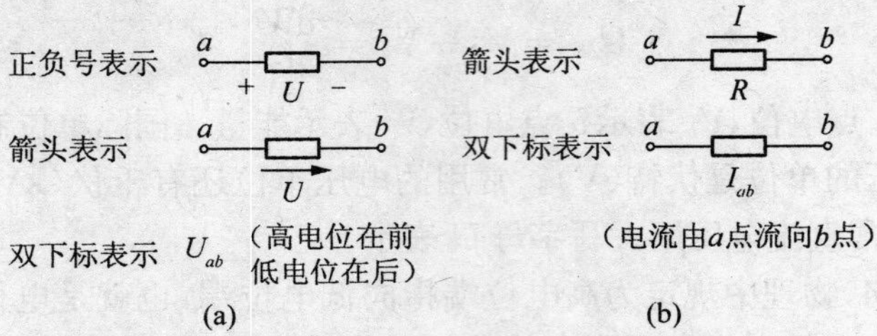
正负号表示
a
b
+ U −
箭头表示
I
a
b
R
箭头表示
a
b
U
双下标表示
a
b
Iab
双下标表示 Uab
（高电位在前
低电位在后）
（电流由a点流向b点）
(a)
(b)

图 1.6　电流方向的表示

(a) 电压正方向表示法；(b) 电流正方向表示法

1.2.4　电位的概念

在分析电路时，常会涉及到对电路中某一点的电位进行计算的问题（尤其在电子线路中），引入电位这一概念会使电路分析简单明了。

如何计算电路中各点的电位呢？首先必须先选定电路中某一点作为参考点，规定参考点的电位为 0，并用⊥表示，称为接地（并非真的与大地相连接），而后电路中其他各点的电位就等于各点与参考点之间的电压。

现以图 1.7 为例，讨论该电路图中各点的电位。首先，如果选定 b 点作为参考点，则

$$V_b = 0,\quad V_a = U_{ab} = 60\text{V},\quad V_c = U_{cb} = 140\text{V},$$
$$V_d = U_{db} = 90\text{V},\quad U_{ad} = V_a - V_d = -30\text{V}$$

如果选定 a 点作为参考点的话，则

$$V_a = 0,\quad V_b = U_{ba} = -60\text{V},\quad V_c = U_{ca} = 20\text{V},$$
$$V_d = U_{da} = 30\text{V},\quad U_{ad} = V_a - V_d = -30\text{V}$$

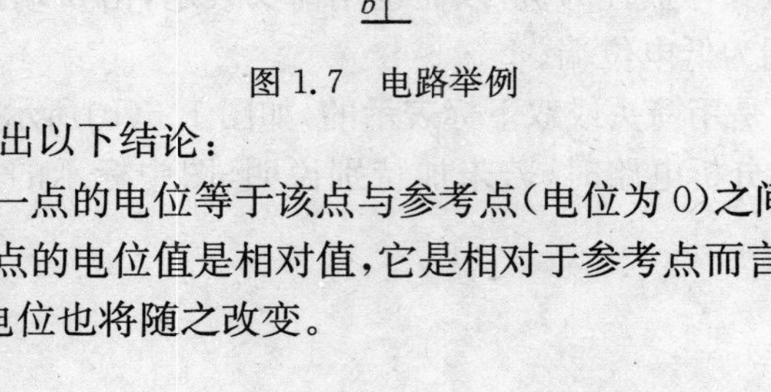
I1=4A
I2=6A
c
a
d
R1=5Ω
R2=5Ω
+
+
140V U1
I3=10A
R3=5Ω
U2 90V
−
−
b

图 1.7　电路举例

由此例可以得出以下结论：

(1) 电路中某一点的电位等于该点与参考点（电位为 0）之间的电压。

(2) 电路中各点的电位值是相对值，它是相对于参考点而言的，参考点选得不同，电路中各点的电位也将随之改变。

（3）电路中每两点间的电压值是绝对的，不会因为参考点的不同而发生改变。

在电子线路中，通常可以不画出电源，各端标以电位值（电源另一端表示接"地"），如图1.7电路可以简化为图1.8所示电路。

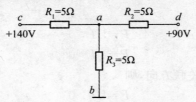

图1.8　图1.7的简化电路

1.3　电功率

在电路中，单位时间内电路元件能量的变化用功率表示，即

$$p = \frac{\mathrm{d}w}{\mathrm{d}t} \tag{1.3}$$

式中：p 表示功率。国际单位制中，功率的单位是瓦特（W）、千瓦（kW）、毫瓦（mW）等，规定元件1秒钟内提供或消耗1焦耳能量时的功率为1W。

将式（1.3）等号右边分子、分母同时乘以 $\mathrm{d}q$，得

$$p = \frac{\mathrm{d}w}{\mathrm{d}q} \frac{\mathrm{d}q}{\mathrm{d}t}$$

于是

$$p = ui \tag{1.4}$$

在直流电路里，这一公式写为

$$P = UI \tag{1.5}$$

在一个电路中，电源产生的功率和负载取用的功率以及电源内阻上所损耗的功率是平衡的。任何电路都遵守能量守恒定律，也就是电路中发生的总功率和消耗的总功率相等，即

$$P_{(吸收)} = P_{(发出)}$$

即

$$\sum P = 0$$

根据电压和电流的实际方向，我们可以判别某一元件是吸收还是发出功率，是电源还是负载：

电源：U 和 I 的实际方向相反，电流从"＋"端流出，发出功率。

$$P = UI < 0$$

负载:U 和 I 的实际方向相同,电流从"＋"端流入,取用功率。

$$P=UI>0$$

也可由 U 和 I 的参考正方向来确定电源或负载。如果某一电路元件上 U 和 I 为关联方向,则

电源: $P=UI<0$

负载: $P=UI>0$

如果 U 和 I 的为非关联方向,则

电源: $P=UI>0$

负载: $P=UI<0$

1.4 电阻元件及欧姆定律

1.4.1 电阻

电阻元件是一种将电能转化为热能的理想电路元件,电流通过它时将受到阻力,沿电流方向产生电压降。国际单位制中,电阻的单位是欧姆(Ω),此外电阻单位还有千欧($k\Omega$)、兆欧($M\Omega$)。如果电阻两端的电压与通过的电流成正比,说明电阻是一个常数,这种电阻称为线性电阻;否则电阻就不是一个常数,这种电阻称为非线性电阻。电路元件中电压和电流的关系称为伏安特性。线性电阻的阻值不变,其伏安特性是一条通过原点的直线,如图 1.9(a)所示。非线性电阻的阻值随电压、电流而变化,其伏安特性不是一根直线。二极管是一个比较典型的非线性电阻,其伏安特性如图 1.9(b)所示。在电工技术课程中,电路中出现的电阻主要是线性电阻。

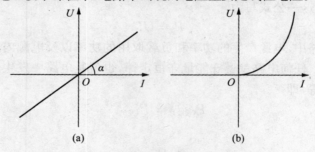

图 1.9　电阻的伏安特性曲线
(a)线性电阻;(b)非线性电阻

1.4.2 欧姆定律

流过电阻的电流与电阻两端的电压成正比,这就是欧姆定律。在直流电路里,

6

欧姆定律用公式表现为

$$U = RI \qquad\qquad (1.6)$$

上式是电流、电压取关联方向时的表达式，如图 1.10(a)所示。如果取非关联方向时，其表达式应该为

$$U = -RI \qquad\qquad (1.7)$$

如图 1.10(b)和图 1.10(c)所示。所以在利用欧姆定律进行计算时，必须首先要在图上标明各电量的正方向。

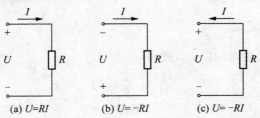

(a) $U=RI$ (b) $U=-RI$ (c) $U=-RI$

图 1.10　不同 U、I 方向下的欧姆定律

1.5　电压源与电流源

一个电源可以用两种不同的电路模型来表示：一种用电压的形式来表示，称为电压源；一种用电流的形式来表示，称为电流源。

1.5.1　电压源

一个实际电源可用一个电动势 E_s 和内阻 R_0 相串联来等效代替，如图 1.11 所示，称之为电压源。

设电压源两输出端间的电压为 U，流出的电流为 I，则根据所示电路，可得出

$$U = E_s - R_0 I \qquad\qquad (1.8)$$

由此式可以画出电压源的外特性曲线，如图 1.12 所示。其特性曲线的斜率取决于内阻 R_0 的大小，电源内阻 R_0 越小，则该直线越平。当 $R_0 = 0$ 时，输出电压不变，其值恒等于电动势，这样的电源称为理想电压源或恒压源。

理想电压源有两个重要特点：

(1) 两输出端的电压恒定不变，即 $U \equiv E_s$。因此在恒压源两输出端间并联任何元件，输出电压将不受影响。

(2) 其中电流的大小、方向由外电路决定。

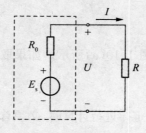

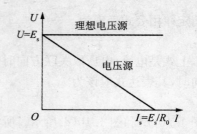

图 1.11 电压源电路　　　　　　图 1.12 电压源和理想电压源的外特性曲线

1.5.2 电流源

如果将式(1.8)两端除以 R_0，则得

$$\frac{U}{R_0} = \frac{E_s}{R_0} - I$$

即

$$I_s = \frac{U}{R_0} + I \tag{1.9}$$

于是，式(1.9)可以与另外一个电路模型相对应，如图 1.13 所示，称之为电流源。其中 I_s 为电流源的电流，R_0 为电流源的内阻。设电流源两端的输出电压为 U，流出的电流为 I。

由式(1.9)可作出电流源的外特性曲线，如图 1.14 所示。电源内阻越大，则直线越陡，当 $R_0 = \infty$ 时，电流 I 为一定值，这样的电源称之为理想电流源或恒流源。

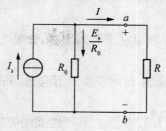

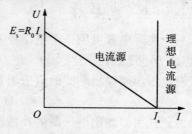

图 1.13 电流源电路　　　　　　图 1.14 电流源和理想电流源的外特性

理想电流源也有两个重要特点：

(1) 输出的电流恒定不变，即 $I \equiv I_s$。因此和恒流源串联的任何元件，其中的电流将不受影响。

(2) 两端的电压的大小、方向由外电路决定。

1.5.3 电压源与电流源的等效变换

不管是电压源还是电流源，只要能给负载提供相等的电压和电流(即两者的外特性相同），两种电源对负载的作用便是一样的。电压源的外特性和电流源的外特性是相同的，如图 1.12 和图 1.14 所示。所以电压源和电流源这两种电路模型相互间等效，可以进行等效变换。实际上凡是理想电压源 E 与电阻串联的电路都可以与理想电流源 I_s 与电阻并联的电路等效互换，如图 1.15 所示。电路的等效变换有时能使复杂电路变得简单，更便于分析计算。

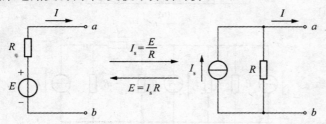

图 1.15　电压源与电流源的等效变换

等效变换时的注意事项：

（1）"等效"是指"对外"等效（等效互换前后对外伏安特性一致），对电源内部是不等效的。例如当外电路开路时电压源模型中无电流，而电流源模型中仍有内部电流，此时电压源不发出功率，电阻 R_0 也不吸收功率，而在等效的电流源中，恒流源发出功率，内阻 R_0 中消耗功率。

（2）注意转换前后 E 和 I_s 的方向，即电压源的正极性端应与电流源的电流流出端相对应，即变换后电源内部电位升高方向与 I_s 方向一致。

（3）恒压源与恒流源不能等效变换。因为对理想电压源来讲，其内阻 $R_0=0$，其短路电流 $I_s=\dfrac{E}{R_0}=\infty$，对理想电流源来讲，其内阻 $R_0=\infty$，其开路电压 $E=I_sR_0=\infty$，显然都是不存在的，所以不存在互换的条件。

（4）进行电路计算时，和恒压源串联的电阻与和恒流源并联的电阻均可参与等效变换，R_0 并不一定局限于电源的内阻。

［例 1.1］　试用电压源与电流源等效变换的方法计算图 1.16(a)中 R_5 电阻上的电流 I。

［解］　根据图 1.16 的变换次序，最后化简为图 1.16(d)的电路，由此可得

$$I=\frac{E_d-E_4}{R_d+R_5+R_4}$$

式中：$R_d=R_1/\!/R_2/\!/R_3$，$E_d=(I_1+I_3)R_d$。

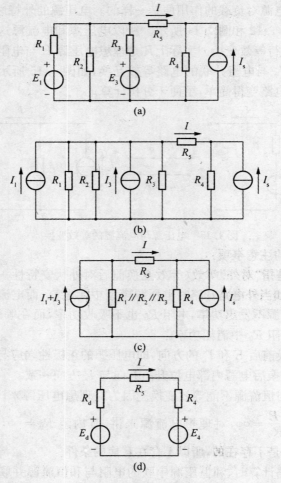

图 1.16　例 1.1 的图

1.6　基尔霍夫定律

基尔霍夫定律是电路分析中最常用的基本定律,不仅适用于直流电路,也适用于交流电路。它包括基尔霍夫电流定律(简称 KCL)和基尔霍夫电压定律(简称KVL),主要用来描述电路中各部分电流、各部分电压间的关系。基尔霍夫电流定律是针对节点的,基尔霍夫电压定律是针对回路的。这两个定律都是以大量的实验为基础,且经过无数的实践所证明了的。

在讨论基尔霍夫定律以前,先就图 1.17 所示电路介绍几个电路结构的名词:

10

（1）支路：电路中的每一个分支。一条支路流过一个电流，图 1.17 电路中共有 6 条支路。支路中如含有电源，称为含源支路；支路中没有电源，称为无源支路。

（2）节点：三个或三个以上支路的连接点称为节点。图 1.17 中共有 4 个节点，分别是 a、b、c、d。

（3）回路：电路中任一闭合路径称为回路。图 1.17 中共有 7 个回路，分别是 $abda$、$bcdb$、$abcda$、$abca$、$adca$、$abdca$、$adbca$。

（4）网孔：内部不含支路的回路，即不能再分的最简回路。图 1.17 中共有 3 个网孔，分别是 $abda$、$bcdb$、$adca$。

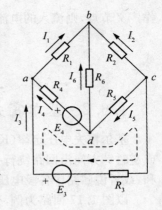

图 1.17　电路举例

1.6.1　基尔霍夫电流定律（KCL）

基尔霍夫电流定律（KCL）的内容是：对于电路中的任一节点，在任一瞬间流入节点的电流等于由该点流出的电流。电流的这一性质也称为电流连续性原理，是电荷守恒的体现。

在图 1.18 电路中，可写出

$$I_1 + I_3 = I_2 + I_4 \tag{1.10}$$

或将上式改写成

$$I_1 + I_3 - I_2 - I_4 = 0$$

即

$$\sum I = 0 \tag{1.11}$$

就是指在任一瞬间，任一个节点上电流的代数和恒等于零。

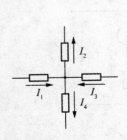

图 1.18　节点

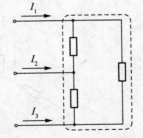

图 1.19　电路中的闭合面

KCL 不仅适用于电路中的任一节点，也可推广到包围部分电路的任一闭合面（可将任一闭合面缩为一个节点），例如图 1.19 电路中，可将虚线所围的闭合面看

11

作广义节点,则流入的电流等于流出的电流,即

$$I_1 + I_2 = I_3$$

或

$$I_1 + I_2 - I_3 = 0$$

1.6.2 基尔霍夫电压定律(KVL)

基尔霍夫电压定律(KVL)的内容是:从回路中任意一点出发,以顺时针方向或逆时针方向沿回路绕行一周,则在这个方向上的电位降之和应该等于电位升之和,或者说回路中各段电压的代数和为0。

以图1.17回路为例,列出相应回路的方程,在回路 $adca$ 中,选择顺时针的绕行方向,画上了顺时针的环绕箭头,根据电流的参考方向可列出

$$R_4 I_4 + R_5 I_5 + E_3 = E_4 + R_3 I_3 \tag{1.12}$$

或改写为

$$R_4 I_4 + R_5 I_5 + E_3 - E_4 - R_3 I_3 = 0$$

即

$$\sum U = 0 \tag{1.13}$$

这就是在任一瞬间,沿任一回路绕行方向(顺时针方向或逆时针方向),回路中各段电压的代数和恒等于零。如果规定电位降取正号,则电位升就取负号,反之也可以。

注意应用 KVL 时,首先要标出各部分的电流、电压或电动势的参考方向,列电压方程时,一般约定电阻的电流方向和电压方向取关联方向。

KVL 不仅适用于闭合电路,也可推广到开口电路。以图1.20所示的两个电路为例,根据基尔霍夫电压定律和所选定的绕行方向来列出方程。

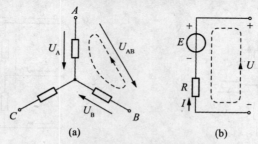

(a)   (b)

图 1.20 基尔霍夫定律的推广应用

对图1.20(a)所示电路,可列出

$$\sum U = U_A - U_B - U_{AB} = 0$$

12

或

$$U_{AB} = U_A - U_B$$

对图 1.20(b)所示电路,可列出

$$E - U - RI = 0$$

或

$$U = E - RI$$

这也就是一段有源支路的欧姆定律的表示式。

[例 1.2] 求图 1.21 中电流 I_1、I_2。

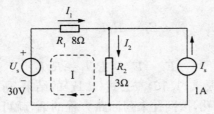

图 1.21 例 1.6.1 的图

[解] 选择回路 I 的绕行方向为顺时针方向。对节点 a,可列出

$$I_1 - I_2 + 1 = 0$$

对回路 I 可列出

$$-30 + 8I_1 + 3I_2 = 0$$

所以 $I_1 = 3A$ $I_2 = 2A$

1.6.3 关于独立方程的讨论

对于一般复杂电路,可以应用基尔霍夫的电流定律和电压定律列出方程,以便对电路进行分析和计算。如果电路具有 b 条支路,n 个节点,那么究竟可以列出多少个独立方程呢? 下面以图 1.22 为例来进行讨论。

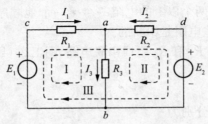

图 1.22 电路举例

在图 1.22 电路中,共有 2 个节点 a、b,3 个回路 $abca$、$adba$、$adbca$,根据 KCL,对节点 a 可列出

$$I_1 + I_2 = I_3 \tag{1.14}$$

对节点 b 可列出

$$I_3 = I_1 + I_2 \tag{1.15}$$

很明显,式(1.15)和式(1.14)线性相关,所以它不是一个独立方程,一般来说,对具有 n 个节点的电路利用 KCL 只能得到 $(n-1)$ 个独立方程。在本例中,因为节点数是 2,所以只能列出 $2-1=1$ 个独立方程。

根据 KVL,对回路 $abca$ 可列出

$$E_1 = R_1 I_1 + R_3 I_3 \tag{1.16}$$

对回路 $adba$ 可列出

$$E_2 = R_2 I_2 + R_3 I_3 \tag{1.17}$$

对回路 $adbca$ 可列出

$$E_1 - E_2 = R_1 I_1 - R_2 I_2 \tag{1.18}$$

很明显,式(1.18)是式(1.16)减去式(1.17)的结果,所以它不是独立方程。在电路中,如果有 m 个网孔,按网孔来列回路方程的话,就可以得到 m 个独立方程,本例中只存在两个网孔 $adba$、$abca$,所以就只存在两个独立方程了。

总之,对于 b 条支路、n 个节点的电路,应用基尔霍夫电流定律总可以列出 $(n-1)$ 个独立方程;应用基尔霍夫电压定律总可以列出 $m=b-(n-1)$ 个独立方程。因此,电路中独立方程的个数总共为 $(n-1)+[b-(n-1)]=b$ 个,正好是支路的个数。

1.7 简单的电阻电路

电路中电阻的连接形式是多种多样的,其中最简单、最常用的是串联和并联。

1.7.1 电阻的串联

如果电路中两个或两个以上的电阻一个接一个地顺序相连,且在这些电阻上通过同一电流,则称这些电阻是串联的。

图 1.23(a)中,电阻 R_1 和 R_2 组成串联电路,图 1.23(b)是它的等效电路,它们的等效关系为

$$R = R_1 + R_2$$

两个串联电阻上的电压分别为

$$\left. \begin{aligned} U_1 &= \frac{R_1}{R_1 + R_2} U \\ U_2 &= \frac{R_2}{R_1 + R_2} U \end{aligned} \right\} \tag{1.19}$$

式(1.19)称为串联电阻的分压关系。

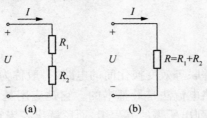

图 1.23　串联电阻的等效

(a) 两电阻串联电路；(b) 等效电路

电阻串联的应用很多,串联是电路中常见的连接形式之一。

1.7.2　电阻的并联

如果电路中两个或两个以上的电阻连接在两个公共节点之间,且各电阻两端的电压相等,则称这两个电阻是并联的。

图 1.24(a)中,电阻 R_1 和 R_2 组成并联电路,图 1.22(b)是它的等效电路,它们之间的等效关系为

$$\frac{1}{R} = \frac{1}{R_1} + \frac{1}{R_2}$$

电阻的倒数通常称为电导,用 G 表示,其单位是西[门子](S)。如用电导表示,则上式为

$$G = G_1 + G_2$$

两个并联电阻上的电流分别为

$$\left.\begin{aligned} I_1 &= \frac{R_2}{R_1 + R_2} I \\ I_2 &= \frac{R_1}{R_1 + R_2} I \end{aligned}\right\} \tag{1.20}$$

上式称为并联电阻的分流关系。

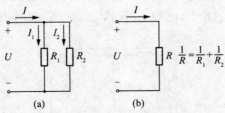

图 1.24　并联电阻的等效

(a) 两电阻并联电路；(b) 等效电路

15

并联电路也有着广泛的应用,同样也是电路连接的常见形式之一。

1.8　支路电流法

凡不能用电阻串、并联等效变换化简的电路,一般称为复杂电路。在计算复杂电路的各种方法中,支路电流法是最基本的。它是应用基尔霍夫电流定律和电压定律分别对节点和回路列出所需的方程组,而后解出各未知支路的电流。

解题时,首先应在电路图上选定好未知支路电流以及各电压的参考方向。

现以图 1.25 为例来说明支路电流法的应用。图示电路中,可以看出该电路共有 4 个节点($n=4$)和 6 条支路($b=6$),应用基尔霍夫电流定律可列出 $n-1=4-1=3$ 个独立方程,对节点 a 可列出

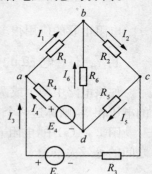

$$I_3 + I_4 = I_1 \qquad (1.21)$$

对节点 b 可列出

$$I_1 + I_6 = I_2 \qquad (1.22)$$

对节点 c 可列出

$$I_2 = I_5 + I_3 \qquad (1.23)$$

接下来,应用基尔霍夫电压定律列出电压方程,通常可以取单孔回路来列出。取 $abda$ 回路,可列出

图 1.25　电路举例

$$-E_4 + R_4 I_4 + R_1 I_1 - R_6 I_6 = 0 \qquad (1.24)$$

取 $bcdb$ 回路,可列出

$$R_2 I_2 + R_5 I_5 + R_6 I_6 = 0 \qquad (1.25)$$

取 $adca$ 回路,可列出

$$-R_4 I_4 + E_4 - R_5 I_5 + R_3 I_3 - E_3 = 0 \qquad (1.26)$$

应用 KCL 和 KVL 一共可列出 $(n-1)+[b-(n-1)]=b$ 个独立方程,所以能解出 6 个支路电流。根据以上电压电流的联立方程,可以求得 $I_1 \sim I_6$ 的值。

[例 1.3]　在图 1.26 中,已知 $E_1=3\text{V}, E_2=5\text{V}, R_1=R_2=R_3=1\Omega$,求各支路电流。

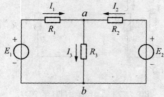

图 1.26　例 1.3 的图

16

[解]　节点数 $n=2$,网孔数 $m=2$,合起来可以列出 3 个独立方程

$$\begin{cases} I_1 + I_2 - I_3 = 0 \\ R_1 I_1 + R_3 I_3 - E_1 = 0 \\ -R_2 I_2 + E_2 - R_3 I_3 = 0 \end{cases}$$

代入数据后

$$\begin{cases} I_1 + I_2 - I_3 = 0 \\ I_1 + I_3 - 3 = 0 \\ -I_2 - I_3 + 5 = 0 \end{cases}$$

解得

$$I_1 = 0.33\text{A}; \quad I_2 = 2.33\text{A}; \quad I_3 = 2.67\text{A}$$

用支路电流法求解电路时,其优点是直接根据欧姆定律、基尔霍夫定律列方程,就能得到结果,比较直观,易于掌握。但其缺点是当电路中支路数较多时,未知数较多,因此计算步骤极为繁复。

1.9　节点电压法

对于一些支路数较多,而节点数很少的电路,适用于用节点电压法求解。图 1.27 所示电路只有两个节点 a 和 b,a、b 间的电压 U 称为节点电压,应用基尔霍夫电压定律和欧姆定律得出

$$\left. \begin{array}{ll} U = E_1 - R_1 I_1, & I_1 = \dfrac{E_1 - U}{R_1} \\[2mm] U = E_2 - R_2 I_2, & I_2 = \dfrac{E_2 - U}{R_2} \\[2mm] U = E_3 + R_3 I_3, & I_3 = \dfrac{-E_3 + U}{R_3} \\[2mm] U = R_4 I_4, & I_4 = \dfrac{U}{R_4} \end{array} \right\} \tag{1.27}$$

由式(1.27)可知,在已知电动势和电阻的情况下,只要求出节点电压 U,就可以计算出各支路电流了。

在图 1.27 中,有

$$I_1 + I_2 - I_3 - I_4 = 0$$

将式(1.27)代入上式,则得

$$\frac{E_1 - U}{R_1} + \frac{E_2 - U}{R_2} - \frac{-E_3 + U}{R_3} - \frac{U}{R_4} = 0$$

经整理后得到节点电压的公式

17

$$U = \frac{\dfrac{E_1}{R_1} - \dfrac{E_2}{R_2} + \dfrac{E_3}{R_3}}{\dfrac{1}{R_1} + \dfrac{1}{R_2} + \dfrac{1}{R_3} + \dfrac{1}{R_4}} = \frac{\sum \dfrac{E}{R}}{\sum \dfrac{1}{R}}$$

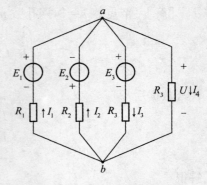

(1.28)

上式中,分母的各项总为正,分子的各项可以为正,也可为负。当电动势与节点电压的参考方向相反时取正号,相同时则取负号,与各支路电流的参考方向无关。求出节点电压后,就可以根据式(1.27)计算出各支路的电流。

对只有两个节点的电路,利用此方法解题十分方便。

图 1.27 具有两个节点的复杂电路

[**例 1.4**]　用节点电压法计算例1.3。

[**解**]　图1.26所示电路只有两个节点 a 和 b,节点电压为

$$U_{ab} = \frac{\dfrac{E_1}{R_1} + \dfrac{E_2}{R_2}}{\dfrac{1}{R_1} + \dfrac{1}{R_2} + \dfrac{1}{R_3}} = \frac{\dfrac{3}{1} + \dfrac{5}{1}}{\dfrac{1}{1} + \dfrac{1}{1} + \dfrac{1}{1}} = 2.67\text{V}$$

由此可计算出各支路电流:

$$I_1 = \frac{E_1 - U_{ab}}{R_1} = \frac{3 - 2.67}{1} = 0.33\text{A}$$

$$I_2 = \frac{E_2 - U_{ab}}{R_2} = \frac{5 - 2.67}{1} = 2.33\text{A}$$

$$I_3 = \frac{U_{ab}}{R_3} = \frac{2.67}{1} = 2.67\text{A}$$

[**例 1.5**]　求图1.28所示电路中的 U_{AO} 和 I_{AO}。

[**解**]　图示电路只有两个节点 A 和参考点 O,节点电压为

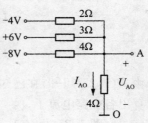

$$U_{AO} = \frac{-\dfrac{4}{2} + \dfrac{6}{3} - \dfrac{8}{4}}{\dfrac{1}{2} + \dfrac{1}{3} + \dfrac{1}{4} + \dfrac{1}{4}} = -\frac{2}{\dfrac{4}{3}} = -1.5\text{V}$$

$$I_{AO} = \frac{-1.5}{4} = -0.375\text{A}$$

图 1.28　例1.5的电路

18

1.10 叠加原理

在线性电路中,当有多个电源共同作用时,任何一条支路中的电流或任意两点间的电压,都可以看成是由电路中各个电源单独作用时,在此支路中所产生的电流或电压的代数和,这就是叠加原理。所谓单独作用,就是除该电源外,令其他电源失去作用(对理想电压源来说,令其两端电压为零即短路,对理想电流源来说,令其输出电流为零即开路)。

叠加原理的正确性可用例 1.6 说明。

[例 1.6]　在图 1.29(a)中求支路电流 I_1、I_2、I_3。

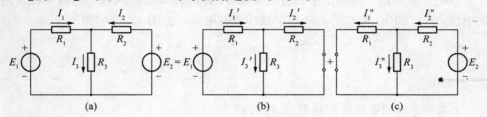

图 1.29　叠加原理

[解]　根据基尔霍夫定律可列出方程

$$\left.\begin{array}{c} I_1 + I_2 - I_3 = 0 \\ E_1 = R_1 I_1 + R_3 I_3 \\ E_2 = R_2 I_2 + R_3 I_3 \end{array}\right\} \tag{1.29}$$

解此方程组后可得

$$I_1 = \left(\frac{R_2 + R_3}{R_1 R_2 + R_2 R_3 + R_1 R_3}\right) E_1 - \left(\frac{R_3}{R_1 R_2 + R_2 R_3 + R_1 R_3}\right) E_2 \tag{1.30}$$

设

$$I'_1 = \frac{R_2 + R_3}{R_1 R_2 + R_2 R_3 + R_1 R_3} \cdot E_1 \tag{1.31}$$

$$I''_1 = \frac{R_3}{R_1 R_2 + R_2 R_3 + R_1 R_3} \cdot E_2 \tag{1.32}$$

于是

$$I_1 = I'_1 - I''_1 \tag{1.33}$$

显然式(1.31)中 I'_1 是当电路中只有 E_1 单独作用时,在 R_1 上产生的电流,而式(1.32)中 I''_1 是当电路中只有 E_2 单独作用时,在 R_1 上产生的电流,因为 I''_1 的参考方向与 I_1 的参考方向相反,所以在式(1.33)中 I''_1 前面要带负号。
同理

$$I_2 = I''_2 - I'_2 \tag{1.34}$$
$$I_3 = I'_3 + I''_3 \tag{1.35}$$

[**例 1.7**] 用叠加原理求图 1.30(a)中 I 的值。

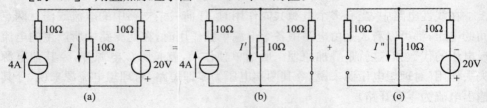

图 1.30 例 1.7 的图

[**解**] 令电路中的两个电源各自单独作用,图 1.30(b)为 4A 电流源单独作用的电路,图 1.30(c)为 20V 电压源单独作用的电路。由图 1.30(b)得

$$I' = 4 \times \frac{10}{10 + 10} = 2A$$

由图(c)得

$$I'' = -\frac{20}{10 + 10} = -1A$$

I 为两个电源单独作用结果的叠加,即

$$I = I' + I'' = 2 + (-1) = 1A$$

叠加原理小结

(1)叠加原理只适用于线性电路(电路参数不随电压、电流的变化而变化)。

(2)叠加时只将电源分别单独作用,而电路的结构和参数不变。把暂时失去作用的恒压源作短路处理,即令 $E=0$,把暂时失去作用的恒流源作断路处理,即令 $I_s=0$。

(3)解题前要标明各支路电流、电压的参考方向。电路分解后,如各分电路中电流、电压的假设正方向和原电路一致,结果才能相加,否则必须取负值。原电路中各电压、电流的最后结果是各分电压、分电流的代数和。

(4)叠加原理只能用于电压和电流计算,不能用来求功率。因为 $P = I^2 R = (I' + I'')^2 R \neq (I')^2 R + (I'')^2 R$。显示电流与功率不成正比,它们之间不是线性关系。

1.11 等效电源定律

在进行电路计算时,时常会遇到这种情况,即只需要计算一个复杂电路中某一支路的电流,无须求出每条支路的电流。这时可以将要求的这条支路划出,而把其余的部分看作一个有源二端网络。所谓有源二端网络,就是具有两个出线端的部分电路,其中含有电源。它对所要计算的这个支路而言,仅相当于一个电源,因此,这个有源二端网络一定可以简化为一个等效电源。经过这种等效变换后,所要计算的那条支路中的电流及其两端电压都没有发生变动。

一个电源可以有两种电路模型表示:一种是以电动势为 E 的恒压源与内阻 R_0 相串联的电路即电压源,一种是以电流为 I_s 的恒流源与内阻 R_0 相并联的电路即电流源。由此等效电源定理包括两个定理:戴维宁定理和诺顿定理。

1.11.1 戴维宁定理

任何一个有源二端网络都可以等效为一个电动势为 E 和内阻为 R_0 相串联的电压源,电压源的电动势 E 就是该有源二端网络的开路电压 U_0;电压源的内阻 R_0 就是该有源二端网络除源(所有电源失去作用)后的无源二端网络两输出端间的等效电阻,这就是戴维宁定理。

图 1.31 为戴维宁定理示意图,据图可方便地计算出电阻 R 上的电流

$$I = \frac{E}{R_0 + R}$$

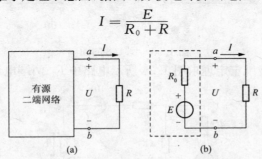

图 1.31 戴维宁定理示意图

利用戴维宁定理解题时,一般分为三步:

(1) 将待求电流或电压所在支路从复杂电路中划出,并将剩下的电路视为有源二端网络,画出相应的电路图。

(2) 求该有源二端网络的电压源模型,即有源二端网络的开路电压 U_0 和等效内阻 R_0。

(3) 将电压源模型和待求支路连接起来,求待求支路电流或电压。

[例 1.8] 已知图 1.32 电路中 $R_1 = 20\Omega$, $R_2 = 30\Omega$, $R_3 = 30\Omega$, $R_4 = 20\Omega$, $E = 10V$,求当 $R_5 = 10\Omega$ 时,$I_5 = ?$

[解] 利用戴维宁定理来求解,由图 1.33(a)可求得有源二端网络的开路电压 U_0。

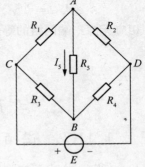

图 1.32 例 1.8 图

$$U_O = U_{AD} + U_{DB} = E \frac{R_2}{R_1 + R_2} - E \frac{R_4}{R_3 + R_4}$$

$$= 10 \frac{30}{20 + 30} - 10 \frac{20}{30 + 20} = 2V$$

21

由图 1.33(b)求得无源二端网络的等效电阻 R_0

$$R_0 = R_1 \mathbin{/\!/} R_2 + R_3 \mathbin{/\!/} R_4 = 20 \mathbin{/\!/} 30 + 30 \mathbin{/\!/} 20 = 24(\Omega)$$

于是可求得

$$I_5 = \frac{U_O}{R_0 + R_5} = \frac{2}{24 + 10} = 0.059(\text{A})$$

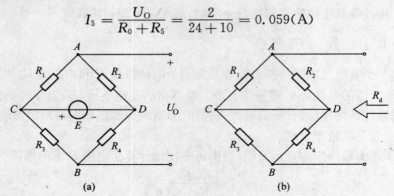

图 1.33　例 1.8 的图

[例 1.9]　用戴维宁定理求图 1.34 所示电路中 R_L 两端电压 U 的值。

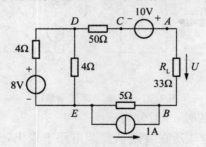

图 1.34　例 1.9 的图

[解]　将 R_L 支路以外的电路视为有源二端网络,其开路电压

$$U_O = U_{AC} + U_{CD} + U_{DE} + U_{EB} = 10 + 0 + 4 - 5 = 9(\text{V})$$

相应无源二端网络的等效电阻

$$R_0 = 50 + 4 \mathbin{/\!/} 4 + 5 = 57(\Omega)$$

于是

$$U = \frac{U_O}{R_0 + R_L} \cdot R_L = \frac{9}{57 + 33} \times 33 = 3.3(\text{V})$$

1.11.2　诺顿定理

任何一个有源二端网络都可以等效为一个恒流源为 I_S 和内阻 R_0 相并联的电流源,恒流源的电流为有源二端网络输出端的短路电流,电流源的内阻为将有源二

22

端网络中的电源作用去除后无源二端网络的等效电阻,这就是诺顿定理。

由图 1.35 的等效电路,可计算出电阻 R 上的电流

$$I = \frac{R_0}{R_0 + R} I_S$$

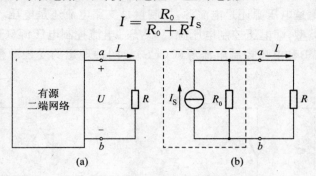

图 1.35　诺顿定理示意图

[例 1.10]　利用诺顿定理,求图 1.32 中电流 I_5 的值。

[解]　① 将 R_5 待求支路划出,视 R_5 以外的电路为有源二端网络,并将其输出端短路,如图 1.36 所示。

选 D 点为参考点,则 $V_D = 0$, $V_C = 10(V)$

因为 $R_1 /\!/ R_3 = R_2 /\!/ R_4$ 所以 $V_A = V_B = 5(V)$

$$I_1 = \frac{V_C - V_A}{R_1} = \frac{10 - 5}{20} = 0.25(A)$$

$$I_2 = \frac{V_A - V_D}{R_2} = \frac{5}{30} \approx 0.167(A)$$

$$I_S = I_1 - I_2 = 0.25 - 0.167 = 0.083(A)$$

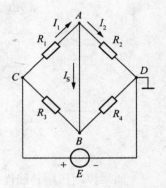

图 1.36　例 1.10 的图

② 求等效电阻 R_0

$$R_0 = R_1 /\!/ R_2 + R_3 /\!/ R_4 = 24(\Omega)$$

③ 将电流源模型和 R_5 支路连接起来如图 1.35(b)所示,可得

$$I_5 = \frac{R_0}{R_0 + R_5} I_S = \frac{24}{24 + 10} \times 0.083 \approx 0.059(A)$$

以上例题说明,利用戴维宁定理和诺顿定理对图 1.32 所示电路的计算结果完全相同。

1.12　含受控源的电阻电路

上面所讨论的电压源和电流源都是独立电源,除此之外,有时还会遇到另一种类型的电源,其向外电路提供的电压或电流是受其他支路的电压或电流控制的,这

种电源称为受控电源。当控制的电压或电流消失或等于零时,受控电源的电压或电流也将为 0。

根据受控源是电压源还是电流源,控制量是支路电流还是电压,受控电源可分为四种不同的类型,即电压控制电压源(VCVS)、电流控制电压源(CCVS)、电压控制电流源(VCCS)和电流控制电流源(CCCS)。四种理想的受控源模型如图 1.37 所示。

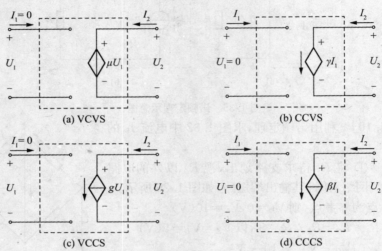

(a) VCVS (b) CCVS

(c) VCCS (d) CCCS

图 1.37　理想受控源模型

如果控制作用是线性的,可用控制量与被控制量之间的正比关系来表达,称为线性受控电源。受控电源用菱形符号表示,以便同独立电源的符号相区别。图 1.37 中的系数 μ、γ、g 和 β 都是常数,其中 μ 和 β 是没有量纲的纯数,γ 具有电阻的量纲,g 具有电导的量纲。

受控源也是由某些电路的元器件抽象出来的,例如半导体晶体管可用相应的受控源作为电路模型,图 1.38 为 NPN 型晶体管的电路符号及其 CCCS 受控源电路模型。

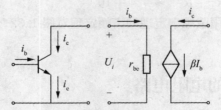

图 1.38　NPN 晶体管符号及其微变等效电路

分析含受控源电路时的一般原则是:受控源和独立源同样作为电源对待,电路

24

的基本定理和各种分析方法均可使用,但在列方程时必须反映出受控源和控制量之间的关系。另外,因为受控源不是独立的,其存在与否决定于控制量,所以对含受控源电路进行处理时,不能随意将受控源去掉、开路、短路或让其单独作用。

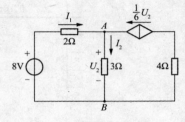

图 1.39　例 1.11 的图

　　[例 1.11]　求图 1.39 所示电路中的电压 U_2。

　　[解]

$$\begin{cases} I_1 - I_2 + \dfrac{1}{6}U_2 = 0 & \cdots\cdots\quad ① \quad (A \text{ 节点电流方程}) \\ 2I_1 + 3I_2 = 8 & \cdots\cdots\quad ② \quad (\text{左网孔电压方程}) \end{cases}$$

　　因为 $U_2 = 3 \times I_2$,代入式①,得

$$\begin{cases} I_1 - I_2 + \dfrac{1}{2}I_2 = 0 \\ 2I_1 + 3I_2 = 8 \end{cases}$$

所以 $I_2 = 2(\text{A})$　　$U_2 = 3I_2 = 6(\text{V})$

1.13　仿真实验

1.13.1　电位、电压的测定

　　(1) 在 EWB 平台上建立如图 1.40 所示的电路,以 A 点为参考点,把 A 点接地。

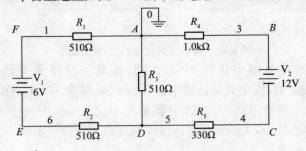

图 1.40　电压、电位的测定

　　(2) 在 EWB 菜单项中选择 options 项,在其下拉菜单中选择 preferences 项,选中其对话框中的 Show Nodes Name,用鼠标单击"OK"按钮后就会显示出所有节点。

　　(3) 在 EWB 菜单项中选择 Simulate 中的 Analysis 项,在其下拉菜单中选择 DC Operating Point 项,屏幕中就会显示所有节点的电位,如图 1.41 所示。

25

	DC Operating Point	
1	$1	982.03593 m
2	$3	5.98802
3	$4	-6.01198
4	$5	-4.03593
5	$6	-5.01796

图 1.41　各节点的电位

（4）再以 D 点为参考点，重复上述（1）～（3）步的内容。

（5）在实验室建立图 1.40 实验电路，利用直流稳压电源、万用表、直流数字电压表、直流数字毫安表实测电路各点的电位和相邻两点之间的电压。

1.13.2　基尔霍夫定律的验证

（1）在 EWB 平台上建立如图 1.42 所示的电路。

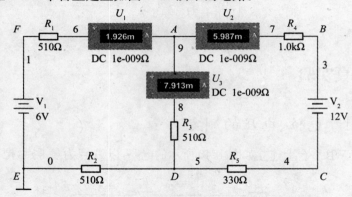

图 1.42　基尔霍夫定律的验证电路图

（2）在 EWB 菜单项中选择 options 项，在其下拉菜单中选择 preferences Schematic Options 项，选中其对话框中的 Show Node 中 Name，用鼠标单击"OK"按钮后就会显示出所有节点。在 EWB 菜单项中选择 simulate 中的 Analysis 项，在其下拉菜单中选择 DC Operating Point 项，屏幕中就会显示所有节点的电位，再计算出各元件上的电压。

（3）激活电路，图中的电流表就会显示出各支路电流的大小；如果在元器件两端并联上一个电压表，就可测出该器件上电压的大小。

（4）根据实验数据，选定实验电路中任一节点，通过实验验证 KCL 定理的正确性。

（5）根据实验数据，选定实验电路中任一闭合回路，通过实验验证 KVL 定理的正确性。

26

1.13.3 叠加原理的验证

(1) 在 EWB 平台上建立如图 1.43 所示的电路。

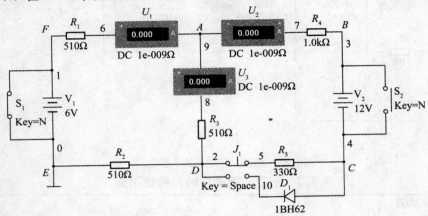

图 1.43 叠加原理的验证电路

N 键、M 键、Space 键分别控制三个开关

(2) 按"基尔霍夫定律"仿真实验步骤,完成仿真实验。

(3) 令 E_1 电源单独作用时,用直流数字电压表和毫安表测量支路电流和各电阻元件两端的电压,自己设计表格记录数据。

(4) 令 E_2 电源单独作用时,重复实验步骤(3)的测量和记录。

(5) 令 E_1 和 E_2 电源共同作用时,重复上述的测量和记录。

(6) 选择仪器设备和元器件,实际操作完成上述实验。

1.13.4 验证戴维宁定理

(1) 在 EWB 平台上建立如图 1.44 所示的电路。合上开关 A 可测定短路电流;断开开关并去掉负载电阻可测定开路电压。

(2) 断开开关 A 改变滑线电阻器接入电路部分的电阻值,每改变一次都记录下此时电路中各表的读数。将实验数据记入表 1.1 和 1.2。

表 1.1 测定有源二端网络的 U_{oc} 和 I_{sc}

U_{oc}/V	I_{sc}/mA	$R_0 = U_{oc}/I_{sc}/\Omega$

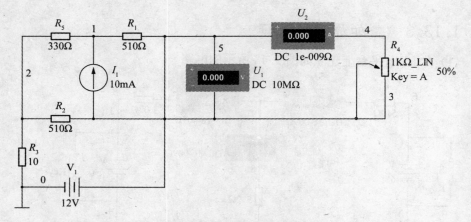

图 1.44 戴维宁定理仿真实验电路

表 1.2 有源二端网络的外特性测量

测量值 计算值	$R_L(\Omega)$	0	200	400	500	600	800	1000	∞
U_{AB}/V									
I/mA									
P/mW									

（3）现有晶体管稳压电源一台（电压调节范围 $0\sim30$V），万用表一台，标准电阻箱一台（10kΩ），电阻 1 个。设计一个验证戴维宁定理的方法，画出实验电路图，写出实验步骤，申请开放实验室实际操作，记录实验数据并进行分析，画出戴维宁等效电路的特性曲线。

习　　题

1.1　求图 1.45 所示电路中开关 S 闭合和断开两种情况下 a、b、c 三点的电位。

1.2　求图 1.46 所示电路中开关 S 闭合和断开两种情况下 a、b、c 三点的电位。

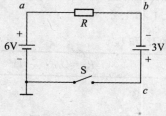

图 1.45　题 1.1 的图

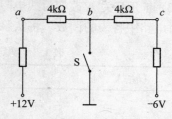

图 1.46　题 1.2 的图

1.3 根据理想电源的特性和基尔霍夫定律,在图 1.47 所示电路中,已知 $U_S=6V,I_S=2A,R_1=2\Omega,R_2=1\Omega$。求开关 S 断开时开关两端的电压 U 和开关 S 闭合时通过开关的电流 I。

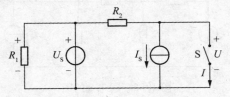

图 1.47 题 1.3 的图

1.4 在图 1.48 所示电路中,已知 $U_S=6V,I_S=2A,R_1=R_2=4\Omega$。求开关 S 断开时开关两端的电压和开关 S 闭合时通过开关的电流。

1.5 求图 1.49 所示电路中通过恒压源的电流 I_1、I_2 及其功率,并说明是起电源作用还是起负载作用。

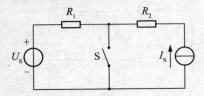

图 1.48 题 1.4 的图

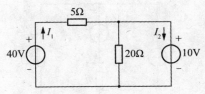

图 1.49 题 1.5 的图

1.6 求图 1.50 所示电路中通过恒流源的电压 U_1、U_2 及其功率,并说明是起电源作用还是起负载作用。

1.7 试分析在图 1.51 所示两电路中:
(1) 图 1.51(a)中的理想电压源在 R 为何值时既不取用也不输出电功率? 在 R 为何范围时输出电功率? 在 R 为何范围时取用电功率? 而理想电流源处于何种状态?(2) 图 1.51(b)中的理想电流源在 R 为何值时既不取用也不输出电功率? 在 R 为何范围时输出电功率? 在 R 为何范围时取用电功率? 而理想电压源处于何种状态?

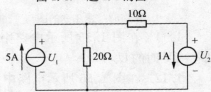

图 1.50 题 1.6 的图

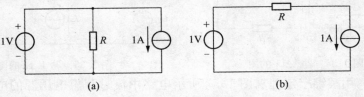

(a)   (b)

图 1.51 题 1.7 的图

1.8 在图 1.52 所示电路中，$U_S = 6V$，$I_S = 3A$，$R_1 = R_2 = 2\Omega$，$R_3 = R_4 = 1\Omega$，用支路电流法求各支路的电流。

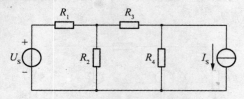

图 1.52 题 1.8 的图

1.9 在图 1.53 所示电路中，$U_S = 10V$，$I_S = 5A$，$R_1 = 2\Omega$，$R_2 = 3\Omega$，用叠加原理求电流 I_1，I_2。

1.10 在图 1.54 所示电路中，$U_S = 35V$，$I_S = 7A$，$R_1 = 1\Omega$，$R_2 = 2\Omega$，$R_3 = 3\Omega$，$R_4 = 4\Omega$，用叠加原理求流过 R_4 的电流 I。

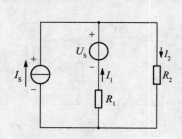

图 1.53 题 1.9 的图

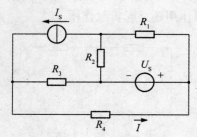

图 1.54 题 1.10 的图

1.11 在图 1.55 所示电路中，当 $U_S = 16V$ 时，$U_{ab} = 8V$，试用叠加原理求 $U_S = 0V$ 时的 U_{ab}。

1.12 在图 1.56 所示电路中，$R_2 = R_3$。当 $I_S = 0$ 时，$I_1 = 2A$，$I_2 = I_3 = 4A$。求 $I_S = 10A$ 时的 I_1，I_2，I_3。

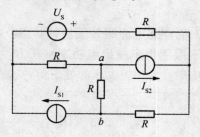

图 1.55 题 1.11 的图

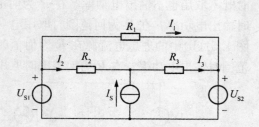

图 1.56 题 1.12 的图

1.13 用戴维宁定理求图 1.57 所示电路中流过理想电压源的电流。图中 $U_S = 10V$，$I_{S1} = 3A$，$I_{S2} = 5A$，$R_1 = 2\Omega$，$R_2 = 3\Omega$，$R_3 = 4\Omega$。

1.14 在图 1.58 所示电路中，$U_S = 6V$，$I_S = 3A$，$R_1 = R_2 = 2\Omega$，$R_3 = R_4 = 1\Omega$，

用戴维宁定理求理想电流源两端的电压。

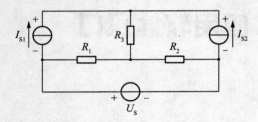

图 1.57　题 1.13 的图

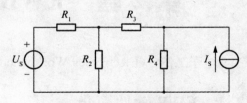

图 1.58　题 1.14 的图

1.15　用戴维宁定理求图 1.53(习题 1.9)所示电路中的电流 I_2。

1.16　在图 1.59 所示电路中，$U_{S1}=12\text{V}$，$U_{S2}=15\text{V}$，$R_1=3\Omega$，$R_2=1.5\Omega$，$R_3=9\Omega$，用诺顿定理求流过 R_3 的电流 I_3。

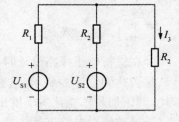

图 1.59　题 1.16 的图

第 2 章　EWB 应用软件入门

电子工作台(Electronics Workbench)简称 EWB。

2.1　EWB 软件简介

2.1.1　概述

在进行电子线路设计时,通常需要制作一块试验板进行模拟试验和仿真,以测试是否达到设计的要求,这往往会延长设计周期,增加产品成本。20 世纪 70 年代,美国加州柏克莱大学推出了 Spice 程序,它将常用的器件用数字模型表示,可以通过软件对电路进行仿真和模拟。随着数字技术的不断发展,Spice 推出包括数字器件模型的 Spice2 版本。现在大量的电子电路仿真和模拟软件都建立在Spice2 及更高版本的基础上,如美国 OrCad 公司的 Pspice 软件,加拿大 Interactive Image Tech 公司的 Multisim2001 软件。

Multisim 软件基本器件的数学模型基于 Spice3.5 版本,但增加了大量的VHDL 器件模型,可以仿真更复杂的数字器件。是目前教学中使用最多的仿真软件之一。经过不断地扩充,Multisim2001 已经成为一个功能强大的通用电路仿真程序,是 EDA 最基本的语言基础。

作为 EWB 的新版本,Multisim2001 具有很多优点:

(1) 提供了一个巨大的绘制电路所需的元器件库,并且增加了大量的 VHDL器件。有 5000 多种器件可用,还可以将各种新器件的 Spice 库文件导入该软件自建器件库供使用者选择,以便创建和仿真复杂的数字电路。

(2) 可以直接在因特网上对用户的器件库进行升级。

(3) 能实现从基本的模拟器件到复杂的数字器件和可编程控制器件的混合仿真。

(4) 容易使用的电路原理图编辑功能。Multisim 软件采用了与 Windows 一样的可视化的工具栏进行器件选择,而且具有子电路功能和电路加密功能,使用相当方便灵活。

(5) 强大的虚拟仪器功能。该软件提供了示波器、逻辑分析仪、波特图示仪及万用表等十多种虚拟仪器。其友好、逼真的界面如同在实验室中实际操作仪器一样。测试电路参数可以直接从屏幕仪器架上选取仪器,并且可以将仪器测试结果加以保存,用于教学非常方便。特别是它提供的逻辑分析仪、网络分析仪等高档仪器,弥补了实验室设备成套率不足的矛盾。

（6）强大的分析功能。Multisim 软件提供了 18 种电路的分析手段,可以帮助设计者分析电路的性能。此外,它还可以对被仿真分析的电路中的元件设置各种故障,如开路、短路和不同程度的漏电等,从而观察在不同故障情况下电路的工作状况。

（7）VHDL/Verilog 设计输入和仿真。Multisim2001 版将 VHDL/Verilog 设计输入和仿真包含进去,使可编程器件的设计和仿真与模拟电路、数字电路的设计和仿真融为一体。

（8）可以与 PCB 布线软件连接。该软件的设计结果可以方便地输入到常见的印刷电路板布线软件,如 Protel、Orcad 和 Tango 软件,进行 PCB 布线。

（9）与 Spice 软件兼容,两者可以互相转换。

（10）提高了电路设计的工作效率。Multisim 结合了电路设计、仿真和可编程逻辑。设计者可放心地去创新设计,而无须学习更多的 EDA 软件知识。

2.1.2 Multisim 软件的基本界面

当前,世界各国许多大学都将 EWB 作为介绍 EDA 技术的内容,并纳入电类课程的教学中。通过 EWB 软件的应用,帮助学生在掌握电学基本理论、基本概念、基本分析方法的基础上,通过虚拟实验电路设计、电路仿真,培养学生分析、应用和创新的能力,大大提高了学生动手能力的培养,体现了以学生为中心的实验教学的宗旨。

启动 Multisim 软件后,可以看到其主窗口如 2.1 图所示。

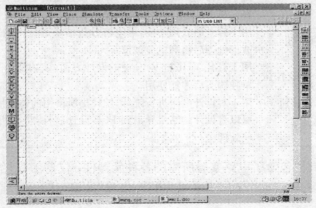

图 2.1 Multisim 主窗口

从图中可以看到，Multism模仿了一个实际的电子实验台。主窗口中最大的区域是电路窗口（Circuit Window）用来绘制电路图及添加测量仪器。工作区的上面是标题栏、菜单栏（Menus）、系统工具栏（System Toolbar）、设计工具栏（Design Toolbar）、正在使用的器件清单（In Use List）、工作区的左边为元器件工具栏（Component Toolbar）、右面为仪器工具栏（Instruments Toolbar），下面为状态栏（Status Bar）等几个部分组成。从菜单栏可以选择电路连接、实验所需的各种命令。系统工具栏包含了常用的操作命令按钮。

设计工具栏包括了器件设计按钮（Component Design Button）、器件编辑按钮（Component Editor Button）、仪器按钮（Instruments Button）、仿真模拟按钮（Simulate Button）、分析按钮（Analysis Button）、后处理按钮（Postprocessor Button）、VHDL/Verilog按钮、统计报告按钮（Reports Button）、导出按钮（Transfer Button）等。各按钮的功能如表2.1所示。

表 2.1　设计工具按钮的功能描述

工具	名称	功 能
	器件设计按钮	用来打开/关闭器件工具栏，缺省时该按钮处于激活状态，器件工具栏处于打开状态
	器件编辑按钮	用来打开器件编辑器，当需要编辑器件时单击该按钮就可以打开器件编辑界面
	仪器按钮	用来打开/关闭仪器工具栏，缺省时该按钮处于激活状态，仪器工具栏处于打开状态
	模拟仿真按钮	用于开始/结束/暂停电路的模拟，相当于实际工作时的电源开关，当电路中没有仪器时该按钮不能被激活
	分析按钮	用于执行电路的分析功能，单击该按钮时出现下拉菜单，从中选择分析方法，电路在模拟时无法激活该按钮
	后处理按钮	用于打开后处理功能，可以将分析结果进行再加工，如通过电压波形处理后得到电流波形等
	VHDL/Verilog 按钮	用于打开 VHDL/Verilog 的设计界面，该功能是一个选项，必须单独购买后才能使用
	统计报告按钮	用于对设计电路进行统计，统计出所使用的器件情况、仪器情况
	导出按钮	可以将设计的结果导出到 PCB 设计软件，将分析结果导出到其他软件中

元器件工具栏包含了电路实验所需的各种元器件，仪器工具栏包含各种可供选择的仪器。按下"启动/停止"开关或"暂停/恢复"按钮可以方便地控制实验的进程。

2.1.3 Multisim 软件的设置

用户在使用 Multisim 软件前可以根据个人的需要自主设置界面,如打开/关闭各种工具栏、设置电路器件的颜色、图纸大小、显示的放大比例、自动存盘的时间、器件符号的类别、打印的设置等。

(1) 设置用户界面。

① 对界面进行当前设置。对当前界面中电路的设置只须在电路窗口中单击鼠标右键即可,但该设置仅对当前的电路有效。新建电路时原设置将不能保留到新建电路中。如电路图显示方式的设置,用户可在电路图窗口内单击鼠标右键,通过 Color 来改变电路中器件、导线、背景的颜色;通过 Show 来改变电路中的器件标注(Conmponent label)、器件标号(Component References)、节点名(Node Name)、器件数值(Component Values)的显示和不显示,这种方法只对当前电路图有效,新建电路要重新进行当前设置。若要使新建的每一个文件都使用同一种设置,就需要进行永久设置。

图 2.2 为电路窗口的设置对话框。该对话框设置对当前电路无效,仅对新建的电路有效。对话框中有 Passive Component 无源器件,Active Component 有源器件,Virtual Component 虚拟器件。

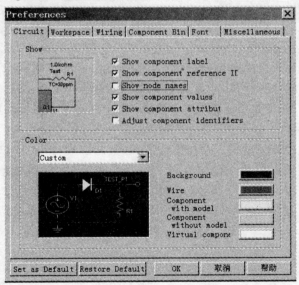

图 2.2 电路窗口设置对话框

② 对界面进行长期设置。通过 EDIT 菜单下的 User Preferences 进行设置(各种工具栏的显示和隐含可以通过 View 菜单下的 Toolbars 选择)。

（2）电路显示特性设置。

在 Options 菜单下的 Preference 中的 Workspace（工作区域）可对显示电路窗口进行改变（改变窗口大小，是否要网格等）。图 2.3 为设置窗口工作界面。

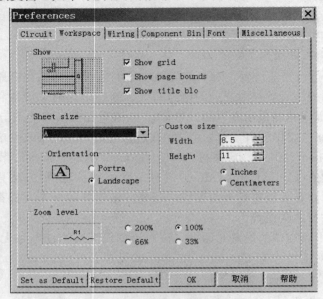

图 2.3　设置窗口工作界面

（3）自动存盘及符号设置。

为了防止因计算机死机、停电等非正常关机引起的数据丢失，Multisim 提供了自动存盘的功能，用户可以设置是否存盘及每隔多长时间进行一次自动存盘。自动存盘设置在 Edit 菜单下的 User Preference 对话框的 User Preference 标签下，缺省情况下，每 20min 自动存一次盘。

Multisim 软件提供两种符号标准：ANSI（美国国家标准组织）标准和 DNI 标准。其中 DNI 标准的符号与我国原电子工业部的部颁标准基本一致。表 2.2 为常用器件 DIN 与 ANSI 标准符号对照表。

表 2.2　常用器件 DIN 与 ANSI 标准符号对照表

器件名称	DIN	ANSI	器件名称	DIN	ANSI
电阻	─▭─	─Ɱ─	交流电压源	⊘	⊕
电感	⌇⌇⌇	⌇⌇⌇	交流电流源	⊖	⊕
电容	─╂─	─╂─	运算放大器	⊳	⊳

器件名称	DIN	ANSI	器件名称	DIN	ANSI
二极管	$\overset{1}{\rightarrow}\!\!\vert^2$	$\overset{1}{\longrightarrow}\!\!\vert^2$	与门	&门	与门符号
三极管	三极管DIN	三极管ANSI	或门	≥1门	或门符号
直流电压源	电压源DIN	电压源ANSI	非门	1门	非门符号
直流电流源	电流源DIN	电流源ANSI	异或门	=1门	$\overset{1}{\underset{2}{}}\overset{A}{\rightarrow}3$

（4）打印页面设置。设置打印方式可以通过选 Options 菜单下的"Prefer-ences"中的"Print Page Setup"项来进行。

可以进行如下参数设置：

① 是否打印成黑白图（Output to Black/While）。指电路的彩色打印在黑白打印机上是打印成黑白的还是灰度的。如选中该项，将在黑白打印机上打印出黑白电路图，否则彩色电路会转化为灰度进行打印。

② 是否打印背景（Output Background）。如选中则打印，否则不打印。

③ 页边宽度设置（Margine）。可以设置顶（Top）、左（Left）、右（Right）、下（Bottom）的边距，其单位为英寸（Inches）或厘米（Centimeter）。

④ 输出比例设置。打印的电路图可以预设比例。

（5）器件故障设置。有时需要仿真模拟某一器件损坏及电路故障，这就要求仿真软件具有设置器件故障的功能。Multisim 具有器件开路（Open）、短路（Short）和漏电（Leakage）故障设置。图 2.4 为三极管设置故障的对话框，通过双击需要设置故障的器件，在弹出的对话框进入"Fault"项就可以设置器件的故障。

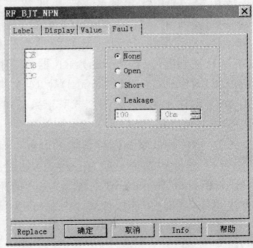

图 2.4　三极管模型窗口

2.1.4　电路原理图绘制

1. Multisim 软件的电路元器件库

Multisim 使用数据库对器件进行管理,数据库的结构可分为三个层次:

（1）Multisim Master 层次,为基本元器件库,用户不可以对其进行修改,删除等操作。开始使用时用户仅有 Multisim Master 层次的器件可选用。

（2）Corporate 层次,是专门为公司或多人共同参与某项目而设置的,它对单用户版本不适用,仅对网络用户适用。

（3）User 层次,是用户自己新建的器件或用户修改过的器件,可以将其存入 User 数据库供下次使用。

这三个层次的选择通过元器件数据库进行。

Multisim 将基本器件库中的器件分为信号源（Source）、常用器件（Basic）、二极管（Diodes）、晶体管（Transistors）、模拟集成电路（Analog ICS）、TTL 集成电路、CMOS 集成电路、其他数字集成电路（Miscellaneous Digital ICS）、混合芯片（Mixed Chips）、指示器件（Indicators）、其他器件（Miscellaneous）、控制器件（Controls）、RF 器件（射频器件）、

信号源
常用器件
二极管
晶体管
模拟集成电路
TTL集成电路
CMOS 集成电路
数字集成电路
混合芯片
指示器件
杂合器件
控制器件
RF射频器件
机电类器件

图 2.5　器件工具栏

机电类器件（Electromechanical）等 14 个类别,将这 14 个类别的器件在工具栏中用 14 个按钮来表示（如图 2.5 所示）,通过点击按钮打开相应器件库。图 2.6 为二极管的选用过程。

2. 器件的放置与器件参数的调整

（1）器件的放置一般有三种方法:用器件工具栏进行选择;使用菜单中命令"Edit/Place Component"来选择;在已使用的器件列表中查找。一般使用最多的方法是第一种。下面以放置 74LS00D 为例说明其步骤:

① 单击器件工具栏中的"TTL"按钮,在弹出的 TTL 数字电路工具栏中单击"74LS"按钮。

② 在弹出的图 2.7 所示器件浏览窗口中选择 74LS00D,单击"OK"按钮。

③ 在选择器件单元的对话框中任意选择 A、B、C 或 D。

④ 在需要放置器件的地方单击鼠标左键,这时 74LS00D 就放置在需要的地方了。

（2）器件位置的调整。

① 移动:移动已经放置在电路中的器件,只需将鼠标的箭头在需要移动的器

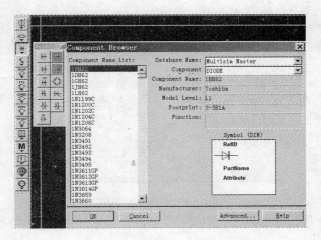

图 2.6 二极管器件的选用过程

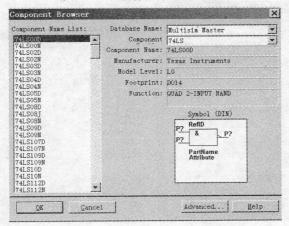

图 2.7 74LS00D 器件的放置

件上按住左键拖动,当移动到需要放置的地方时松开鼠标。如果需要移动多个器件,先选中需要移动的多个器件,在其中一个选中的器件上按住鼠标左键拖动。

② 删除:选中需要删除器件,按键盘中"Delete"键。

③ 旋转器件:Multisim 提供了垂直翻转、水平翻转、顺时针翻转和逆时针翻转四种旋转方式。操作这些翻转只须首先选中需要放置的器件,再通过 Edit 菜单下相应的命令或快捷键,也可以通过图 2.8 快捷键菜单来进行旋转。

(3) 器件参数的调整。

① 虚拟器件的参数的调整:有时需要对在元器件工具栏选择的器件进行参数修改,对于虚拟器件,只须用鼠标双击需修改参数的器件(如图 2.9 所示)直接修改。

39

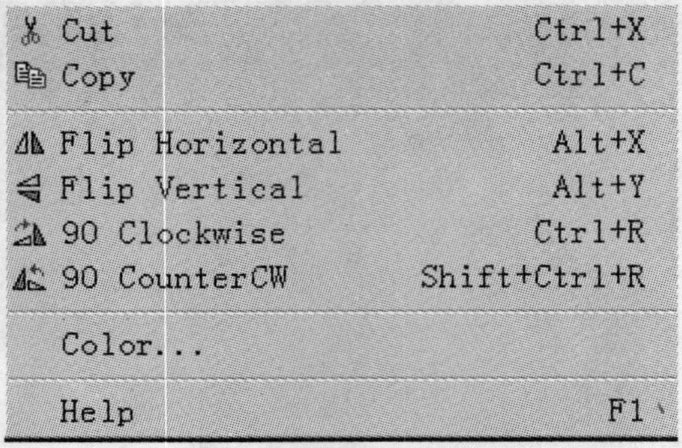

✂ Cut	Ctrl+X
🗐 Copy	Ctrl+C
◿◺ Flip Horizontal	Alt+X
◁ Flip Vertical	Alt+Y
⟳ 90 Clockwise	Ctrl+R
⟲ 90 CounterCW	Shift+Ctrl+R
Color...	
Help	F1

图 2.8　旋转器件菜单

② 真实元件的参数调整：鼠标左键双击真实元件后，出现如 2.10 所示对话框。

图 2.9　器件参数修改对话框

图 2.10　真实元件的参数调整

真实元件的参数修改是通过元件的替换（Replace）和编辑模型（Edit Model）来进行的，这两项修改在对话框中分别有两个按钮与之对应，器件的更换与在实验室实际更换器件的工作是一样的。按下"Replace"按钮时会弹出器件浏览窗口，用户可以在其中选择合适参数的基本器件替换原器件。

对于有些器件，其型号是正确的，但器件的参数不是用户需要的参数或与实际器件的参数不一致，通过更改器件无法进行仿真与模拟，这时可以通过修改器件的模型参数来实现仿真的要求。图 2.11 为模型修改窗口。

当修改窗口中的参数时，图中的"Change Part Model"和"Change All Model"按钮被激活，单击"Change Part Model"按钮仅修改选中器件的参数；单击"Change All Model"按钮修改电路中与选中的型号一致的器件参数。图为半导体三极管模

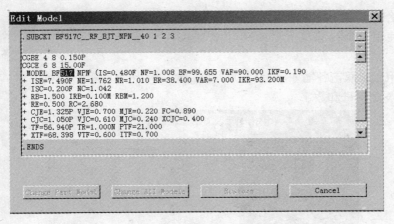

图 2.11 模型修改窗口

型窗口,图中的 BF 参数就是低频电子线路中三极管的 β 值。

3. 连线

Multism 提供了自动连线和手动连线两种连线方式。自动连线可以避免连线从器件上飞过,手动连线可以按照人们的走线习惯进行布线。

(1)自动连线。将鼠标指在第一个元器件的引脚,鼠标指示成"十"字形时,单击左键,然后移动鼠标到第二个元器件的相应引脚,单击鼠标左键,即完成了自动连线的功能,系统会给绘制的线标上节点号。如果没有成功是因为连接点与其他器件靠得太近。如果对刚画的线不满意可以选中该线后,按"Delete"键。

(2)手动连线。将鼠标指向第一个元器件的引脚,鼠标成"十"字形,单击鼠标左键,导线随鼠标的左键移动而移动。当连线需要拐弯时,单击鼠标左键,到达第二个器件对应引脚时单击鼠标左键,导线就连好了。

当导线需要从第一个器件上跨过时,只要移动鼠标经过该器件时按下"Shift"键。

(3)设置导线的颜色 当连接导线较多时,为了便于区分,可以将不同的导线标上不同的颜色。设置导线的颜色只需选中该导线,然后单击鼠标右键,选"Color"。

4. 子电路(Subcircuits)

通常,在分析一个较为复杂的电路时,用一个框图将实现某一特殊功能的电路包括其中。Multisim 提供了一个相应的功能即子电路功能。用户可以将一部分电路用子电路的形式加以表示。子电路作为电路的一部分随主电路文件一起存放。打开也必须在主电路中一起打开。

(1)创建子电路 创建子电路的过程与一般电路的创建过程一样。为了便于子电路与外围电路连接,需添加输入、输出(Input、Output)节点。建立子电路的详细步骤如下:

① 绘制子电路的电路图。

② 使用 Editor 菜单下 Place Input/Output 命令给输入/输出端标上输入/输出节点。

③ 用鼠标双击各输入/输出节点，通过图 2.12 所示的对话框对节点重新命名（必须是英文字母和数字）。

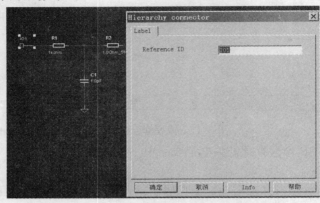

图 2.12　输入/输出节点命名对话框

（2）添加子电路。将上面创建的子电路放置到具体电路中的步骤：

① 选中需作为子电路的电路图，将其复制或剪切到剪切板上。

② 在需要使用子电路的文件中使用 Edit 菜单下的 Paste As Subcircuit/Macra，弹出图 2.13 所示的子电路命名对话框，输入子电路的名称（注意：不可以使用中文作为子电路名），单击 OK 退出对话框，这时鼠标与放置器件时一样，子电路图案随鼠标箭头移动而移动，在需要放置子电路的地方单击鼠标左键。

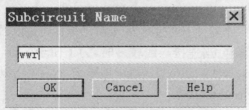

图 2.13　子电路命名对话框

③ 将子电路的输入/输出端像元件一样与其他元件连接在一起。

（3）修改子电路。

① 子电路位置调整：子电路放置位置的修改与其他器件一样，可以进行水平、垂直、翻转、顺时针、逆时针旋转 90°、移动等操作。

② 子电路内部电路的编辑：修改子电路的内部只须在子电路上双击鼠标左

键,这时弹出如图 2.14 子电路属性对话框,单击 Edit Subcircuit 按钮就可以进入子电路的修改窗口,修改完毕关闭窗口。

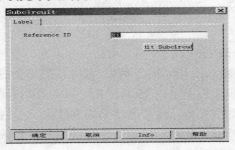

图 2.14　子电路编辑对话框

2.2　虚拟仪器的使用与电路分析

Multisim 提供了大量的虚拟仪器,用户可以用这些仪器测试自己设计的电路。这些仪器的设置、使用方法、数据的读取都与实验室中的常用仪器仪表非常相似。使用这些虚拟仪器是测试设计电路最快捷、最方便、最经济的仿真方法,也为今后操作实际仪器仪表打下了正确使用的基础。

Multisim 提供了波特图示仪、失真度测试仪、函数信号发生器、逻辑转换仪、逻辑分析仪、万用表、网络分析仪、示波器、频谱分析仪、功率表、字符发生器等 11 种仪器。

2.2.1　常用仪器的使用方法

Multisim 中有工具栏中的仪器按钮、电路中的仪器图标、观察结果时用的仪器面板三种表示方法。在电路窗口中放置仪器有下面两种方法:

① 单击工具栏上的对应按钮,然后在需要放置仪器的地方单击鼠标左键。

② 在菜单 Simulate 下的 Instruments 中选择合适的仪器将它放置在需要的地方。

Multisim 中同一仪器可以使用多台,如在一个电路中可以同时使用三台示波器,在一个电路中也可以同时使用多台不同仪器。双击仪器的小图标,就会出现仪器面板。观察测试结果需要通过下列几种方法:

① 单击设计工具栏中的"模拟"按钮后再从弹出的菜单中选择"Run/Stop",这时测试仪器上就可以显示出测试结果。有时,可能希望将测试的波形暂停,如示波器观察振荡器电路的起振过程,可以通过设计工具栏中"模拟"按扭,在弹出的菜单中选择"Pause"。继续测试,再重复按一次"Pause"即可。

② 在 View 下选择"Show Simulate Switch"，可以开启/停止和暂停/继续模拟，左边为"Run/Stop"按扭，右边为"Pause/Resume"按扭。

③ 在 Simulate 菜单下选择"Run/Stop"和"Pause/Resume"来运行/停止和暂停/继续模拟过程。

1. 万用表（Multimeter）

Multisim 提供如图 2.15 所示的万用表，它可以测量交、直流电压、电流、电阻及分贝值。通过万用表面板图上的"Set"按扭可以对万用表的功能进行设置。测量结果可能与理论计算值或实际测量的结果相差较大，这是由于虚拟仪器的参数与理论或实际参数相差较大所致。Multisim 允许用户设置该万用表的内部参数，以使测量结果满足用户的需求。

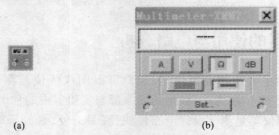

(a)   (b)

图 2.15　万用表

(a) 仪器图标；(b) 仪器面板

2. 函数信号发生器（Function Generator）

Multisim 提供了一个可输出正弦波、方波、三角波的函数信号发生器。其输出波形的频率、幅度、直流成分、占空比（三角波、方波）以及方波信号的上升/下降沿皆可调节，而且在进行电路模拟时也可以调节信号源中的正弦波，方波（但须注意调节后需重新按模拟开关）。这些波形信号的频谱输出很宽，可以从音频到射频范围。

图 2.16 为函数发生器的图标和面板图，从图中可以看出它有三个输出端：+、COMMON、-。通常它与电路连接有两种方式：

（1）单极性连接方式：是将"Common"端与被测电路的地相连，"+"端或"-"端与电路的输入端相连。这种方式一般用于与普通电路的连接。

（2）双极性连接方式：是将"+"端与电路输入中的"+"端相连，而将"-"端与电路输入中的"-"端相连。这种方式一般用于差分输入电路中，如差动放大电路、运算放大电路等。其振幅是"+"端或"-"端对地连接方式时的峰值电压的 2 倍。

3. 示波器（Oscilloscope）

Multisim 提供了数字式存储示波器（见图 2.17），用户借助它可以看到通常在实验室无法看到的瞬间变化的波形。

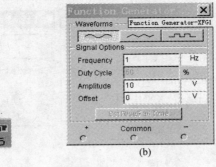

图 2.16　函数信号发生器

(a) 仪器图标；(b) 仪器面板

图 2.17　示波器

(a) 图标；(b) 面板图

图中示波器的波形显示还有两个游标，通过鼠标可以左右移动游标。在波形显示窗口下面有三个数值显示窗口，分别显示两个游标与波形交叉点的时间刻度、幅度大小和两个交叉点间的时间间隔及幅度差值。

4. 功率表（Wattmeter）的使用方法

功率表是用来测量负载消耗功率或电源提供功率的仪器。图 2.18 为功率表。从面板图上可以看到它不仅能够显示功率，还能显示功率因素（Power Factor）。

5. 波特图示仪（Bode Plotter）的使用方法。

波特图示仪是一种以图形方法显示电路或网络频率响应的仪器。与实验室中的频率特性测试仪（通常称作扫频仪）相似。图 2.19 为波特图示仪，图 2.20 所示为波特图示仪与电路的连接方法。

由于 in 的"一"极与 out 的"一"极在仪器内部是相连的，故 out 的"一"极可以悬空不接。

波特图示仪可以测量电路的幅频特性曲线和相频特性曲线，这两种测量的电路连线方式相同，仅在仪器上通过图中的"Magnitude"（增益）和"phase"（相位）两个按钮来切换。使用方法如下：

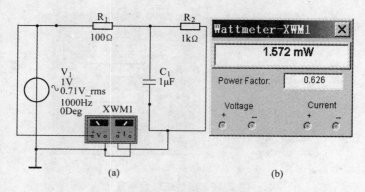

图 2.18　功率表

(a) 图标；(b) 面板图

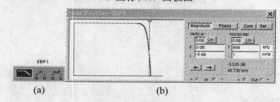

图 2.19　波特图示仪

(a) 图标；(b) 面板图

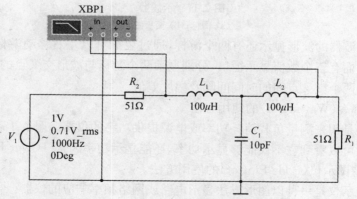

图 2.20　波特图示仪连接方法

(1) 设置 X、Y 轴坐标。在 Vertical（垂直）坐标下，选择 Log 或 Lin 来切换垂直坐标线是对数刻度还是线性刻度（相频特性时只能选线性刻度），通过 F（Final Value 坐标终点值）、I（Initial Value 坐标起点值）来定义测试结果的显示范围。同样，可在 Horizontal（水平坐标）下选择以上内容。

(2) 读取数据。打开模拟功能，这时图示仪的显示窗口中将会显示幅频特性曲线或相频特性曲线，合理地设置坐标范围，就能得到用户需要的特性曲线。通常希望通过特性曲线了解被测电路的频带宽度、某一频率时的增益和相位大小,因此波特图示仪提供了一个游标(Cursor),通过这个游标可以读出上述需要的数值。图2.19(b)为测试结果的面板图,通过下面两种方法可以移动游标来读取需要的数据:

① 将光标放在游标上,按住鼠标左键左右拖动,可以移动游标。

② 通过单击面板上的左右箭头键可以移动游标。

图中游标与特性曲线的交叉位置对应的频率为 40.738kHz,增益为 −3.026dB,所以其频带宽度约为 40.738kHz。

6. 失真度分析仪(Distortion Analyzer)的使用方法。

失真度分析仪(如图 2.21 所示)是测试电路输出失真情况的主要仪器,一般用于音频设备的测试,如音频功率放大器的失真测试,音频信号发生器输出的测量,其频率范围为 20Hz~20kHz。

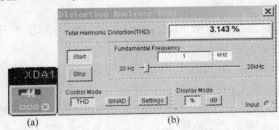

图 2.21　失真度分析仪

(a) 图标;(b) 面板图

测试的基波频率可通过面板中 Fundamental Frequency(基波频率)栏来设置。

失真度通常有两种表示方法:

① THD(Total Harmonic Distortion,谐波总和失真)。

② SINAD(Signal Plus Noise and Distortion,信号噪声及失真的和)。

其中 THD 可用百分数表示,也可用对数表示,而 SINAD 只能用对数表示。

单击面板中 Control Model 栏中的 Settings 按钮,弹出图 2.22 所示对话框,通过对话框可以选择 THD 失真度的 IEEE 和 ANSI/IEC 标准中的一个,同时还可以设置起始频率、终止频率及测试时考虑的谐波数(失真度仅考虑二次谐波)。

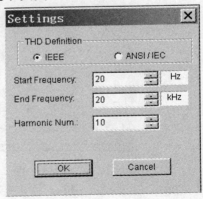

图 2.22　测试 THD 的设置

2.2.2 Multisim 软件的高级分析功能

Multisim 提供的各种虚拟仪器给电路的分析带来了极大的方便，但有时在电路中需要对多个参数进行分析，因此，Multisim 还提供了更高级的电路分析功能：直流静态工作点的分析、交流频率分析、瞬态分析、傅里叶分析（频谱分析）、噪声分析、失真分析、直流扫描分析、直流和交流灵敏度分析、参数扫描分析、温度扫描分析、最坏状态分析、零点-极点分析、蒙得卡罗分析、射频分析、批量分析、用户自定义分析等 18 种分析方法。下面主要介绍实验中使用较多的分析方法，其余的分析方法读者可参见软件的用户指南手册。

对电路状态或输出信号波形进行分析的步骤如下：

（1）先绘制电路，设置电路中各器件的参数，然后给电路加上"地"。使用分析功能时，必须给电路加上"地"。

（2）选择 Options 菜单下的 Preferences，在弹出的对话框中选"Show Node Name"，使用分析功能时必须显示电路节点名。

（3）在 Simulate 中选 Analysis，再在下一级菜单中选择需要的分析方法，这时会弹出具体分析的对话框，其中包括：

① Analysis Parameter Table（分析参数表）：设置分析的参数，如进行交流（AC）分析时设置其频率范围及 XY 坐标的显示方式（对数显示还是线性显示等），如图 2.23 所示。

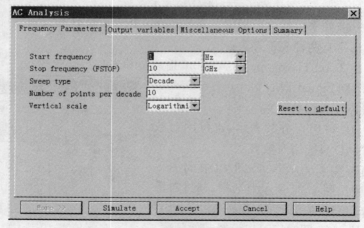

图 2.23　交流分析对话框

② Output Variables（输出变量）：从电路的各节点中选择需要进行输出变量分析的节点。

③ Miscellaneous Options（其他选项）：供用户对分析的标题、分析结果的波形

48

参数加以修改。其设置界面如图 2.24 所示。

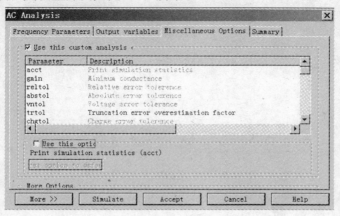

图 2.24　交流参数的设置

④ Summary(综述):列举了所有与当前分析有关的各种参数设置情况。只需要按下图中的"Simulate"按钮就可以得到所需要的分析结果。

1. 直流工作点分析(DC Operating Point Analysis)

该功能用于分析电路中各节点的直流电压和直流电流的大小。在进行直流工作点分析时,交流信号源视为短路,电容视为开路,电感视为短路,所以直流工作点的分析是一种小信号的近似分析,对大信号电路,其分析是不可靠的。进行直流工作点分析时,出现以下情况可能导致分析失败:

(1) 分析电路之外存在一个独立的、与电路无关的器件。

(2) 某些器件不用的多余端悬空着。

(3) 一些器件没有对地的通路或电路没有接地。

(4) 电路中存在数字器件(直流分析不适用于数字电路)。

2. 交流分析(AC Analysis)

该功能用于分析电路输出与输入在不同频率时的响应,包括幅频特性和相频特性,与波特图示仪测量结果是一致的,其设置方法也类似。交流分析使用于电路的小信号模型,因此,必须首先计算电路的直流工作点,以确定电路中非线性器件的小信号工作模型。以 *RC* 电路为例,分析步骤如下:

(1) 绘制如图 2.25 所示 *RC* 电路,并设置各器件的参数;

(2) 选择 Options 菜单下的"Preference"显示电路节点。

(3) 选择 Simulate 菜单下的"Analysis",在弹出的对话框中选择节点 1 作为输出端;

(4) 设置交流分析的参数为:

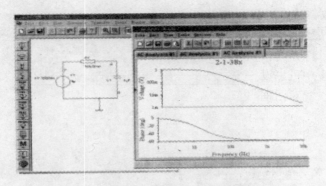

图 2.25　*RC* 电路和交流分析结果

① Start Frequency：1Hz。

② Stop Frequency：10Hz。

③ Sweep Type(*X* 刻度)：Decade(10 倍程)。

④ Number Of Paint Per Decade(每个 10 倍程刻度数)：10。

⑤ Vertical Scale(幅度刻度，即 *Y* 轴刻度)：Logarithmic(对数刻度)。

（5）按下参数设置对话框下面的 Simulate 按钮即可得到图 2.25 中右图的交流分析结果。

3. 直流扫描分析(DC Sweep Analysis)

该功能用于计算各节点直流工作点电压以及电流值随电路中直流电压源电压或电流源电流变化的情况。通过该分析可以观察电源发生变化时直流工作点的变化情况，从中找出最佳的工作电压。注意：数字电路在直流扫描时可看作高阻对地。图 2.26 为直流扫描参数设置对话框，其设置比较简单，只需设置直流电压变化范围的起点(Start Value)、终点(Stop Value)及扫描点的增量(Increment)，如果有两个电压源可以分别进行参数设置。

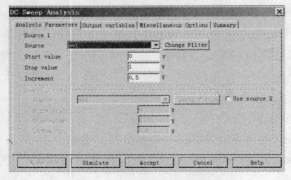

图 2.26　直流扫描分析对话框

4. 参数扫描分析(Parameter Sweep Analysis)

该功能用于分析电路中某参数对输出的影响情况。利用参数扫描可以将电路中任何一个器件作为扫描对象,通过对器件的扫描观察该器件参数对电路的影响。在参数的设置中可以设置的器件参数有起始值、终止值、变化的增量。图 2.27 为参数扫描的设置对话框。若以电阻 rr1 作为扫描器件,通过分析可以观察负载电阻 rr1 对电路性能的影响。从对话框可以看出,对扫描参数进行设置包括:

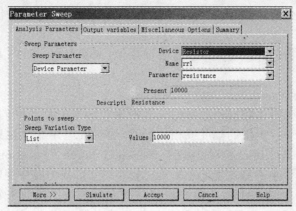

图 2.27 参数扫描设置对话框

(1) Device Type(器件的类型),本图中选择的是电阻。

(2) Name(器件名),电路中器件的名称,即标号。

(3) Sweep Parameter(扫描参数),指器件的参数、模块的参数或者温度的参数。一般对器件参数进行扫描。

(4) Parameter(参数),指选择扫描器件中的什么参数进行扫描。图 2.27 中选择的是阻值参数进行扫描。

(5) Sweep Variation Type(扫描参数变化的方式),指扫描的参数是在一定范围内变化,还是将变化的参数直接列举出来进行扫描,其中有以下四种方式:

① List:将需要扫描的参数大小直接输入到 Values 文本框中,数与数间用逗号隔开。

② Decade:要求每个变化量的数值成 10 倍的关系。

③ Octave:要求两个相邻的扫描值成 8 倍的关系。

④ Linear:在一定范围内线性扫描。

(6) Analysis to(分析方式):选择参数变化的结果对何种分析产生影响,其中有:

① DC Operation Point:对直流工作点的影响。

② AC Analysis：对交流特性的影响。

③ Transient：对瞬态特性的影响。

5. 温度扫描分析（Temperature Analysis）

该功能用于分析温度变化对电路性能的影响。该分析相当于在实际产品检验中的温度老化实验，将电路放置在不同的温度下，测试电路参数的变化。用户可以通过选择温度的开始值、结束值和增量来控制温度的扫描分析。温度扫描分析适用于直流工作点分析、瞬态分析和交流频率分析。温度仅影响器件模型与温度有关的性能参数。

温度扫描分析的设置与参数设置界面类似，通常电路设计时其缺省的工作温度为27℃。

6. 失真分析（Distortion Analysis）

该功能用于分析电路输出信号的失真情况。信号失真产生的原因很多，有因电路频率特性不理想产生的幅度或相位失真，也有因电路非线性失真导致的谐波失真（harmonic distortion）、互调失真（Inter-modulation Distortion）等。失真分析对于研究瞬态分析中不易发现的小失真比较有用。如果电路中只有一个交流信号源，该分析将确定电路中每一点的二次和三次谐波造成的谐波失真。如果电路中有两个交流频率源 F1 和 F2，那么该分析将寻找电路变量在三个不同频率上的谐波失真，这三个频率为：F1＋F2、F1－F2 及 2F1－F2（假设 F1＞F2）。

图 2.28 为失真分析参数设置对话框。

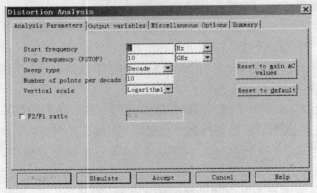

图 2.28　失真分析参数设置对话框

图中"F2/F1 radio"复选项的用途是：当选中时，不仅显示被扫描频率的二次和三次谐波，还显示 F1＋F2、F1－F2 及 2F1－F2 三个频率点的电压或电流与频率的关系。

2.2.3　举例

图 2.29 示为一个电阻分压电路,利用万用表测试电阻上的电压,用静态分析功能计算各节点的电位。注意在图 2.29 中,万用表的内阻对电路有影响。单击万用表面板上的 Setting 按钮,打开设置窗口,可以设置万用表的内阻,使其分别为 200kΩ、5kΩ 等观察读数的变化,研究电压表内阻对测量结果的影响。

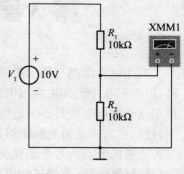

图 2.29　电路举例

第3章 正弦交流电路

由于交流电具有输配电容易、价格便宜等优点,且交流用电设备性能好、效率高,因而工业生产和生活用电主要是以交流电的方式供给的,通常所说的交流电是指正弦交流电。世界各国的电力传输普遍采用正弦交流的方式,当需要直流电源的时候,也大多是将电网供给的正弦交流电经过变换、处理而获取的。

本章的重点内容是正弦交流电的基本知识、电路元件的伏安关系和正弦交流电路的计算方法,掌握这些内容对于学习电工技术和电子技术是十分必要的。

3.1 正弦交流电的基本概念

按正弦规律变化的电动势、电压、电流总称为正弦交流电。图 3.1 所示为正弦交流电路以及正弦电流的波形。与分析直流电路时一样,在描绘和分析计算正弦交流电路时,必须首先设定一个参考方向,交流电压或电流的参考方向是指交流电压或电流处于正半周时的方向。

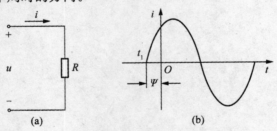

图 3.1 正弦电流的波形图

(a) 电路;(b) 波形

图 3.1 所示的正弦电流的函数表达式为

$$i = I_m \sin(\omega t + \psi) \tag{3.1}$$

3.1.1 瞬时值、幅值和有效值

正弦交流电每个瞬间的数值称为瞬时值,用小写字母表示(e、u、i)。三角函数式描述的是正弦量的瞬时值。瞬时值中的最大值称为幅值,用大写字母加下标表示(E_m、U_m、I_m)。

正弦电动势、电压和电流的大小通常不是用它们的幅值,而是用有效值来计量的。

什么是有效值呢？有效值是根据电流的热效应来规定的。当一个正弦电流 i 在一个周期 T 内通过某一个电阻 R 产生的热量和一个直流电流 I 在相同时间内通过同一个电阻 R 产生的热量相同，那么就将这个直流电流 I 的大小定义为该正弦电流 i 的有效值，必须用大写字母 I 来表示。根据这个规定，应有

$$\int_0^T i^2 R \mathrm{d}t = I^2 RT$$

故得

$$I = \sqrt{\frac{1}{T}\int_0^T i^2 \mathrm{d}t} \qquad (3.2)$$

有效值又称为方均根值。用 $i = I_\mathrm{m}\sin\omega t$ 代入式(3.2)得其有效值 I 为

$$I = \sqrt{\frac{1}{T}\int_0^T (I_\mathrm{m}\sin\omega t)^2 \mathrm{d}t}$$

$$= \sqrt{\frac{1}{T}\int_0^T \frac{1}{2}I_\mathrm{m}^2(1 - 2\cos\omega t)\mathrm{d}t}$$

$$= \frac{I_\mathrm{m}}{\sqrt{2}} \qquad (3.3)$$

同理，正弦电压、正弦电动势的有效值为

$$U = \frac{U_\mathrm{m}}{\sqrt{2}} \qquad (3.4)$$

$$E = \frac{E_\mathrm{m}}{\sqrt{2}} \qquad (3.5)$$

通常所讲的交流电压或电流的大小，例如交流电压 220V、电流 0.5A，都是指它的有效值，一般交流电表的刻度也是根据有效值来定的，所以电表的读数就是指有效值。

3.1.2 周期、频率和角频率

正弦量变化一周所需要的时间称为周期，用 T 表示，单位是秒(s)。每秒变化的次数称为频率，用 f 表示，单位为 1/s 或赫兹(Hz)，显然周期和频率互为倒数关系，即

$$f = \frac{1}{T}$$

正弦量每秒变化的弧度称为角频率，用 ω 表示，其单位为弧度/秒(rad/s)，根据定义，可得

$$\omega = 2\pi/T = 2\pi f$$

我国供电网提供的正弦交流电频率是 50Hz,称为工业标准频率,简称工频。语音信号频率范围是 300～3400Hz,无线电波频率范围是 10kHz～300GHz,在光通信中出现的频率则更高。

3.1.3　相位、初相位和相位差

正弦量可以用下式表示:

$$i = I_m \sin(\omega t + \psi)$$

式中的 $(\omega t + \psi)$ 称为相位角或相位。$t=0$ 时的相位角 ψ 称为初相位角或初相位。ψ 的大小与选定的计时起点有关,用它可以确定正弦量的起始值,ψ 的单位为度或弧度。

在一个正弦交流电路中,电压 u 和电流 i 的频率是相同的,但初相位不一定相同,如图 3.2 所示。图中的 u 和 i 可用下式表示:

$$\left.\begin{array}{l} u = U_m \sin(\omega t + \psi_1) \\ i = I_m \sin(\omega t + \psi_2) \end{array}\right\} \tag{3.6}$$

它们的初相位分别是 ψ_1 和 ψ_2。

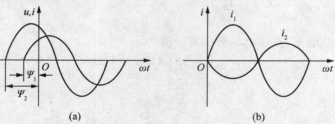

图 3.2　正弦量的相位关系
(a) 相位不同;(b) 相位相反

两个同频率正弦量的相位角之差或初相位角之差称为相位角差或相位差,用 φ 表示。

式(3.6)中,u 和 i 的相位差为

$$\varphi = (\omega t + \psi_1) - (\omega t + \psi_2) = \psi_1 - \psi_2$$

相位差是描述同频率正弦量之间关系的重要参数。

若 $\varphi = \psi_1 - \psi_2 > 0$,则表示电压先于电流变化到最大值,称为电压超前电流,或者说成电流滞后电压,如图 3.2(a)所示;若 $\varphi = \psi_1 - \psi_2 = 180°$,则称为电压与电流反相或称为倒相,如图 3.2(b)所示。

通常正弦量的初相位和相位差用绝对值小于等于 π(或 180°)的角度来表示,若初相位和相位差大于 π(或 180°),则要用 $(\psi - 2\pi)$ 或 $(\psi - 360°)$ 的角度来表示。例如

$$u = U_{\mathrm{m}}\sin(\omega t + 240°)$$

通常写作

$$u = U_{\mathrm{m}}\sin(\omega t - 120°)$$

幅值、频率和初相位是正弦量的三个要素,只要三要素确定了,正弦量也就被唯一地确定了。

3.2 正弦交流电的相量表示法

众所周知,一个正弦量可以用波形图和三角函数式来表示,但是在分析和计算交流电路时,用上述表示方法会显得非常麻烦和复杂,很不方便。对此,可采用相量法来表示正弦量。所谓相量法实质就是用复数来表征正弦量的方法,它将极大地简化正弦交流电路的分析和计算。

3.2.1 相量和正弦量

图 3.3 中有一个有向线段 OA,其长度等于正弦电流 I_{m},它与横轴的夹角为正弦量的初相角 ψ,并以正弦量的角频率 ω 作逆时针方向旋转,该有向线段任一时刻在纵轴上的投影,等于该时刻正弦电流 i 的瞬时值。

$$i(t) = I_{\mathrm{m}}\sin(\omega t + \psi)$$

很显然,以角速度 ω 作逆时针旋转的有向线段 OA 和正弦电流 i 之间是一一对应的,因此可以用旋转有向线段 OA 来表示正弦电流 i。

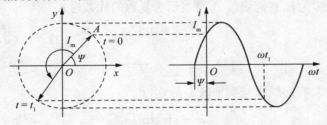

图 3.3　用旋转有向线段表示正弦量

由于在同一正弦电路中,各正弦量的频率是相同的,所以各个旋转有向线段的相对位置就保持不变,同频率正弦量的运算只需考虑大小和初相位两个要素,因此只要画出有向线段在 $t=0$ 时的初始位置即可描述一个正弦量以及各正弦量之间的大小和相位关系。

又由于置于复平面上的有向线段 OA 和复数 A 是一一对应的,所以可以直接用复数来表示正弦量。

用来表示正弦量的复数就称为相量,用大写字母上面加点来表示,如 $\dot{I}_{\mathrm{m}}$、$\dot{U}_{\mathrm{m}}$。

由于正弦量的大小通常是用有效值来表示,所以就把有向线段的长度定为有效值的大小,而不是最大值,称为有效值相量,用表示有效值的大写字母上面加点来表示,如 $\dot{I}$、$\dot{U}$。

3.2.2　正弦量的相量表示法

用相量来表示正弦量,可以有相量图和相量式两种表示法。

(1)相量图。相量可以用复平面上的有向线段图形来表示,如图 3.4 所示,若干个相量画在同一个复平面上就构成了相量图,如图 3.5 所示。图中可以很直观地看出各相量之间的数值和相量关系,并可以通过图形的几何关系计算相量的和或差。图 3.5 中的电流关系是

$$\dot{I} = \dot{I}_1 + \dot{I}_2$$

在作有效值相量图时,常不必画出坐标轴,但须画出初相位为零的参考量。

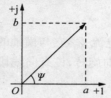

图 3.4　复平面上的有向线段　　　　　　图 3.5　有效值相量图

(2)相量式。如图 3.4 所示,有向线段 A 在实轴(横轴)上的投影为 a,在虚轴(纵轴)上的投影为 b,有向线段 A 可表示为复数的代数形式

$$A = a + \mathrm{j}b \tag{3.7}$$

有向线段长度

$$r = \sqrt{a^2 + b^2}$$

r 即为复数的模,有向线段与实轴的夹角 ψ 为

$$\psi = \arctan \frac{b}{a}$$

ψ 为复数的辐角。可见

$$a = r\cos\psi, \quad b = r\sin\psi$$

式(3.7)可写成三角函数式

$$A = r\cos\psi + \mathrm{j}r\sin\psi = r(\mathrm{cor}\psi + \mathrm{j}\sin\psi)$$

根据欧拉公式

$$\cos\psi = \frac{\mathrm{e}^{\mathrm{j}\psi} + \mathrm{e}^{-\mathrm{j}\psi}}{2}, \quad \sin\psi = \frac{\mathrm{e}^{\mathrm{j}\psi} - \mathrm{e}^{-\mathrm{j}\psi}}{2}$$

复数 A 的表示式又可写成指数形式

$$A = re^{j\psi} \tag{3.8}$$

为了简便,工程上又常写成极坐标形式

$$A = r \underline{/\psi} \tag{3.9}$$

当两个复数进行加减运算时,复数采用直角坐标式(代数式),然后实部与实部相加减,虚部与虚部相加减,得到一个新的复数。例如两复数

$$A_1 = a_1 + jb_1, \quad A_2 = a_2 + jb_2$$

则

$$A = A_1 \pm A_2 = (a_1 \pm a_2) + j(b_1 \pm b_2) = a \pm jb$$

当两个复数相乘时,复数通常采用极坐标式,其复数的模相乘,辐角相加。

$$A = A_1 \cdot A_2 = r_1 \cdot r_2 \underline{/(\psi_1 + \psi_2)}$$

当两个复数相除,则两复数的模相除,辐角相减。

$$A = \frac{A_1}{A_2} = \frac{r_1}{r_2} \underline{/(\psi_1 - \psi_2)}$$

因此在做复数运算时,经常要在复数的代数式和极坐标式之间进行变换,所以要熟练掌握。

如果把有效值相量置于复平面中,就可以用复数来表示正弦量了。比如正弦电流为

$$i = \sqrt{2}I\sin(\omega t + \psi)$$

其相量式为

$$\dot{I} = I(\cos\psi + j\sin\psi) = Ie^{j\psi} = I \underline{/\psi} \tag{3.10}$$

3.2.3 复数坐标的计算器转换法

函数式计算器一般都有复数坐标转换功能,以下是 CASIO-FX 型计算器的操作方法。

(1) 极坐标转换为直角坐标。

例如要转换 $2 \underline{/60°} = ?$

操作	显示
"DEG" $\boxed{2}$ $\boxed{\text{Inv}}$ $\boxed{\text{P→R}}$ $\boxed{60}$ $\boxed{=}$	1
$\boxed{X \to Y}$	1.732050808

故得 $2 \underline{/60°} = 1 + j1.732050808$

（2）直角坐标转换为极坐标。

例如要转换 $3-j4=?$

操作	显示

“DEG” $\boxed{3}$ $\boxed{\text{Inv}}$ $\boxed{\text{P→R}}$ $\boxed{4}$ $\boxed{+/-}$ $\boxed{=}$ 　　　　5

　　　　　　$\boxed{X→Y}$ 　　　　　　　　-53.13010236

故得 $3-j4=5\angle-53.13010236°$

[**例 3.1**]　在图 3.6 所示的电路中,设

$$i_1=I_{1m}\sin(\omega t+\psi_1)=100\sin(\omega t+45°)\text{A},$$
$$i_2=I_{2m}\sin(\omega t+\psi_2)=60\sin(\omega t-30°)\text{A}。$$

试求总电流 i。

[**解**]　对本题可以用相量图和复数式两种方法求解。

① 用相量图求解。先作出表示电流 i_1 和 i_2 的相量 $\dot{I}_1$ 和 $\dot{I}_2$,而后以 $\dot{I}_1$ 和 $\dot{I}_2$ 为邻边作一平行四边形,其对角线即为总流 i 的相量 $\dot{I}$,它与横轴的正方向的夹角即为初相位。如图 3.7 所示。

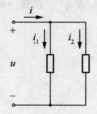

图 3.6　例 3.1 的图　　　　　图 3.7　用相量图求解例 3.1

② 用复数式求解。根据基尔霍夫电流定律的相量表示式,可得到

$$\dot{I}=\dot{I}_1+\dot{I}_2$$
$$=\left(\frac{100}{\sqrt{2}}\cos45°+j\frac{100}{\sqrt{2}}\sin45°\right)+\left(\frac{60}{\sqrt{2}}\cos30°+j\frac{60}{\sqrt{2}}\sin30°\right)$$
$$=(50+j50)+(36.8-j21.2)$$
$$=86.8+j28.8$$
$$=91.2\angle18°20'(\text{A})$$

所以 $i=\sqrt{2}I\cdot\sin(\omega t+\psi)$
$$=\sqrt{2}\times91.2\cdot\sin(\omega t+\psi)$$
$$=129\sin(\omega t+18°20')(\text{A})$$

3.3 电阻、电感和电容元件的正弦交流电路

在直流电路的讨论中只引入了电阻元件,而在今后所讨论的电路中,除电阻元件外,还有电感元件和电容元件。下面首先分析在只含有电阻、电感或电容元件的交流电路中,元件中的电压和电流间的关系和能量转换问题。

3.3.1 电阻元件的正弦交流电路

1. 电压与电流的关系

图 3.8(a)是一个线性电阻元件的交流电路,按图中所示正方向,由欧姆定律可知

$$u = iR \tag{3.11}$$

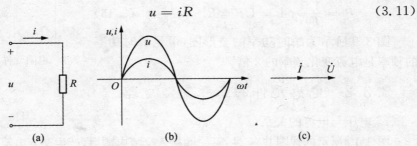

图 3.8 电阻元件的正弦交流电路

(a) 电路图;(b) 波形图;(c) 相量图

当 R 两端的电压为正弦交流电压 $u = U_m \sin\omega t$ 时,则

$$i = \frac{u}{R} = \frac{U_m}{R}\sin\omega t = I_m\sin\omega t$$

于是可以看出:

(1) 电阻元件两端电压和电流是同频率、同相位。

(2) $I_m = \dfrac{U_m}{R}$

$$I = \frac{U}{R} \tag{3.12}$$

具有和直流电路欧姆定律完全相同的形式。

(3) 已知电阻上电压和电流同相位,所以相量式为

$$\dot{I} = \frac{\dot{U}}{R} \tag{3.13}$$

称之为相量形式的欧姆定律。

61

2. 功率与能量转换

在任意瞬间，电压瞬时值 u 与电流瞬时值 i 的乘积，称为瞬时功率，用小写字母 p 表示，即

$$p = ui = U_m I_m \sin^2 \omega t$$
$$= \frac{U_m I_m}{2}(1 - \cos 2\omega t)$$
$$= UI(1 - \cos 2\omega t) \tag{3.14}$$

上式表明，电阻上的瞬时功率 p 总是大于零，说明电阻元件总是在消耗功率，将电能转换成热量消耗掉，所以电阻是一个耗能元件。瞬时功率 p 在一个周期内的平均值称为平均功率，用大写字母 P 表示

$$P = \frac{1}{T}\int_0^T p\,\mathrm{d}t = UI = RI^2 = \frac{U^2}{R} \tag{3.15}$$

图 3.9 所示为瞬时功率的波形图，可见瞬时功率的频率是电流变化频率的 2 倍。

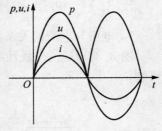

3.9 电阻元件上的瞬时功率

3.3.2 电感元件的正弦交流电路

1. 电压与电流的关系

图 3.10 所示的线圈共有 N 匝，线圈接入交流电源后，产生交变电流 i，根据电磁感应定律，当线圈中电流变化时，将产生自感电势 e_L。e_L 的大小与磁通对时间的变化率成正比，又知通常规定 e_L 的参考方向和磁通 Φ 的参考方向符合右手螺旋关系，i 的参考方向也和 Φ 的方向符合右手螺旋关系，因此 e_L 和 i 的参考方向是相同的。

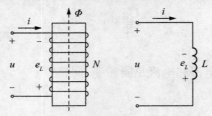

图 3.10 电感线圈电路

线圈中的感应电势 e_L 为

$$e_L = -N\frac{\mathrm{d}\Phi}{\mathrm{d}t} \tag{3.16}$$

通常磁通是由通过线圈的电流 i 产生的，当线圈中没有铁磁材料时，则 Φ 与 i 是正比的关系

$$N\Phi = Li$$

式中的 L 为常数,称为线圈的电感,也常称为自感,是电感元件的参数,它的单位是亨利(H)。

将 $\Phi = \dfrac{Li}{N}$ 代入式(3.16),可得

$$e_L = -L\frac{\mathrm{d}i}{\mathrm{d}t}$$

根据图 3.10,由基尔霍夫定律可知

$$u = -e_L = L\frac{\mathrm{d}i}{\mathrm{d}t} \tag{3.17}$$

上式表明,当电流变化率 $\dfrac{\mathrm{d}i}{\mathrm{d}t} > 0$ 时,感应电势 e_L 为负值,即实际方向与参考方向相反,当 $\dfrac{\mathrm{d}i}{\mathrm{d}t} < 0$ 时,感应电势 e_L 为正值,即实际方向与参考方向相同,充分显示了感应电势具有阻碍电流变化的性质。在恒定直流电路中,由于 $\dfrac{\mathrm{d}i}{\mathrm{d}t} = 0$,所以感应电势为 0,电感电压为 0,电感元件相当于短路。

将式(3.17)两边乘以电流 i 并对时间进行积分,得到一个关于电感能量的表达式:

$$W_L = \int_0^t ui\,\mathrm{d}t = L\int_0^i i\,\mathrm{d}t = \frac{1}{2}Li^2 \tag{3.18}$$

2. 正弦交流电路中的电感元件

把电感元件接入到正弦交流电源中,将会在电感线圈中流过正弦交流电流 i,现假设

$$i = I_m\sin\omega t$$

代入式(3.17)得

$$
\begin{aligned}
u &= L\frac{\mathrm{d}(I_m\sin\omega t)}{\mathrm{d}t} = \omega L I_m\cos\omega t = \omega L I_m\sin(\omega t + 90°)\\
&= U_m\sin(\omega t + 90°)
\end{aligned}
\tag{3.19}
$$

由此可以看出:

(1) 电感元件两端的电压与电流是同频率的。

(2) 电压相位超前电流相位 90°角。

(3) 电压和电流的大小关系为

$$U_m = \omega L I_m$$

$$\frac{U}{I} = \frac{U_m}{I_m} = \omega L \tag{3.20}$$

式中 ωL 称为感抗,单位是欧姆(Ω),反映了电感对电流的阻碍作用,并记为

$$X_L = \omega L = 2\pi f L$$

频率越高,感抗越大,在直流电路中,由于 $f = 0$,所以感抗 $X_L = 0$,相当于短路,如果在高频电路中,$f \to \infty$,则 $X_L \to \infty$,相当于开路。

(4) 用相量式表示的电感电压与电流为

$$\dot{I} = I\mathrm{e}^{\mathrm{j}0°}$$

$$\dot{U} = U\mathrm{e}^{\mathrm{j}90°}$$

$$\frac{\dot{U}}{\dot{I}} = \frac{U}{I}\mathrm{e}^{\mathrm{j}90°} = \mathrm{j}\omega L = \mathrm{j}X_L$$

$$\dot{U} = \mathrm{j}\omega L\dot{I} = \mathrm{j}X_L\dot{I} \tag{3.21}$$

上式表明了电感元件上电压与电流的大小和相位关系,是欧姆定律的复数形式。式中 $\mathrm{j}X_L$ 称为复数感抗。

(5) 图 3.11 给出了电感上电压、电流波形图和相量图。

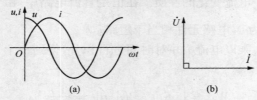

图 3.11　电感电压和电流的波形图、相量图

(a) 波形图;(b) 相量图

(6) 能量问题。根据电压电流的瞬时表达式,可写出瞬时功率表达式

$$p = ui = U_\mathrm{m}I_\mathrm{m}\sin\omega t\sin(\omega t + 90°)$$

$$= U_\mathrm{m}I_\mathrm{m}\sin\omega t\cos\omega t$$

$$= UI\sin2\omega t \tag{3.22}$$

电感的瞬时功率波形如图 3.12 所示。在第一和第三个四分之一周期内,瞬时功率为正值,电感从电源吸取能量,磁场中的能量 $\frac{1}{2}Li^2$ 随 i 的增加而增加;在第二和第四个四分之一周期内,瞬时功率为负值,电感将储存在磁场中的能量返还给电源,磁场中的能量 $\frac{1}{2}Li^2$ 随 i 的减小而减小,由于已假设电感中电阻很小,可忽略不计,所以没有损耗,电感从电源吸取多少能量就一定会返还电源多少能量,即平均功率

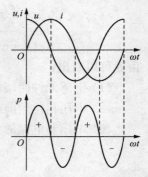

图 2.12　电感瞬时功率波形图

64

$$P = \frac{1}{T}\int_0^T p\,dt = \frac{1}{T}\int_0^T UI\sin 2\omega t\,dt = 0$$

说明电感是储能元件,而不是耗能元件。

电感元件在交流电路中没有能量消耗,只与电源进行能量互换,这种能量互换的规模,可用无功功率 Q 来衡量

$$Q_L = UI = I^2 X_L$$

无功功率的单位是乏(var)。

无功功率反映的是储能元件与电源进行的能量交换,不反映能量的消耗。对应于无功功率,相应地把平均功率称为有功功率。

3.3.3 电容元件的正弦交流电路

1. 电压与电流的关系

由物理学可知:当在电容器的两个极板上加电压 u 时(如图 3.13所示),会在两个金属极板上分别感应出等量的正、负电荷,形成电场,电荷量 q 与所加电压 u 的大小成正比,即

$$q = Cu \qquad (3.23)$$

式中的比例系数 C 称为电容元件的电容量,单位是法拉(F),工程上常用单位是 μF(微法)或 pF(皮法)。

当电容的端电压 u 变化时,极板上的电荷量也会变化,形成电容电流

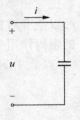

图 3.13 电容元件电路

$$i = \frac{dq}{dt} = C\frac{du}{dt} \qquad (3.24)$$

即电容电流与电容电压的变化率成正比。

将式(3.24)两端同时乘以 u 并对时间积分可得到关于电容能量的表达式

$$W_C = \int_0^t ui\,dt = C\int_0^t u\,dt = \frac{1}{2}Cu^2 \qquad (3.25)$$

与电感元件相对应,电容从电源吸取能量并储存在电容的电场中。电容电压增加时,电容从电源吸取能量,电场能量增加,称之为电容充电过程。电容电压减小时,电容将储存在电场中的能量返还给电源,电场能量减小,称之为电容放电过程。

2. 正弦交流电路中的电容元件

当电容两端所加的电压为正弦交流电压 $u = U_m\sin\omega t$ 时,由式(3.24)可得电容的电流为

$$i = C\frac{d(U_m\sin\omega t)}{dt} = \omega C U_m\cos\omega t$$

$$= \omega C U_m\sin(\omega t + 90°)$$

$$= I_{\mathrm{m}} \sin(\omega t + 90°)$$

由此可以看出：

（1）电容元件两端的电压与电流是同频率的。

（2）在相位上电容电流超前电容电压 90°角。

（3）电压与电流的大小关系为

$$I_{\mathrm{m}} = \omega C U_{\mathrm{m}}$$

$$\frac{U}{I} = \frac{U_{\mathrm{m}}}{I_{\mathrm{m}}} = \frac{1}{\omega C} \tag{3.26}$$

式中 $\frac{1}{\omega C}$ 称为容抗，单位是欧姆（Ω），反映了电容对电流具有阻抗作用，并记为

$$X_C = \frac{1}{\omega C} = \frac{1}{2\pi f C} \tag{3.27}$$

容抗与频率成反比，频率越低，容抗越大，在直流电路中，$f = 0$，容抗趋于无穷大，所以电容对直流可看作为开路，相反频率越高，则容抗越小，说明电容对高频电流的阻碍作用变小。因此电容元件具有隔断直流、通过交流的作用。

（4）用相量式表示的电容电压与电流为

$$\dot{U} = U\mathrm{e}^{\mathrm{j}0°}, \quad \dot{I} = I\mathrm{e}^{\mathrm{j}90°}$$

$$\frac{\dot{U}}{\dot{I}} = \frac{U}{I}\mathrm{e}^{-\mathrm{j}90°} = -\mathrm{j}\frac{1}{\omega C} \tag{3.28}$$

或

$$\dot{U} = -\mathrm{j}\frac{1}{\omega C}\dot{I} = -\mathrm{j}X_C\dot{I} \tag{3.29}$$

式中的 $-\mathrm{j}X_C$ 称为复数容抗。

（5）图 3.14 给出了电容上电压、电流波形图和相量图。

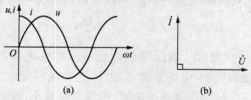

图 3.14　电容电压和电流的波形图、相量图

（a）波形图；（b）相量图

（6）能量关系。根据电压电流的瞬时表达式，可写出瞬时功率表达式

$$p = ui = U_{\mathrm{m}}I_{\mathrm{m}}\sin\omega t \sin(\omega t + 90°)$$

$$= U_{\mathrm{m}}I_{\mathrm{m}}\sin\omega t \cos\omega t$$

$$= UI\sin 2\omega t$$

电容的瞬时功率波形如图 3.15 所示，在第一和第三个四分之一周期内，瞬时功率为正值，电容从电源吸取的能量$\frac{1}{2}Cu^2$ 随 u 的增加而增加；在第二和第四个四分之一周期内，瞬时功率为负值，电容将储存在电场中的能量返还给电源，电场中的能量$\frac{1}{2}Cu^2$ 随 u 的减小而减小。由于没有损耗，电容从电源吸取多少能量就一定会返还电源多少能量，即平均功率

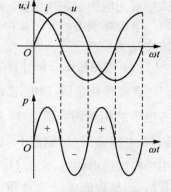

图 3.15　电容瞬时功率波形图

$$P=\frac{1}{T}\int_0^T p\mathrm{d}t=\frac{1}{T}\int_0^T UI\sin 2\omega t\,\mathrm{d}t=0$$

说明电容是储能元件，而不是耗能元件。

为了衡量电容元件与电源之间的能量互换规模，定义电容元件的无功功率

$$Q_C=-UI=-I^2X_C \tag{3.30}$$

通常规定电感的无功功率为正值，而电容的无功功率为负值，以资区别。

3.4　电阻、电感与电容元件的串联电路

电阻、电感与电容元件的串联电路如图 3.16 所示。因为是串联，所以各元件流过的是同一电流 i。根据图示正方向，由基尔霍夫定律，可列出

图 3.16　RLC 串联交流电路

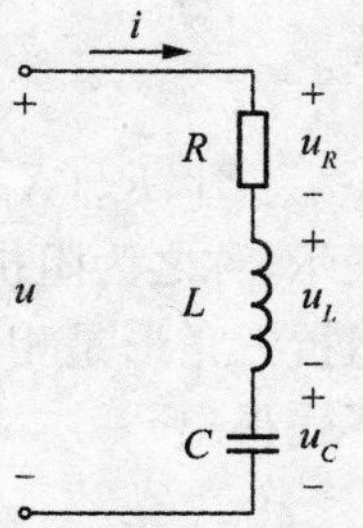

$$u=u_R+u_L+u_C=Ri+L\frac{\mathrm{d}i}{\mathrm{d}t}+\frac{1}{C}\int i\mathrm{d}t \tag{3.31}$$

设以电流为参考正弦量

$$i=I_{\mathrm{m}}\sin\omega t$$

则电路各元件的电压分别为

$$u_R=\sqrt{2}RI\sin\omega t=\sqrt{2}U_R\sin\omega t$$

$$u_L=\sqrt{2}\omega LI\sin(\omega t+90^\circ)=\sqrt{2}U_L\sin(\omega t+90^\circ)$$

$$u_C=\sqrt{2}\,\frac{I}{\omega C}\sin(\omega t-90^\circ)=\sqrt{2}U_C\sin(\omega t-90^\circ)$$

同频率的正弦量相加，所得出的仍为同频率的正弦量。所以电源电压为

$$\begin{aligned}u&=\sqrt{2}U_R\sin\omega t+\sqrt{2}U_L\sin(\omega t+90^\circ)+\sqrt{2}U_C\sin(\omega t-90^\circ)\\&=\sqrt{2}U\sin(\omega t+\varphi)\end{aligned}$$

式中 φ 为电压 u 超前电流 i 的相位角。

下面分别用相量图和相量的复数形式来分析电压和电流之间关系。

（1）用相量图分析计算 RLC 串联正弦交流电路。

首先作相量图，以电流 $\dot{I}$ 为参考相量，画在水平位置，各电压的相量图如图 3.17 所示。图中电阻电压 $\dot{U}_R$ 与 $\dot{I}$ 同向，电感电压 $\dot{U}_L$ 超前 $\dot{I}$ 90°，电容电压 $\dot{U}_C$ 滞后 $\dot{I}$ 90°。利用平行四边形法则，求出 $\dot{U}_R$、$\dot{U}_L$ 和 $\dot{U}_C$ 三者之和 $\dot{U}$。不难看出，这里构成了一个直角三角形，我们称之为电压三角形。三角形的三个边长分别是 U_R、U 和 (U_L-U_C)，因为是直角三角形，所以有

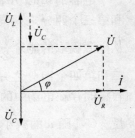

图 3.17　RLC 串联电路相量图

$$U=\sqrt{U_R^2+(U_L-U_C)^2}=\sqrt{(RI)^2+(X_LI-X_CI)^2}$$
$$=I\sqrt{R^2+(X_L-X_C)^2}$$

也可写出

$$\frac{U}{I}=\sqrt{R^2+(X_L-X_C)^2} \tag{3.32}$$

上式中，$\sqrt{R^2+(X_L-X_C)^2}$ 是一个具有电阻量纲的物理量，单位是欧姆，也具有对电流起阻碍作用的性质，称之为电路的阻抗模，用 $|Z|$ 表示，即

$$|Z|=\sqrt{R^2+(X_L-X_C)^2}=\sqrt{R^2+\left(\omega L-\frac{1}{\omega C}\right)^2}$$

$|Z|$、R、(X_L-X_C) 三者之间也可用一个直角三角形来表示，称之为阻抗三角形（见图 3.18）。可见电压三角形和阻抗三角形是相似三角形，电压和电流之间的相位差 φ 可从下式得出

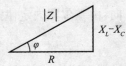

图 3.18　阻抗三角形

$$\varphi=\arctan\frac{U_L-U_C}{U_R}=\arctan\frac{X_L-X_C}{R} \tag{3.33}$$

在阻抗三角形中，φ 也称作为阻抗角。

以上是用相量图法来分析计算正弦交流电路，虽然比较直观，但只适合于分析那些相量关系清晰的简单电路。

（2）用相量的复数形式来分析计算 RLC 串联正弦交流电路。

首先根据基尔霍夫定律写出相量形式的电压方程

$$\dot{U}=\dot{U}_R+\dot{U}_L+\dot{U}_C=R\dot{I}+jX_L\dot{I}-jX_C\dot{I}$$
$$=[R+j(X_L-X_C)]\dot{I}$$

也可写为

$$\frac{\dot{U}}{\dot{I}} = R + \mathrm{j}(X_L - X_C) \tag{3.34}$$

式中的 $R + \mathrm{j}(X_L - X_C)$ 称为电路的阻抗,用大写字母 Z 表示

$$Z = R + \mathrm{j}(X_L - X_C) = \sqrt{R^2 + (X_L - X_C)^2}\, \mathrm{e}^{\mathrm{jarctan}\frac{X_L - X_C}{R}}$$
$$= |Z|\, \mathrm{e}^{\mathrm{j}\varphi} \tag{3.35}$$

由上式可见,阻抗的实部为电阻,虚部为感抗和容抗之差,它既表示了电路的电压与电流之间的大小关系,又表示了相位关系。阻抗的辐角 φ 也就是电压和电流之间的相位差,当 $\varphi > 0$,即 $X_L > X_C$ 时,电路呈电感性。当 $\varphi < 0$,即 $X_L < X_C$ 时,电路呈电容性。当 $\varphi = 0$,即 $X_L = X_C$ 时,电路呈电阻性,此时是电路的一种特殊情况,后面将作专门的讨论。

用电压与电流的相量和阻抗来表示 RLC 串联电路如图 3.19 所示。

上面讨论的是电压、电流关系,现在再来讨论功率关系。

电路瞬时功率的表达式是总电压 u 和电流 i 的乘积

$$p = ui = 2UI\sin(\omega t + \varphi)\sin\omega t$$

因为

$$\sin(\omega t + \varphi)\sin\omega t = \frac{1}{2}\left[\cos\varphi - \cos(2\omega t + \varphi)\right]$$

所以

$$p = UI\cos\varphi - UI\cos(2\omega t + \varphi)$$

电路消耗的平均功率为

$$P = \frac{1}{T}\int_0^T p\,\mathrm{d}t = \frac{1}{T}\int_0^T\left[UI\cos\varphi - UI\cos(2\omega t + \varphi)\right]\mathrm{d}t$$
$$= UI\cos\varphi \tag{3.36}$$

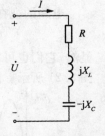

图 3.19 用相量和
阻抗表示的电路

上式说明电路的平均功率不仅与电压、电流的有效值大小有关,而且与 $\cos\varphi$ 有关,我们称 $\cos\varphi$ 为电路的功率因数,对电阻元件电路,功率因数 $\cos\varphi = 1$,所以电路平均功率 $P = UI$。而当电路是由电阻、电感、电容元件组成时,往往 $\cos\varphi \neq 1$,电路的平均功率通常小于 UI 的乘积,即 $P < UI$。

已经知道,电压三角形中存在如下关系:

$$U_R = U\cos\varphi$$

于是

$$P = U_R I = UI\cos\varphi$$

与式(3.36)所计算的电路平均功率相等,说明电源提供的平均功率实际上就是电阻元件消耗的功率。

把电压有效值 U 和电流有效值 I 的乘积定义为视在功率,用大写字母 S 表示,即

$$S = UI \tag{3.37}$$

单位是伏安(VA)。

图 3.20 是 RLC 串联电路的瞬时功率波形图,可以看出瞬时功率有时为正,有时为负,说明电路与电源之间存在能量的互换,也就是存在无功功率。电感元件的无功功率为 $Q_L = U_L I = I^2 X_L$,电容元件的无功功率为 $Q_C = U_C I = I^2 X_C$,RLC 串联电路的无功功率为

$$Q = U_L I - U_C I = I(U_L - U_C)$$

已经知道,电压三角形中存在如下关系:

$$U_L - U_C = U \sin \varphi$$

所以上式可写成

$$Q = UI \sin \varphi$$

电路的视在功率、有功功率和无功功率存在如下关系:

$$S = \sqrt{P^2 + Q^2} \tag{3.38}$$

显然,它们也可以用一个直角三角形来表示,这个直角三角形称为功率三角形,如图 3.21 所示。图中的 φ 角称为功率因数角。

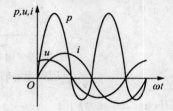

图 3.20　瞬时功率波形图

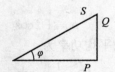

图 3.21　功率三角形

应当注意,功率 P、Q 及 S 都不是正弦量,所以不能用相量表示。

表 3.1 给出了正弦交流电路中的电阻、电感、电容元件和 RLC 串联电路的电压、电流和功率的基本关系。

表 3.1　正弦交流电路中电压、电流和功率的基本关系

电路 \ 关系式		R	L	C	RLC 串联电路
电压与电流的关系	(1) 瞬时值关系式	$u = iR$	$u = L \dfrac{di}{dt}$	$i = C \dfrac{du}{dt}$	$u = iR + L \dfrac{di}{dt} + \dfrac{1}{C} \int i \, dl$
	(2) 有效值关系式	$U = IR$	$U = I X_L$	$U = I X_C$	$U = I \sqrt{R^2 + (X_L - X_C)^2}$

电路 ＼ 关系式		R	L	C	RLC 串联电路
电压与电流的关系	（3）相位差	$\varphi=0°$	$\varphi=90°$	$\varphi=-90°$	$\varphi=\arctan\dfrac{X_L-X_C}{R}$
	（4）相量式	$\dot{U}=\dot{I}R$	$\dot{U}=\mathrm{j}\dot{I}X_L$	$\dot{U}=-\mathrm{j}\dot{I}X_C$	$\dot{U}=\dot{I}[R+\mathrm{j}(X_L-X_C)]$
	（5）相量图				
功率关系	（6）有功功率	$P=UI$	$P=0$	$P=0$	$P=UI\cos\varphi$
	（7）无功功率	$Q=0$	$Q=UI$	$Q=UI$	$Q=UI\sin\varphi$
	（8）视在功率	$S=P$	$S=Q$	$S=Q$	$S=UI=\sqrt{P^2+Q^2}$

[**例 3.2**]　图 3.16 所示 RLC 串联电路中,已知 $R=30\Omega$, $L=127\mathrm{mH}$, $C=40\mu\mathrm{F}$, 电源电压 $u=220\sqrt{2}\sin(314t+20°)\mathrm{V}$。①求感抗、容抗和阻抗模;②求电流的有效值 I 和瞬时值 i 的表示式;③求各部分电压的有效值与瞬时值的表示式;④作相量图;⑤求功率 P 和 Q。

[**解**]　① $X_L=\omega L=314\times127\times10^{-3}=40(\Omega)$

$$X_C=\frac{1}{\omega C}=\frac{1}{314\times(40\times10^{-6})}=80(\Omega)$$

$$|Z|=\sqrt{R^2+(X_L-X_C)^2}=\sqrt{30^2+(40-80)^2}=50(\Omega)$$

② $I=\dfrac{U}{|Z|}=\dfrac{220}{50}=4.4(\mathrm{A})$

$$\varphi=\arctan\frac{X_L-X_C}{R}=\arctan\frac{40-80}{30}=-53°（电容性）$$

$$i=4.4\sqrt{2}\sin(314t+20°+53°)=4.4\sqrt{2}\sin(314t+73°)(\mathrm{A})$$

③ $U_R=RI=30\times4.4=132(\mathrm{V})$

$$u_R=132\sqrt{2}\sin(314t+73°)(\mathrm{V})$$

$$U_L=X_LI=40\times4.4=176(\mathrm{V})$$

$$u_L=176\sqrt{2}\sin(314t+73°+90°)=176\sqrt{2}\sin(314t+163°)(\mathrm{V})$$

71

$$U_C = X_C I = 80 \times 4.4 = 352(\text{V})$$
$$u_C = 352\sqrt{2}\sin(314t + 73° - 90°) = 352\sqrt{2}\sin(314t - 17°)(\text{V})$$

显然 $U \neq U_R + U_L + U_C$

④ 相量图如图 3.22 所示。

⑤ $P = UI\cos\varphi = 220 \times 4.4 \times \cos(-53°)$
$$= 220 \times 4.4 \times 0.6 = 580.8(\text{W})$$

$Q = UI\sin\varphi = 220 \times 4.4 \times \sin(-53°)$
$$= 220 \times 4.4 \times (-0.8) = -774.4(\text{var})$$

所以电路呈电容性。

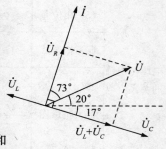

图 3.22　例 3.2 的相量图

[例 3.3]　试用相量（复数）计算上例中的电流 $\dot{I}$ 和各部分电压 $\dot{U}_R \dot{U}_L$ 和 $\dot{U}_C$

[解]

$$\dot{U} = 220 \underline{/20°}\ \text{V}$$
$$Z = R + \text{j}(X_L - X_C) = 30 + \text{j}(40 - 80)$$
$$= 30 - \text{j}40 = 50\underline{/-53°}\ (\Omega)$$
$$\dot{I} = \frac{\dot{U}}{Z} = \frac{220\underline{/20°}}{50\underline{/-53°}} = 4.4\underline{/73°}\ (\text{A})$$
$$\dot{U}_R = R\dot{I} = 30 \times 4.4\underline{/73°}\ \text{A}$$
$$\dot{U}_L = \text{j}X_L\dot{I} = \text{j}40 \times 4.4\underline{/73°} = 176\underline{/163°}\ (\text{A})$$
$$\dot{U}_C = -\text{j}X_C\dot{I} = -\text{j}80 \times 4.4\underline{/73°} = 352\underline{/-17°}\ (\text{A})$$

3.5　阻抗的串并联

在交流电路中，电路元件通常是以阻抗的形式描述的，阻抗的串联和并联是最常见的电路连接方式。

3.5.1　阻抗的串联

图 3.23 是两个阻抗串联的电路。由基尔霍夫电压定律可写出电压方程

$$\dot{U} = \dot{I}Z_1 + \dot{I}Z_2 = \dot{I}(Z_1 + Z_2) = \dot{I}Z$$

两个阻抗可用等效阻抗 Z 代替，即

$$Z = Z_1 + Z_2$$

在一般情况下,可写成

$$Z = \sum Z_K = \sum R_K + j \sum X_K = |Z| e^{j\varphi} \qquad (3.39)$$

式中

$$|Z| = \sqrt{\left(\sum R_K\right)^2 + \left(\sum X_K\right)^2}$$

$$\varphi = \arctan \frac{\sum X_K}{\sum R_K}$$

在计算上述各式时,感抗取正号,容抗取负号。

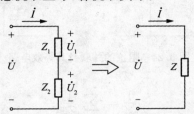

图 3.23　阻抗的串联及其等效电路

在图 3.23 所示的阻抗串联电路中,有类似于电阻电路的阻抗分压公式

$$\dot{U}_1 = \dot{I} Z_1 = \dot{U} \frac{Z_1}{Z_1 + Z_2}$$

$$\dot{U}_2 = \dot{I} Z_2 = \dot{U} \frac{Z_2}{Z_1 + Z_2}$$

[例 3.4]　计算图 3.23 所示电路的电流 $\dot{I}$ 及电压 $\dot{U}_1 \dot{U}_2$。已知 $Z_1 = (5+j5)\Omega$,

$Z_2 = (3+j4)\Omega$,电压 $\dot{U} = 80\angle 36.8°(\text{V})$。

[解]　等效电阻

$$Z = Z_1 + Z_2 = 8 + j9 = 12\angle 48.4°(\Omega)$$

$$\dot{I} = \frac{\dot{U}}{Z} = \frac{80\angle 36.8°}{12\angle 48.4°} = 6.67\angle -11.6°(\text{A})$$

$$\dot{U}_1 = Z_1 \dot{I} = 5\sqrt{2}\angle 45° \times 6.67\angle -11.6° = 47.2\angle 33.4°(\text{V})$$

$$\dot{U}_2 = Z_2 \dot{I} = 5\angle 53° \times 6.67\angle -11.6° = 33.3\angle 41.4°(\text{V})$$

3.5.2　阻抗的并联

图 3.24 是两个阻抗并联的电路,根据基尔霍夫定律可写出

$$\dot{I} = \dot{I}_1 + \dot{I}_2 = \frac{\dot{U}}{Z_1} + \frac{\dot{U}}{Z_2} = U\left(\frac{1}{Z_1} + \frac{1}{Z_2}\right)$$

两个并联阻抗也可用等效阻抗代替,即

$$\dot{I} = \frac{\dot{U}}{Z}$$

可知

$$\frac{1}{Z} = \frac{1}{Z_1} + \frac{1}{Z_2} \quad \text{或} \quad Z = \frac{Z_1 Z_2}{Z_1 + Z_2}$$

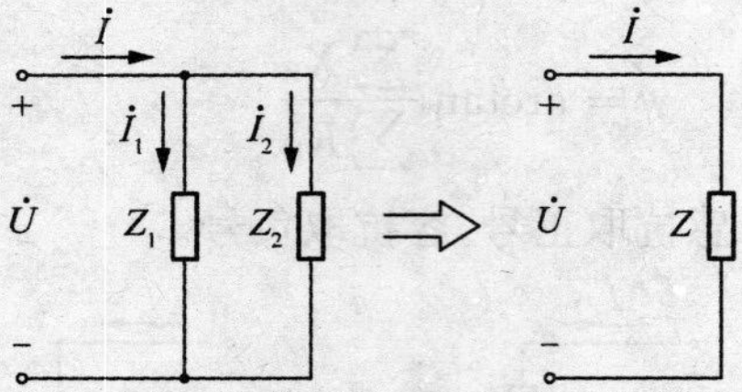

图 3.24　阻抗的并联及其等效电路

其一般表达式为

$$\frac{1}{Z} = \sum \frac{1}{Z_k} \tag{3.40}$$

并联阻抗的分流公式为

$$\dot{I}_1 = \frac{\dot{U}}{Z_1} = \dot{I}\frac{Z_2}{Z_1 + Z_2}$$

$$\dot{I}_2 = \frac{\dot{U}}{Z_2} = \dot{I}\frac{Z_1}{Z_1 + Z_2}$$

　　当并联支路较多时,计算等效阻抗不很方便,因此在分析计算并联交流电路时常引用导纳。导纳是阻抗的倒数,用 Y 来表示。

$$Y = \frac{\dot{I}}{\dot{U}} = \frac{1}{Z}$$

单位是西门子(S)。

　　如果已知阻抗为

$$Z = R + j(X_L - X_C)$$

则其相应的导纳应该为

$$Y = \frac{1}{Z} = \frac{1}{R + j(X_L - X_C)} = \frac{R - j(X_L - X_C)}{R^2 + j(X_L - X_C)^2}$$

$$= \frac{R}{|Z|^2} - j\left(\frac{X_L}{|Z|^2} - \frac{X_C}{|Z|^2}\right) = G - j(B_L - B_C)$$

$$= |Y| e^{j\theta} \tag{3.41}$$

式中

$$G = \frac{R}{|Z|^2} \quad B_L = \frac{X_L}{|Z|^2} \quad B_C = \frac{X_C}{|Z|^2}$$

上面三项分别称为电导、感纳和容纳，单位均为西门子。

$$|Y| = \sqrt{G^2 + (B_L - B_C)^2}$$

是导纳的模，

$$|Y| = \frac{1}{|Z|}$$

而

$$\theta = \arctan\left(-\frac{B_L - B_C}{G}\right) = -\arctan\frac{X_L - X_C}{R}$$

是导纳的辐角，等于阻抗角 φ 的负值，即 $\theta = -\varphi$，表示电流与电压之间的相位差。

对于图 3.24 所示的并联电路，如果采用导纳表示，则有

$$\dot{I} = \dot{I}_1 + \dot{I}_2 = \frac{\dot{U}}{Z_1} + \frac{\dot{U}}{Z_2} = Y_1\dot{U} + Y_2\dot{U}$$

$$= (Y_1 + Y_2)\dot{U} = Y\dot{U}$$

可见等效导纳为并联各导纳之和

$$Y = Y_1 + Y_2$$

支路电流与总电流的关系为

$$\dot{I}_1 = Y_1\dot{U} = Y_1\frac{\dot{I}}{Y} = \frac{Y_1}{Y_1 + Y_2}\dot{I}$$

$$\dot{I}_2 = Y_2\dot{U} = Y_2\frac{\dot{I}}{Y} = \frac{Y_2}{Y_1 + Y_2}\dot{I}$$

[例 3.5] 在图 3.24 电路中，两个阻抗分别为 $Z_1 = (2+j3)\Omega$ 和 $Z_2 = (3-j4)$ Ω，电源电压为 $\dot{U} = 220\ \underline{/0°}$ V，试计算电路中的电流 $\dot{I}_1$、$\dot{I}_2$ 和 $\dot{I}$，并作相量图。

[解] $Z_1 = (2+3j)\Omega = 3.6\ \underline{/56.3°}\ \Omega, Z_2 = (3-j4)\Omega = 5\ \underline{/-53.1°}\ (\Omega)$

$$Z = \frac{Z_1 Z_2}{Z_1 + Z_2} = \frac{3.6\ \underline{/56.3°} \times 5\ \underline{/-53.1°}}{2+3j+3-j4} = \frac{18\ \underline{/3.3°}}{5-j}$$

$$= \frac{18\ \underline{/3.3°}}{5.1\ \underline{/-11.3°}} = 3.5\ \underline{/14.6°}\ (\Omega)$$

$$\dot{I}_1 = \frac{\dot{U}}{Z_1} = \frac{220\ \underline{/0°}}{3.6\ \underline{/56.3°}} = 61.6\ \underline{/-56.3°}\ (A)$$

$$\dot{I}_2 = \frac{\dot{U}}{Z_2} = \frac{220\ \underline{/0°}}{5\ \underline{/-53.1°}} = 44\ \underline{/53.1°}\ (A)$$

$$\dot{I} = \frac{\dot{U}}{Z} = \frac{220\ \underline{/0°}}{3.5\ \underline{/14.6°}} = 62.9\ \underline{/-14.6°}\ (A)$$

电压与电流的相量图如图 3.25 所示。

[**例3.6**] 图 3.26 电路中,已知 $\dot{U}_1 = 10\angle 0°$ V,试求电源电压 $\dot{U}$。

[**解**] $\dot{I}_1 = \dfrac{\dot{U}_1}{Z_1} = \dfrac{10\angle 0°}{1+j} = \dfrac{10\angle 0°}{\sqrt{2}\angle 45°} = 5\sqrt{2}\angle -45°$ (A)

$$\dot{I}_2 = \dfrac{\dot{U}}{Z_2} = \dfrac{10\angle 0°}{2\angle -90°} = 5\angle 90° \text{ (A)}$$

总电流 $\dot{I} = \dot{I}_1 + \dot{I}_2 = 5-j5+5j = 5\angle 0°$ (A)

$$\dot{U} = \dot{I}R + \dot{U}_1 = 5\angle 0° \times 2\angle 0° + 10\angle 0° = 20\angle 0° \text{ (V)}$$

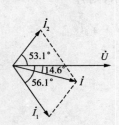

图 3.25 例 3.5 的相量图

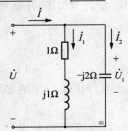

图 3.26 例 3.6 的图

[**例3.7**] 试分别用阻抗和导纳两种形式求图 3.27 所示电路中的电流 $\dot{I}_R$。已知 $\dot{I}_s = 5\angle 0°$A,$Z_1 = (8-j6)\Omega$,$Z_2 = (10+j6)\Omega$,$R = 10\Omega$。

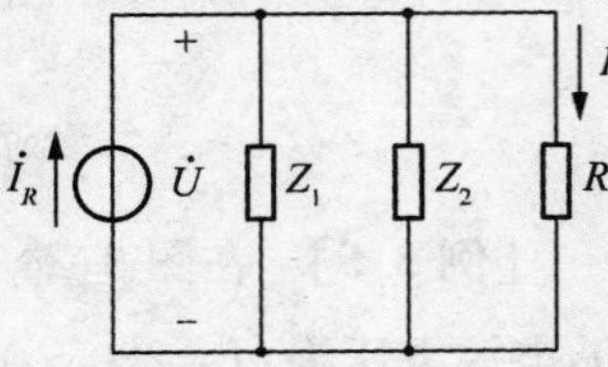

图 3.27 例 3.7 的图

[**解**] ① 用阻抗求解

$$Z = \dfrac{Z_1 Z_2 R}{Z_1 Z_2 + Z_2 R + RZ_1}$$

$$= \dfrac{(8-j6)(10+j6)\times 10}{(8-j6)(10+j6)+(10+j6)\times 10 + 10(8-j6)}$$

$$= 3.93 - j0.246 = 3.94\angle -3.6° \ (\Omega)$$

$$\dot{I}_R = \dfrac{Z}{R}\cdot \dot{I}_s = \dfrac{3.94\angle -3.6° \times 5\angle 0°}{10} = 1.97\angle -3.6° \text{ (A)}$$

② 用导纳求解

$$Y_1 = \dfrac{1}{Z_1} = \dfrac{1}{8-j6} = (0.08+j0.06) \text{ (S)}$$

$$Y_2 = \dfrac{1}{Z_2} = \dfrac{1}{10+j6} = (0.0735-j0.044) \text{ (S)}$$

$$Y_3 = \dfrac{1}{R} = 0.1\text{S}$$

$$\dot{I}_R = \frac{Y_3 \dot{I}_S}{Y_1 + Y_2 + Y_3} = \frac{0.1 \times 5 \diagup 0°}{0.08 + j0.06 + 0.0735 - j0.044 + 0.1}$$

$$= \frac{0.5 \diagup 0°}{0.254 \diagup 3.6°} = 1.97 \diagup -3.6° \text{(A)}$$

两种方法比较,解此类题目时,用导纳求解的计算量要小很多。

3.6 电路中的谐振

在含有电感、电容和电阻的电路中,如果等效电路中的感抗作用和容抗作用相互抵消,使整个电路显电阻性,这种现象称为谐振。根据电路的结构,谐振有串联谐振和并联谐振两种情况。

3.6.1 串联谐振

在图 3.16 所示的 RLC 串联电路中,当 $X_L = X_C$,即 $2\pi fL = \dfrac{1}{2\pi fC}$ 时,则

$$\varphi = \arctan \frac{X_L - X_C}{R} = 0$$

即电源电压 u 和电路中电流 i 同相,这时电路中发生了谐振现象,因为发生在串联电路中,所以称为串联谐振。

很明显,发生串联谐振的条件是感抗等于容抗,即 $2\pi fL = \dfrac{1}{2\pi fC}$,由此得到谐振频率为

$$f = f_0 = \frac{1}{2\pi \sqrt{LC}} \tag{3.42}$$

f_0 称为电路的固有频率,它取决于电路参数 L 和 C,是电路的一种固有属性。当电源频率等于固有频率时,RLC 串联电路就产生谐振,如果电源频率是固定的,那么调整 L 或 C 的数值,也会产生谐振。

发生串联谐振时,电路具有以下特性:

(1)电路的阻抗模最小。此时

$$|Z| = \sqrt{R^2 + (X_L - X_C)^2} = R$$

所以如果电源电压 U 不变,谐振时电流最大。谐振时的电流 I_0 为

$$I_0 = \frac{U}{R} \tag{3.43}$$

图 3.28 给出了阻抗模和电流等随频率变化的曲线。

（2）电路呈电阻性，但是在串联电路内部仍存在电感和电容之间的能量互换过程，由于电感和电容的无功功率互相补偿，而且大小相等，所以与电源之间无能量互换。

（3）由于电路中 $X_L = X_C$，于是 $U_L = U_C$，而 $\dot{U}_L$ 和 $\dot{U}_C$ 在相位上相互抵消，所以电路呈电阻性，但是 U_L 和 U_C 的单独作用不能忽视，当 $X_L = X_C > R$ 时，U_L 和 U_C 都高于电源电压 U，如果电压过高，会击穿电感线圈和电容器的绝缘。因此电力工程中一般应避免发生串联谐振，而在无线电工程中则需利用串联谐振来接收无线电信号。

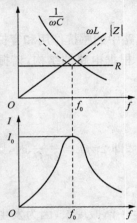

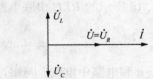

3.28 阻抗模与电流等随频率变化的曲线　　　图 3.29　串联谐振时的相量图

因为串联谐振时 U_C 和 U_L 可能超出电源电压许多倍，所以串联谐振也称为电压谐振。

U_L 或 U_C 与电源电压 U 的比值，通常用 Q 表示。

$$Q = \frac{U_C}{U} = \frac{U_L}{U} = \frac{1}{\omega_0 C R} = \frac{\omega_0 L}{R} \tag{3.44}$$

Q 称为电路的品质因数或简称 Q 值，它反映了发生串联谐振时，电感和电容的电压与电源电压的比值，例如，$Q = 100$，$U = 6V$，那么谐振时电容或电感元件上的电压就高达 $600V$。

在分析谐振电路时，利用谐振曲线可以直观地描述电路的谐振性能。RLC 串联电路的谐振曲线是在保持电压一定的条件下，电流 I 随频率 f 或角频率 ω 变化的关系曲线，如图 3.30 所示。谐振曲线可以通过实验测得或通过式（3.45）

$$I = \frac{U}{|Z|} = \frac{U}{\sqrt{R^2 + \left(\omega L - \frac{1}{\omega C}\right)}} \tag{3.45}$$

来确定。在其他条件不变的条件下，电阻 R 越小，即电路的品质因数 Q 越大，谐振

时 I_0 也越大,曲线的形状越尖锐,说明电路对频率的选择性越强。这种选择性可以用通频带宽度来加以比较。所谓通频带宽度,是指电流频率 f 变化到谐振电流 I_0 的 $\frac{1}{\sqrt{2}}$ 时,所对应的两个频率的差值,记为 Δf,即

$$\Delta f = f_2 - f_1 \tag{3.46}$$

Q 值越大,通频带宽度就越小,电路的频率选择性就越强。Q 值与通频带宽度之间的关系如图 3.31 所示。

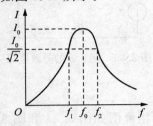

图 3.30　谐振曲线及通频带宽度　　　　图 3.31　Q 与通频带关系

[例 3.8]　图 3.32 所示为一收音机接收电路,L_1 为天线线圈,L_2 与可变电容 C 构成调谐电路。已知 $L_2 = 500\mu H$,线圈电阻 $R = 10\Omega$,在收听频率为 $f_1 = 621kHz$ 和 $f_2 = 973kHz$ 的两个电台时,电容 C 应调整到多大?计算在收听频率为 f_1 的电台时,两个电台的信号在电容 C 上各自产生的电压输出幅值。假设两个电台在 L_2 中感应出的电压幅值均为 $10\mu V$。

[解]　图 3.32 可等效为图 3.33 所示的 RLC 串联电路模型。在收听 f_1 的电台时,应调整可变电容 C,使电路的谐振频率为 f_1,此时电容值

$$C_1 = \frac{1}{(2\pi f_1)^2 L} = \frac{1}{(2\pi \times 621 \times 10^3)^2 \times 500 \times 10^{-6}} = 131(PF)$$

同理,收听 f_2 的电台时,电容值

$$C_2 = \frac{1}{(2\pi f_2)^2 L} = \frac{1}{(2\pi \times 973 \times 10^3)^2 \times 500 \times 10^{-6}} = 53.5(PF)$$

谐振频率为 621kHz 时,电路的品质因数

$$Q_1 = \frac{2\pi f_1 L}{R} = \frac{2\pi \times 621 \times 10^3 \times 500 \times 10^{-6}}{10} = 195$$

可见电容两端产生的电压幅值

$$U_{m1} = 10 \times 195\mu V = 1.95mV$$

而此时,973kHz 电台信号在电容两端产生的电压幅值

$$U_{m2} = \frac{10 \times \frac{1}{2\pi f_2 C_1}}{\sqrt{R^2 + \left(2\pi f_2 L - \frac{1}{2\pi f_2 C_1}\right)^2}} = \frac{10 \times 1\,249}{\sqrt{10^2 + (3057 - 1249)^2}} = 6.9(\mu V)$$

由计算结果可知,调整电容值,使电路在 621kHz 发生串联谐振时,频率为 f_1 的电台信号在电容上产生了 1.95mV 的电压输出,另一电台信号只产生了 6.9μV 的电压信号,远远小于 1.95mV,可认为信号已被淹没。

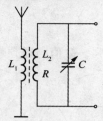

图 3.32 例 3.8 的图

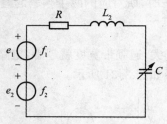

图 3.33 例 3.8 的等效电路

3.6.2 并联谐振

RLC 并联电路的谐振称为并联谐振,电路及相量图如图 3.34 和图 3.35 所示。根据基尔霍夫电流定律

$$\dot{I} = \dot{I}_R + \dot{I}_L + \dot{I}_C$$

当 $\dot{I}_L + \dot{I}_C = 0$ 时,

$$\dot{I} = \dot{I}_R$$

电压与电流同相,电路呈纯电阻的性质,电路发生并联谐振。

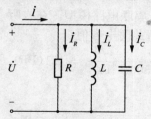

图 3.34 RLC 并联谐振电路

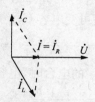

图 3.35 并联谐振时的相量图

谐振条件是

$$X_L = X_C$$

或

$$2\pi f L = \frac{1}{2\pi f C}$$

由此得并联谐振的频率为

$$f_0 = \frac{1}{2\pi \sqrt{LC}} \tag{3.47}$$

发生并联谐振时,电路具有以下特征:

80

（1）并联电路的阻抗 $Z = \dfrac{\dot{U}}{\dot{I}} = R$，阻抗模 $|Z| = R$ 为最大值，电流为最小值。

（2）电路在整体上呈现纯电阻性，能量互换只在并联电路的电感和电容之间进行，与电源之间无能量互换。

（3）当 $X_L = X_C \ll R$ 时，电路中会出现电感和电容中的电流远大于总电流的现象，所以并联谐振也称为电流谐振。谐振时电感或电容的电流与总电流的比值

$$Q = \frac{I_L}{I} = \frac{I_C}{I} = \frac{R}{\omega_0 L} = \omega_0 RC \tag{3.48}$$

为 RLC 并联谐振电路的品质因素，Q 值越大，谐振时电感和电容的电流越大。

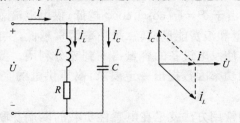

图 3.36　电感线圈与电容的并联电路及谐振时的相量图

工程中采用图 3.36 所示的电感线圈和电容并联的谐振电路，R 为线圈的电阻。电路等效阻抗为

$$Z = \frac{\dfrac{1}{j\omega C}(R + j\omega L)}{\dfrac{1}{j\omega C} + (R + j\omega L)} = \frac{R + j\omega L}{1 - \omega^2 LC + j\omega RC}$$

由于 R 通常很小，电路谐振时满足 $\omega L \gg R$，上式可写为

$$Z \approx \frac{j\omega L}{1 - \omega^2 LC + j\omega RC} = \frac{1}{\dfrac{RC}{L} + j\left(\omega C - \dfrac{1}{\omega L}\right)}$$

令阻抗的虚部为零，可得电路的谐振条件近似为

$$\omega C - \frac{1}{\omega L} = 0$$

即谐振频率与电路参数满足关系式

$$\omega_0 = \frac{1}{\sqrt{LC}}$$

或

$$f_0 = \frac{1}{2\pi \sqrt{LC}}$$

并联谐振在电子技术和无线电工程中得到广泛应用。例如利用并联谐振阻抗

81

大的特点来阻止某频率的信号通过,从而消除该频率信号的干扰,超外差收音机的中频放大器则利用了并联谐振获得最高的谐振信号电压。

3.7　功率因数的提高

生产中大量使用的电动机等电感性电气设备,它们的功率因数 $\cos\varphi$ 通常都较低。比如三相异步电动机在空载情况下,其功率因数只有 0.2 左右。负载的无功功率较大,意味着负载与电源之间存在较大规模的能量互换。

如果负载的功率因数较低,会产生以下问题:其一是在负载平均功率和供电电压 U 一定的情况下,由于 $P=UI\cos\varphi$, $\cos\varphi$ 越低,供电电流就越大,这样势必使损耗增加,影响供电质量和浪费能量;其二是功率因素越低,供给负载的有功功率就越小,无功功率越大,使发电设备的容量得不到充分利用。鉴于上述原因,供电部门对用电企业的总的功率因数提出一定要求:高压供电的企业不得低于 0.95,其他企业不得低于 0.9。

提高功率因数的常用方法就是在电感性负载的两端并联电容器。图 3.37 是其电路图和相量图。从图中可以看出,电感性负载上的电流 $\dot{I}_L$ 和功率因素角 φ_L 并不因为并联电容而改变,但是并联电路的总的功率因数 $\cos\varphi$ 得到了提高,供电线路的损耗从而减小。

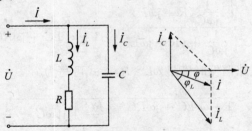

图 3.37　并联电容提高功率因数

为提高功率因数,所需并联电容的大小可由图示相量图分析计算后得出,

$$I_C = I_L\sin\varphi_L - I\sin\varphi$$

因为

$$I = \frac{P}{U\cos\varphi_L} \text{ 和 } I = \frac{P}{U\cos\varphi}$$

所以

$$I_C = I_L\sin\varphi_L - I\sin\varphi = \frac{P}{U}(\tan\varphi_L - \tan\varphi)$$

又因为

$$I_C = \omega CU$$

所以

$$\omega CU = \frac{P}{U}(\tan\varphi_L - \tan\varphi)$$

所以

$$C = \frac{P}{\omega U^2}(\tan\varphi_L - \tan\varphi)$$

[例 3.9] 图 3.37 电路中,已知电感性负载的功率因素为 $\cos\varphi_L = 0.5$,功率为 5kW,电源电压为 380V,频率 50Hz,若将功率因数提高到 $\cos\varphi = 0.95$,计算所需并联的电容值,并比较并联前后的电源电流。

[解] 求得 $\varphi_L = 60°, \varphi = 18.2°$

$$C = \frac{5 \times 10^3}{2\pi \times 50 \times 380^2}(\tan 60° - \tan 18.2°) = 155(\mu F)$$

并联电容前电源电流

$$I_L = \frac{P}{U\cos\varphi_L} = \frac{5 \times 10^3}{380 \times 0.5} = 26.3(A)$$

并联电容后电源电流为

$$I = \frac{P}{U\cos\varphi} = \frac{5 \times 10^3}{380 \times 0.95} = 13.9(A)$$

可见在并联电容后,电源电流减小了很多。

3.8 *RC* 电路的频率特性

在交流电路中,电感元件和电容元件的阻抗都与频率有关,当电源的频率发生变化时,感抗和容抗值随着改变,从而使得电路中各部分的电流电压的大小和相位也随着改变。电路中的电流和电压随频率而变化的关系称为电路的频率响应。

在电力系统中,频率一般是固定的(工频为 50Hz),但是在电子技术中,经常利用电感和电容元件的阻抗随频率变化的特点组成滤波器电路。滤波器的作用是让所需要的某些频率的输入信号顺利通过,而将其他频率的信号加以抑制。下面主要讨论由电阻和电容元件组成的 *RC* 滤波电路的频率特性。

1. 低通滤波电路

图 3.38(a)为 *RC* 串联电路,$U_i(j\omega)$ 是输入信号电压,$U_o(j\omega)$ 是输出信号电压,它们都是频率的函数。

电路输出电压与输入电压的比值称为传递函数,记为 $T(j\omega)$,它是一个复数。

由图 3.38(a)可得

$$T(j\omega) = \frac{U_o(j\omega)}{U_i(j\omega)} = \frac{\frac{1}{j\omega C}}{R + \frac{1}{j\omega C}} = \frac{1}{1 + j\omega RC}$$

$$= \frac{1}{\sqrt{1 + (\omega RC)^2}} \angle -\arctan(\omega RC) = |T(j\omega)| \angle \varphi(\omega)$$

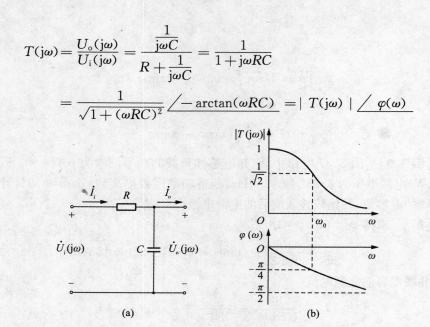

图 3.38 *RC* 低通滤波电路及其频率特性

(a) *RC* 低通滤波电路；(b) 低通滤波电路的频率特性

式中 $|T(j\omega)| = \dfrac{U_2(\omega)}{U_1(\omega)} = \dfrac{1}{\sqrt{1 + (\omega RC)^2}}$ 是传递函数 $T(j\omega)$ 的模，是角频率 ω 的函数，称为幅频特性。

$$\varphi(\omega) = -\arctan(\omega RC)$$

是 $T(j\omega)$ 的辐角，也是 ω 的函数，称为相频特性。

设

$$\omega = \omega_0 = \frac{1}{RC}$$

则

$$T(j\omega) = \frac{1}{1 + j\dfrac{\omega}{\omega_0}} = \frac{1}{\sqrt{1 + \left(\dfrac{\omega}{\omega_0}\right)^2}} \angle -\arctan\frac{\omega}{\omega_0}$$

由上式可以得到如图 3.38(b) 所示的幅值特性和相频特性曲线，从幅频特性可以看出，输入信号的频率越高，输出的幅值越小，因此被称为低通滤波电路。

在幅频特性中，为比较滤波电路的滤波性能，我们把 $|T(j\omega)|$ 衰减到其最大值的 $\dfrac{1}{\sqrt{2}}$ 时所对应的角频率 ω_0 称为截止频率，由于在处于这一频率时，负载获得的功

率恰好是最大值的一半,所以 ω_0 也称为半功率点频率。

将 $|T(\mathrm{j}\omega)|$ 大于其最大值 $\dfrac{1}{\sqrt{2}}$ 的频率范围称为滤波器电路的通频带。显然,对于 RC 串联的低通滤波电路,其通频带为 $0<\omega<\omega_0$。

2. 高通滤波器

图 3.39(a)所示为 RC 串联高通滤波电路。电路的传递函数为

$$T(\mathrm{j}\omega)=\frac{U_\mathrm{o}(\mathrm{j}\omega)}{U_\mathrm{i}(\mathrm{j}\omega)}=\frac{R}{R+\dfrac{1}{\mathrm{j}\omega C}}=\frac{\mathrm{j}\omega RC}{1+\mathrm{j}\omega RC}$$

$$=\frac{1}{1-\mathrm{j}\dfrac{1}{\omega RC}}=\frac{1}{\sqrt{1+\left(\dfrac{1}{\omega RC}\right)^2}}\bigg/\!\!\underline{\arctan\left(\dfrac{1}{\omega RC}\right)}$$

其幅频特性和相频特性的函数表达式分别为

$$|\,T(\mathrm{j}\omega)\,|=\frac{U_\mathrm{o}(\mathrm{j}\omega)}{U_\mathrm{i}(\mathrm{j}\omega)}=\frac{1}{\sqrt{1+\left(\dfrac{1}{\omega RC}\right)^2}}$$

$$\varphi(\omega)=\arctan\frac{1}{\omega RC}$$

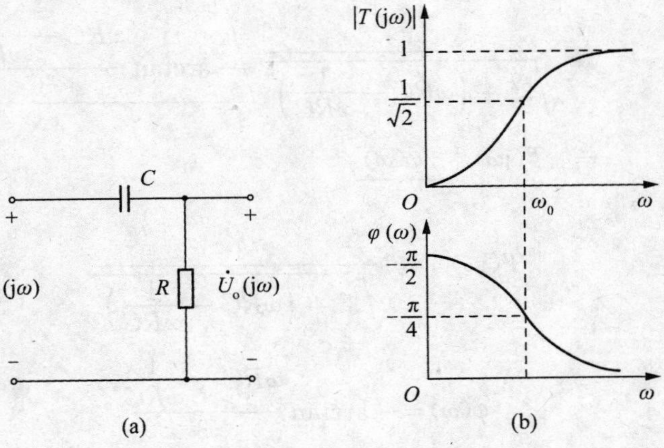

图 3.39 RC 高通滤波电路及其频率特性

(a) RC 高通滤波电路;(b) 高通滤波电路的频率特性

由以上两式可给出其幅频特性和相频特性曲线,如图 3.39(b)所示,可见这是一个高频信号较易通过、低频信号被衰减的高通滤波电路。其截止频率为

$$\omega_0=\frac{1}{RC}$$

其通频带为

$$\frac{1}{RC} < \omega < \infty$$

3. 带通滤波电路

图 3.40(a)所示电路具有带通频率特性。利用阻抗的串联分压公式并化简，可求得传递函数为

$$T(\mathrm{j}\omega) = \frac{U_\mathrm{o}(\mathrm{j}\omega)}{U_\mathrm{i}(\mathrm{j}\omega)} = \cfrac{\cfrac{R \cdot \frac{1}{\mathrm{j}\omega C}}{R + \frac{1}{\mathrm{j}\omega C}}}{R + \frac{1}{\mathrm{j}\omega C} + \cfrac{R \cdot \frac{1}{\mathrm{j}\omega C}}{R + \frac{1}{\mathrm{j}\omega C}}}$$

$$= \cfrac{\cfrac{R}{1 + \mathrm{j}\omega RC}}{\cfrac{1 + \mathrm{j}\omega RC}{\mathrm{j}\omega C} + \cfrac{R}{1 + \mathrm{j}\omega RC}} = \frac{\mathrm{j}\omega RC}{(1 + \mathrm{j}\omega RC)^2 + \mathrm{j}\omega RC}$$

$$= \frac{1}{3 + \mathrm{j}\left(\omega RC - \dfrac{1}{\omega RC}\right)}$$

$$= \frac{1}{\sqrt{3^2 + \left(\omega RC - \dfrac{1}{\omega RC}\right)^2}} \Big/ \!\!\!\underline{\quad -\arctan \dfrac{\omega RC - \dfrac{1}{\omega RC}}{3}}$$

$$= |T(\mathrm{j}\omega)| \Big/ \underline{\varphi(\omega)}$$

其中

$$|T(\mathrm{j}\omega)| = \frac{1}{\sqrt{3^2 + \left(\omega RC - \dfrac{1}{\omega RC}\right)^2}}$$

$$\varphi(\omega) = -\arctan \frac{\omega RC - \dfrac{1}{\omega RC}}{3}$$

频率特性如图 3.40(b)所示。

设

$$\omega = \omega_0 = \frac{1}{RC}$$

$$T(\mathrm{j}\omega) = \frac{1}{3 + \mathrm{j}\left(\dfrac{\omega}{\omega_0} - \dfrac{\omega_0}{\omega}\right)} = \frac{1}{\sqrt{3^2 + \left(\dfrac{\omega}{\omega_0} - \dfrac{\omega_0}{\omega}\right)^2}} \Big/ \!\!\!\underline{\quad -\arctan \dfrac{\dfrac{\omega}{\omega_0} - \dfrac{\omega_0}{\omega}}{3}}$$

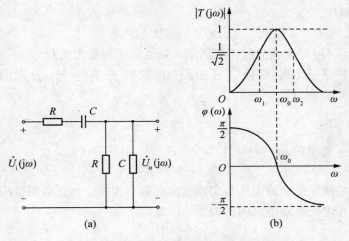

图 3.40　*RC* 带通滤波电路及其频率特性

（a）*RC* 带通滤波电路；（b）带通滤波电路的频率特性

可见输入电压 $\dot{U}_i$ 和输出电压 $\dot{U}_o$ 同相，且 $\dfrac{U_o}{U_i} = \dfrac{1}{3}$。同时也规定，当 $|T(j\omega)|$ 等于最大值的 $\dfrac{1}{\sqrt{2}}$ 处频率的上下限之间宽度，称为通宽频带，即

$$\Delta\omega = \omega_2 - \omega_1$$

3.9　交流电压和电流有效值的仿真分析

3.9.1　目的

（1）测定正弦波的峰值电压和峰-峰值电压。

（2）测量正弦电压的周期，计算正弦电压的频率。

（3）计算正弦电压的角频率。

（4）计算正弦电压在某一时刻的瞬时电压并比较计算值与测量值。

（5）测定正弦电压在半周内和一周内平均值。

（6）计算交流正弦电压的有效值与测量值。

（7）确定电阻元件中交流电压和交流电流之间的关系。

3.9.2　原理及电路

交流电压或交流电流的波形是正弦波。在图 3.41 所示的电路中示波器屏幕将显示电阻 *R* 两端交流电压的波形图。交流正弦函数的峰-峰值电压 U_{PP} 是峰值

电压 U_P 的两倍。

$$U_{PP} = U_P \times 2$$

其中峰值电压 U_P 是正弦波的正半周最大值或负半周最大值 U_m。

正弦函数是一个周期函数。正弦函数的频率 f(单位:Hz)是周期 T(单位:s)的倒数。因此

$$f = \frac{1}{T}$$

角频率 ω 的单位是 rad/s,计算式为:

$$\omega = 2\pi f$$

电阻元件两端的交流电压与交流电流的频率相同。仿真电路可用电阻来测定电压有效值和电流有效值之间的关系。因此

$$U = IR$$

3.9.3　仿真步骤

(1) 建立图 3.41 所示的仿真电路。

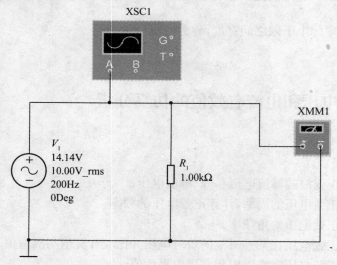

图 3.41　正弦波仿真电路

(2) 用鼠标左键单击仿真电源开关,激活电路进行动态分析。用示波器观测正弦电压的波形。用数字万用表测量交流电压。在 $U\text{-}T$ 坐标上作出正弦电压的波形图。在波形图的正弦曲线标明峰值电压 U_P 和周期 T。

(3) 根据步骤2测出的峰值电压 U_P 计算峰-峰值电压 U_{PP}。

(4) 根据正弦波的周期 T 计算交流电的频率 f 和角频率 ω。

(5) 写出正弦电压 $U(t)$ 的函数表达式。

(6) 用步骤(5)中的函数式计算 2ms 时的瞬时电压 u。

(7) 根据步骤(2)中的曲线图,计算交流正弦电压半个周期的平均值 U_{avg}。

(8) 根据步骤(2)中的曲线图,计算交流电压有效值 U。

(9) 建立图 3.42 所示的仿真电路。

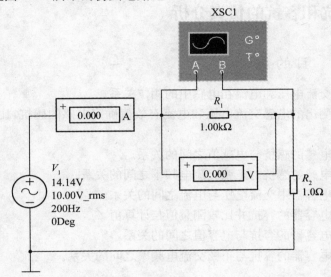

图 3.42 正弦波电压和电流仿真电路

(10) 单击仿真电源开关,激活电路进行动态分析。由于 1kΩ 电阻的阻值远远大于 1Ω 电阻,所以两个电阻上的电压约等于 1kΩ 两端的电压。这样,在屏幕上红色曲线代表 1kΩ 电阻两端的电压,而 1Ω 电阻上的电压则代表 1kΩ 电阻中的电流。在 U-T 坐标上作出电阻中电压和电流的曲线图,在图中标出峰值,并记录交流电压表和交流电流表的计数。

(11) 根据步骤(10)曲线图上的峰值电压 U_P,计算电阻两端的电压有效值 U。

(12) 根据步骤(10)曲线图上 R_2 电阻两端的峰值电压,计算电流的峰值 I_P 和有效值 I。

(13) 根据步骤(11)、(12)算得到的电流和电压的有效值,计算电阻 R_1 的阻值。

思考题

(1) 3.9.3 步骤(4)中算得的频率与电源设置的频率比较情况如何?

(2) 步骤(6)中算得的瞬时电压与步骤 1 中曲线图 $t=2\text{ms}$ 时刻的瞬时电压读数比较情况如何？

(3) 交流电路中电阻两端的电压与流过它的电流相位关系怎样？

(4) 交流电压一周的平均值是多少？与最大值有何关系？

(5) 交流电压的有效值和最大值之间有何关系？

3.10 感抗和容抗的仿真分析

3.10.1 目的

(1) 测定交流电压和电流在电感中的相位关系。

(2) 通过测出的电感交流电压和电流有效值确定电感的感抗，比较测量值与计算值。

(3) 测定电感的感抗与电感值之间的关系。

(4) 测定电感的感抗与正弦交流电频率之间的关系。

(5) 测定电容器中交流电压与电流之间的关系。

(6) 测定电容器的容抗并比较测量值与计算值。

(7) 测定电容器的容抗与电容值之间的关系。

(8) 测定电容器的容抗与正弦交流电频率之间的关系。

3.10.2 原理及电路

感抗仿真分析电路如图 3.43 所示。

在电感中交流 I_L 落后电压 U_L 90°，仿真电路可证实这个结论的正确性。欧姆定律确定了电感交流电压有效值和电流有效值之间的关系。所以

$$X_L = U_L / I_L$$

式中，U_L 和 I_L 为有效值。

容抗仿真电路如图 3.44 所示。

电容器中的交流电流 I_C 超前电压 U_C 90°。图 3.44 可验证。欧姆定律确定了电容交流电压有效值之间的关系。

$$X_C = \frac{U_C}{I_C}$$

式中，U_C 和 I_C 为有效值。

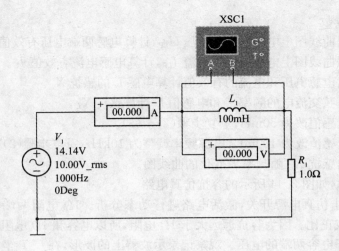

图 3.43　感抗仿真电路

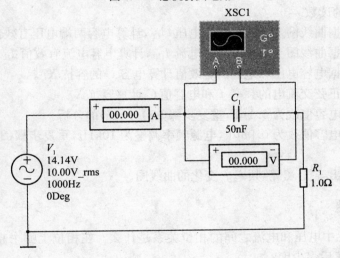

图 3.44　容抗仿真电路

3.10.3　仿真步骤

（1）建立如图 3.43 所示的感抗仿真电路。

（2）单击仿真电源开关，激活电路进行动态分析。1Ω 电阻两端的电压与电感中的电流成正比。因为感抗远远大于 1Ω 电阻，所以电感和 1Ω 电阻两端的电压实际上就等于电感两端的电压。观察记录示波器上的波形，在 U-T 坐标上作出电感电压 U_L 和电流 I_L 的曲线图。在曲线图上标明电压和电流的峰值。记录电压表和电流表的读数。

　　(3) 根据曲线图上电感的峰值电压 U_{LP}，计算电感两端电压有效值 U_L。

　　(4) 根据曲线图上电感的峰值电流 I_{LP}，计算电感电流有效值 I_L。

　　(5) 根据电感电压和电流的有效值计算电感 L 的感抗 X_L。

　　(6) 用正弦交流电的频率 f 和电感值 L 计算感抗 X_L。

　　(7) 将电感值改为 50mH，重复步骤(2)～(6)。

　　(8) 将电感值改为 100mH，电源频率调整为 10kHz，重复步骤(2)～(6)。

　　(9) 画出感抗 X_L 随频率 f 变化的曲线图。

　　(10) 建立如图 3.44 所示的容抗仿真电路。

　　(11) 单击仿真电源开关，激活电路进行动态分析。1Ω 电阻两端的电压与电容中的电流成正比。因为容抗远远大于 1Ω 电阻，所以电容和 1Ω 电阻两端的电压实际上就等于电容两端的电压。观察记录示波器上的波形，在 U-T 坐标上作出电容电压 U_C 和电流 I_C 的曲线图。在曲线图上标明电压和电流的峰值。记录电压表和电流表的读数。

　　(12) 根据曲线图上电容的峰值电压 U_{CP}，计算电容两端电压有效值 U_C。

　　(13) 根据曲线图上电容的峰值电流 I_{CP}，计算电容电流有效值 I_C。

　　(14) 根据电容电压和电流的有效值计算电容 C 的容抗 X_C。

　　(15) 用正弦交流电的频率 f 和电容值 C 计算容抗 X_C。

　　(16) 将电容值改为 0.1μF，重复步骤(11)～(15)的分析。

　　(17) 将电容值改为 0.05μF，电源频率调整为 10kHz，重复步骤(2)～(6)的分析。

　　(18) 画出容抗 X_C 随频率 f 变化的曲线图。

思考题

　　(1) 电感中电压和电流之间的相位关系是什么？在相位上哪个超前，哪个落后？超前或落后多少度？

　　(2) 3.10.3 步骤(2)中用电压表测出的电感电压与步骤(3)中算得的电感电压有效值比较，情况如何？

　　(3) 步骤(2)中用电流表测出的电流与步骤(5)中用电压和电流测量算得的感抗比较，情况如何？

　　(4) 步骤(6)中用频率和电感值算出的感抗 X_L 与步骤(5)中用电压和电流测量值算得的感抗比较，情况如何？

　　(5) 改变电感值对感抗值 X_L 有何影响？

　　(6) 电源频率的升高变化对感抗值 X_L 有何影响？

（7）电容的电压和电流之间相位关系是什么？在相位上哪个超前，哪个落后？超前或落后多少度？

（8）用电压表测出的电容电压与计算得的电容电压有效值比较，情况如何？

（9）用电流表测出的电流与计算得的电容电流有效值比较，情况如何？

（10）用频率和电容值算出的容抗 X_C 与用电压和电流测量值算得的容抗比较，情况如何？

（11）改变电容值对容抗值 X_C 有何影响？

（12）电源频率的升高变化对容抗 X_C 有何影响？

3.11　串联交流电路阻抗的仿真分析

3.11.1　目的

（1）测量串联 RL 电路的阻抗和交流电压与电流之间的相位，并比较测量值与计算值。

（2）测量串联 RC 电路的阻抗和交流电压与电流之间的相位，并比较测量值与计算值。

（3）测量串联 RLC 电路的阻抗和交流电压与电流之间的相位，并比较测量值与计算值。

3.11.2　原理及电路

两个同频率周期函数（例如正弦函数）之间的相位差，可通过测量两个曲线图之间及曲线一个周期 T 的波形之间的时间差 t 来确定。因为时间差 t 与周期 T 之比等于相位差 φ（单位：度）与一周相位角的度数（360°）之比。

$$\frac{\varphi}{360°} = \frac{t}{T}$$

所以，相位差可用下式计算：

$$\varphi = \frac{t(360°)}{T}$$

图 3.45 所示为 RL 串联阻抗仿真电路。

图 3.46 所示为 RC 串联阻抗仿真电路。

图 3.47 所示为 RLC 串联阻抗仿真电路。

交流电路的阻抗 Z 满足欧姆定律。所以用阻抗两端的交流电压有效值 U_Z 除以交流电流有效值 I_Z 可算出阻抗（单位：Ω）：

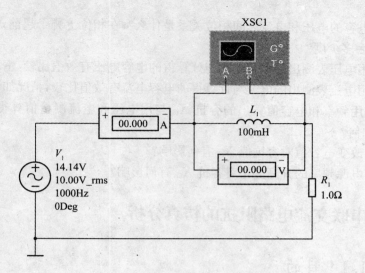

图 3.45　RL 串联阻抗仿真电路

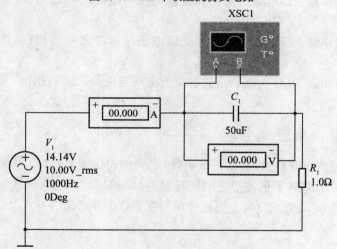

图 3.46　RC 串联阻抗仿真电路

$$| Z | = \frac{U_Z}{I_Z}$$

在图 3.45 中 RL 串联电路的阻抗 Z 为电阻 R 和感抗 X_L 的向量和。因此阻抗的大小为

$$| Z | = \sqrt{R^2 + X_L^2}$$

阻抗两端的电压 U_Z 和电流 I_Z 之间的相位差可由下式求出：

94

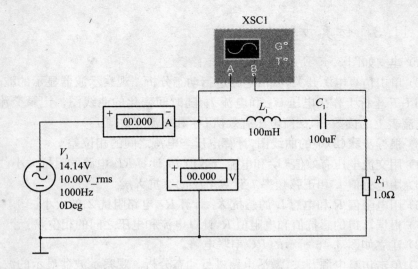

图 3.47 　RLC 串联阻抗仿真电路

$$\varphi = \arctan \frac{X_L}{R}$$

在图 3.46 中 RC 串联电路的阻抗 Z 为电阻 R 和容抗 X_C 的向量和。因此阻抗的大小为

$$|Z| = \sqrt{R^2 + X_C^2}$$

阻抗两端的电压 U_Z 和电流 I_Z 之间的相位差可由下式求出：

$$\varphi = \arctan \frac{X_C}{R}$$

当电压落后于电流时，相位差为负。

在图 3.47 中 RLC 串联电路的阻抗 Z 为电阻 R 和电感与电容电抗 X 的向量和。因为感抗与容抗之间有 180° 的相位差，所以电抗 X 为

$$X = X_L - X_C$$

这样，RLC 串联电路的阻抗大小可用下式求出：

$$|Z| = \sqrt{R^2 + X^2}$$

阻抗两端的电压 U_Z 和电流 I_Z 之间的相位差可由下式求出：

$$\varphi = \arctan \frac{X}{R}$$

在 RLC 串联交流电路中，只有一个信号频率可以使得 X_L 与 X_C 相等。在这个频率上，电抗为零（$X_L - X_C = 0$），电路阻抗为电阻性，而且达到最小值。

3.11.3　仿真步骤

(1) 建立如图 3.45 所示的 RL 串联电路。

(2) 单击仿真电源开关,激活电路进行动态分析。观察示波器显示的波形,在 $U\text{-}T$ 和 $I\text{-}T$ 坐标上作出电压 U_z 和电流 I_z 随时间变化的曲线图。记录交流电压表和电流表上的读数(即交流电压有效值 U_z 和电流有效值 I_z)。

(3) 根据步骤(2)中的曲线图,计算电压与电流之间的相位差 φ。

(4) 用交流电压有效值 U_z 和电流有效值 I_z 计算 RL 电路的阻抗大小。

(5) 用电感值 L 和正弦频率 f 计算电感的感抗 X_L。

(6) 用电阻值 R 和电感 L 的感抗 X_L 计算 RL 电路阻抗 Z 的大小。

(7) 根据算得的感抗值和电阻值 R,计算电流和电压之间的相位差 φ。

(8) 建立如图 3.46 所示的 RC 串联电路。

(9) 单击仿真电源开关,激活电路进行动态分析。观察示波器显示的波形,在 $U\text{-}T$ 和 $I\text{-}T$ 坐标上作出电压 U_z 和电流 I_z 随时间变化的曲线图。记录交流电压表和电流表上的读数(即交流电压有效值 U_z 和电流有效值 I_z)。

(10) 根据步骤(9)中的曲线图,计算电压与电流之间的相位差 φ。

(11) 用交流电压有效值 U_z 和电流有效值 I_z 计算 RC 电路的阻抗大小。

(12) 用电容值 C 和正弦频率 f 计算电容容抗 X_C。

(13) 用电阻值 R 和电容 C 的容抗 X_C 计算 RC 电路阻抗 Z 的大小。

(14) 根据算得的容抗值和电阻值 R,计算电流和电压之间的相位差 φ。

(15) 建立如图 3.47 所示的 RLC 串联电路。

(16) 单击仿真电源开关,激活电路进行动态分析。观察示波器显示的波形,在 $U\text{-}T$ 和 $I\text{-}T$ 坐标上作出电压 U_z 和电流 I_z 随时间变化的曲线图。记录交流电压表和电流表上的读数(即交流电压有效值 U_z 和电流有效值 I_z)。

(17) 根据步骤(16)中的曲线图,计算电压和电流之间的相位差 φ。

(18) 用交流电压有效值 U_z 和电流有效值 I_z 计算 RLC 电路的阻抗大小。

(19) 用电容值 C 和正弦频率 f 计算容抗 X_C。

(20) 用电感值 L 和正弦频率 f 计算电感的感抗 X_L。

(21) 用电阻值 R 和电容 C 的容抗 X_C、电感 L 的感抗 X_L,计算 RLC 电路阻抗 Z 的大小。

(22) 根据算得的电阻 R 和容抗 X_C 感抗 X_L,计算电流和电压之间的相位差。

思考题

(1) 在 3.11.3 实验中计算所得的阻抗大小与用电压和电流测量值算出的阻

抗大小比较,情况如何?

(2) 在 3.11.3 实验中计算出的相位差与通过电流和电压曲线图测出的相位差比较情况如何? 电压比电流超前还是滞后?

3.12　交流电路的功率和功率因数的仿真分析

3.12.1　目的

(1) 测定 *RC* 串联电路的有功功率、无功功率、视在功率和功率因数。
(2) 测定 *RL* 串联电路的有功功率、无功功率、视在功率和功率因数。
(3) 测定 *RLC* 串联电路的有功功率、无功功率、视在功率和功率因数。
(4) 确定 *RL* 串联电路提高功率因数所需要的电容。

3.12.2　原理及电路

工程上对交流电路常用电压表、电流表和功率表(或功率因数表)相配合测量电压 U、电流 I 和有功功率 P(或功率因数 $\cos\varphi$)。

在 *RL*、*RC* 或 *RLC* 交流电路中只有电阻才消耗有功功率 P,电感或电容是不消耗功率的。电感和电容中的功率为无功功率 Q。

图 3.48 所示为 *RL* 串联测量功率仿真电路。

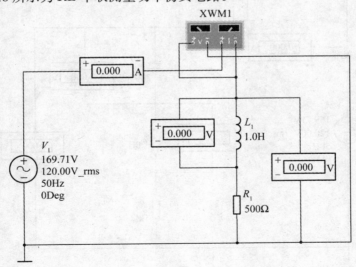

图 3.48　*RL* 串联测量功率仿真电路

图 3.49 所示为 RC 串联测量功率仿真电路。

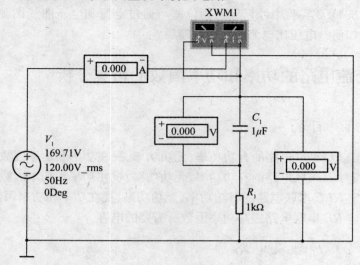

图 3.49　RC 串联测量功率仿真电路

图 3.50 所示为 RLC 串联测量功率仿真电路。

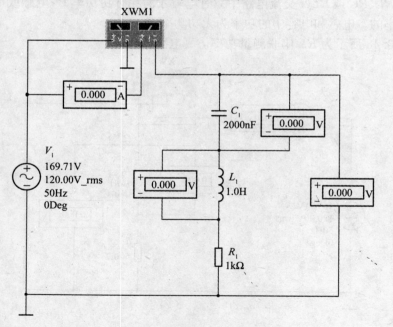

图 3.50　RLC 串联测量功率仿真电路

图 3.51 所示为功率因数提高仿真电路。

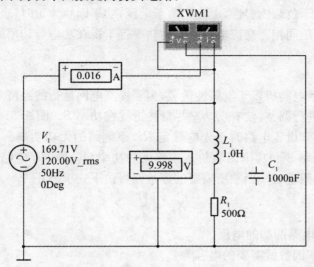

图 3.51　功率因数提高仿真电路

RL 或 RC 串联电路的无功功率(单位:Var)等于动态元件两端的电压有效值 U_C 或 U_L 乘以动态元件的电流有效值 I。

电容器无功功率 Q 的算式为

$$Q = U_C I$$

电感器无功功率 Q 的算式为

$$Q = U_L I$$

RLC 电路的无功功率 Q 等于电抗两端的电压有效值 U_X 乘以电抗的电流有效值 I。电抗电压有效值等于电容电压 U_C 与电感电压 U_L 之差,这是因为这两个电压之间有 180°的相位差。因此,无功功率为

$$Q = U_X I$$

其中

$$U_X = U_C - U_L$$

在图 3.48～图 3.50 中,电路的视在功率 S 等于总电路两端的电压有效值 U 乘以电路电流有效值 I。因此,视在功率(单位:VA)为

$$S = UI$$

功率因数 $\cos\varphi$ 为有功功率 P 与视在功率 S 之比。

$$\cos\varphi = \frac{P}{S} = \frac{P}{UI}$$

式中,φ 为 U 与 I 之间的相位差。

当功率因数为正小数时,表示负载为感性,电路中电流落后于电压;功率因数为负小数时,表示负载为容性,电流超前于电压;功率因数为 1 时,表示负载为纯电阻性,电流与电压同相。交流电路的有功功率等于视在功率与功率因数的乘积,所以

$$P = S\cos\varphi$$

因为大多数电动机属于电感性负载,为了提高电网运行的经济效益,应当对电路的功率因数进行调整,使有功功率尽量接近视在功率 S。图 3.51 所示为功率因数提高仿真电路,设置电路时首先应确定 RL 原电路的无功功率。方法是由有功功率 P、视在功率 S 和功率因数角 φ 求出无功功率 Q。原 RL 电路的无功功率 Q 一旦确定以后,调整功率因数所需要的容抗便可由下式求出:

$$X_C = \frac{U^2}{Q}$$

式中,U 为 RL 电路两端的电压。

则调整功率因数所需要的电容为

$$C = \frac{1}{2\pi f X_C}$$

校正电容 C 选定后,可将 C 并联在 RL 负载的两端,这时功率因数接近于 1 (电压 U 与电流 I 同相)。这样,便可以使有功功率接近于视在功率。

3.12.3 仿真步骤

(1) 建立图 3.48 所示 RL 串联测试功率仿真电路。

(2) 单击仿真电源开关,激活电路进行动态分析。记录总电流有效值 I,电感两端的电压有效值 U_L 及 RL 网络两端的总电压有效值 U。

(3) 根据步骤(2)的读数,计算 RL 电路的有功功率 P、无功功率 Q 和视在功率 S。

(4) 由以上算得的有功功率 P、无功功率 Q 和视在功率 S 作出功率三角形,并确定 RL 网络的功率因数 $\cos\varphi$。

(5) 观测记录功率表显示的有功功率值和功率因数 $\cos\varphi$,并与步骤(4)的计算值进行比较。

(6) 建立图 3.49 所示 RC 串联测试功率仿真电路。

(7) 单击仿真电源开关,激活电路进行动态分析。记录总电流有效值 I,电容两端的电压有效值 U_C 及 RC 网络的总电压有效值 U。

(8) 根据步骤(7)的读数,计算 RC 电路的有功功率 P、无功功率 Q 和视在功率 S。

（9）由以上算得的有功功率 P、无功功率 Q 和视在功率 S 作出功率三角形，并确定 RC 网络的功率因数 $\cos\varphi$。

（10）观测记录功率表显示的有功功率值和功率因数 $\cos\varphi$，并与步骤（4）的计算值进行比较。

（11）建立图 3.50 所示 RLC 串联测试功率仿真电路。

（12）单击仿真电源开关，激活电路进行动态分析。记录总电流有效值 I，电容电压有效值 U_C，电感电压有效值 U_L 及 RLC 网两端的总电压有效值 U。

（13）根据步骤（12）的读数计算 RLC 电路的有功功率 P、无功功率 Q 和视在功率 S。

（14）根据算得的有功功率 P、无功功率 Q 及视在功率 S，确定 RLC 网络的功率因数 $\cos\varphi$。

（15）观测记录功率表显示的有功功率值和功率因数 $\cos\varphi$，并与步骤（14）的计算值进行比较。

（16）建立如图 3.51 所示的功率因素调整实验电路。

（17）单击仿真电源开关，激活电路进行动态分析。记录总电流有效值 I，电感两端的电压有效值 I，电感两端的电压有效值 U_L 及 R_L 网络两端有效值 U，以及功率表的有功功率值和功率因素 $\cos\varphi$ 读数。

（18）根据步骤（17）的读数，计算 RL 电路的有功功率 P 无功功率 Q 和视在功率 S。算出使功率因素接近于 1 所需要的电容 C。然后将电路中的电容 C 改成计算值，把 C 并联到电路里。

（19）再次运行动态分析，观察功率表的有功功率值和功率因数 $\cos\varphi$ 的读数，调整 C 直至满足功率因素 $\cos\varphi=1$ 应达到的要求。

（20）将计算所得使功率因素接近于 1 所需要的电容 C 值与功率表的功率因素 $\cos\varphi=1$ 时的电容值进行比较。

思考题

（1）将 3.12.3 步骤（4）中算得的功率因素与步骤（5）功率表显示的功率因素进行比较，并说明 RL 电路的电流比电压超前还是落后？为什么？

（2）将步骤（9）中算得的功率因素与步骤（10）功率表显示的功率因素进行比较，并说明 RC 电路的电流比电压超前还是落后？为什么？

（3）将步骤（14）中算得的功率因素与步骤（15）功率表显示的功率因素进行比较，并说明 RLC 电路的电流比电压超前还是落后？为什么？

（4）将步骤（17）计算所得使功率因素接近于 1 所需要的电容 C 值与步骤（18）功率表显示的功率因素 $\cos\varphi=1$ 时的电容值进行比较，情况如何？

习　题

3.1　已知某负载的电流和电压的有效值和初相位分别是 2A、$-30°$、36V、$45°$，频率均为 50Hz。(1) 写出它们的瞬时值表达式；(2) 画出它们的波形图；(3) 指出它们的幅值、角频率以及两者之间的相位差。

3.2　已知某正弦电流当其相位角为 $\frac{\pi}{6}$ 时，其值为 5A，则该电流的有效值是多少？若此电流的周期为 10ms，且在 $t=0$ 时正处于由正值过渡到负值时的零值，写出电流的瞬时值 i 和相量 $\dot{I}$ 的表达式。

3.3　已知 $A=8+\mathrm{j}6，B=8\underline{/-45°}$。求(1) $A+B$；(2) $A-B$；(3) $A\cdot B$；(4) $\frac{A}{B}$；(5) $\mathrm{j}A+B$；(6) $A+\frac{B}{\mathrm{j}}$。

3.4　在图 3.52 所示电路中，已知 $R=100\Omega，L=31.8\mathrm{mH}，C=318\mu\mathrm{F}$，求电源的频率和电压分别为 50Hz、100V 和 1000Hz、100V 两种情况下，开关 S 合向 a、b、c 位置时电流表的读数，并计算各元件中的有功功率和无功功率。

3.5　在图 3.53 所示电路中，三个照明灯电阻相同，$R=X_C=X_L$，试问接在交流电源上时，三个照明灯的亮度有什么不同？若改接在电压相同的直流电源上，稳定后，与接在交流电源时相比，各照明灯的亮度有什么变化？

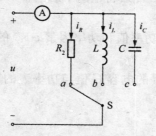

图 3.52　题 3.4 的图

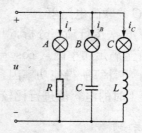

图 3.53　题 3.5 的图

3.6　串联交流电路中，在下列三种情况下，求电路中的电阻 R 和电抗 X 各为多少？指出电路的性质和电压对电流的相位差。(1) $Z=(6+\mathrm{j}8)\Omega$；(2) $\dot{U}=50\underline{/30°}$ V，$\dot{I}=2\underline{/30°}$ A；(3) $\dot{U}=100\underline{/-30°}$ V，$\dot{I}=4\underline{/40°}$ A。

3.7　将一个电感线圈接到 20V 直流电源时，通过的电流为 1A，将此线圈改接在 2000Hz、20V 的交流电源时，电流为 0.8A，求该线圈的电阻 R 和电感 L。

3.8　一个 RC 串联电路，当输入电压为 1000Hz、12V 时，电路中的电流为 2mA，电容电压 $\dot{U}_C$ 滞后于电源电压 $\dot{U}60°$，求 R、C。

3.9　电路如图 3.54 所示，$Z_1 = (6+j8)\Omega$，$Z_2 = -j10\Omega$，$\dot{U}_S = 15\underline{/0°}$ V。求：(1) $\dot{I}$、$\dot{U}_1$、$\dot{U}_2$；(2) 当 Z_2 变为何值时，电路中的电流最大，这时的电流是多少?

3.10　在图 3.55 所示电路中，已知 $U = 220V$，$\dot{U}_1$ 超前于 $\dot{U}90°$，超前于 $\dot{I}30°$，求 U_1、U_2。

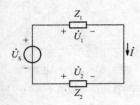

图 3.54　题 3.9 的图

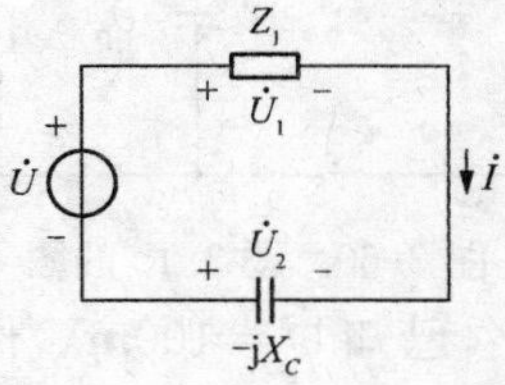

图 3.55　题 3.10 的图

3.11　如图 3.56 所示电路中，$Z_1 = (2+j2)\Omega$，$Z_2 = (3+j3)\Omega$，$\dot{I}_S = 5\angle0°$，求各支路电流 $\dot{I}_1$、$\dot{I}_2$ 和理想电流源的端电压。

3.12　在如图 3.57 所示的电路中，$R = 40\Omega$、$U = 100V$ 保持不变。(1) 当 $f = 50Hz$ 时，$I_L = 4A$，$I_C = 2A$，求 U_R、U_{LC}；(2) 当 $f = 100Hz$ 时，求 U_R、U_{LC}。

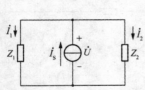

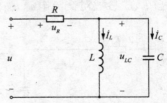

图 3.56　题 3.11 的图

图 3.57　题 3.12 的图

3.13　在如图 3.58 所示的电路中，已知 $U = 220V$，$f = 50Hz$，开关闭合前后电流表的稳态读数不变。试求电流表的读数值以及电容 C（C 不为零）。

3.14　在图 3.59 所示电路中，已知 $R = 2\Omega$，$Z_1 = -j10\Omega$，$Z_2 = (40+j30)\Omega$，$\dot{I} = 5\angle30°A$。求：$\dot{I}_1$、$\dot{I}_2$、$\dot{U}$。

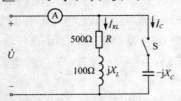

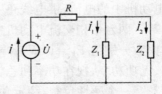

图 3.58　题 3.13 的图

图 3.59　题 3.14 的图

3.15　在图 3.60 所示电路中，已知 $R = X_C$，$U_C = 220V$，总电压 $\dot{U}$ 与总电流 $\dot{I}$ 相位相同。求 $\dot{U}_L$、$\dot{U}_C$。

3.16 在如图 3.61 所示交流电路中,$U=220V$,S 闭合时,$U_R=80V$,$P=320W$;S 断开时,$P=405W$,电路为电感性,求 R、X_L、X_C。

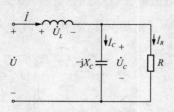

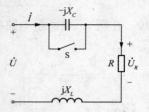

图 3.60 题 3.15 的图　　　　　　　图 3.61 题 3.16 的图

3.17 已知 $U=100mV$ 作用于 RLC 串联电路中,$R=5\Omega$,$C=0.1\mu F$,$L=4mH$。改变电源频率使电流达到最大,求最大电流值和相应的频率,此时电感、电容的端电压以及电路的品质因数。

3.18 在图 3.62 所示电路中,$R=80\Omega$,$C=106\mu F$,$L=63.7mH$,$\dot{U}=220\angle0°$。求:(1) $f=50Hz$ 时的 $\dot{I}$、$\dot{I}_C$、$\dot{I}_L$;(2) f 为何值时,I 最小,此时的 $\dot{I}$、$\dot{I}_C$、$\dot{I}_L$ 是多少?

3.19 在图 3.63 所示电路中,已知 $u_{S1}=10\sqrt{2}\sin\omega t V$,$U_{S2}=10V$,$R_1=R_2=50\Omega$。当 L、C 参数对交流电源 u_{S1} 的频率发生谐振时,求此时的 U_{AB}。

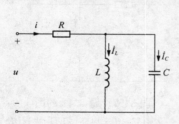

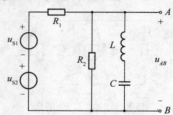

图 3.62 题 3.18 的图　　　　　　　图 3.63 题 3.19 的图

3.20 一个交流电动机,其输入功率为 1.21kW,接在 220V,50Hz 的交流电源上,通入电动机的电流为 11A,试求电动机的功率因数。如果要把电路的功率因数提高到 0.91,应该和电动机并联多大的电容器? 并联电容器后,电动机的功率因数、电动机中的电流、供电线路中的电流、电路的有功功率和无功功率有无变化?

3.21 两台单相交流电动机并联在 220V 交流电源上工作,取用的有功功率和功率因数分别为 $P_1=1kW$,$\varphi_1=0.8$;$P_2=0.5kW$,$\varphi_2=0.707$。求总的电流、有功功率、无功功率、视在功率和总功率因数。

3.22 一个感性负载,额定功率 $P_N=40kW$,额定电压 $U_N=380V$,额定功率因数 $\cos\varphi_N=0.4$,现接在 380V,50Hz 的交流电源上工作。求(1) 负载的电流、视在功率和无功功率;(2) 若与负载并联一个电容,使电路总电流降到 120A,此时电路的功率因数提高到多少,并联电容是多大?

第4章 三相正弦交流电路

电能的产生、传输和分配大多采用的是三相正弦交流电形式。由三相正弦交流电源供电的电路称为三相电路。与单相正弦交流电路相比,三相电路具有输电经济、三相电机性能好、效率高、成本低等优点。

本章主要讨论三相正弦交流电源的连接、负载的连接、三相电路的分析以及三相电路的功率问题。

4.1 三相电动势的产生

图4.1是三相交流发电机的原理示意图。三相交流发电机由定子和转子组成,在发电机定子铁芯的凹槽内放置三相绕组,每相绕组是相同的,如图4.2所示。它们的始端标以 A、B、C,末端标以 X、Y、Z。三个绕组的始端之间或末端之间彼此互差 $120°$。转子铁芯上绕有励磁绕组,用直流励磁,选择合适的磁极形状和励磁绕组的分布,可使转子表面的空气隙中的磁感应强度按正弦规律分布。

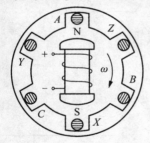

图 4.1　三相交流发电机的原理图　　　图 4.2　转子绕组及其中的电动势

当转子在原动机(如汽轮机、水轮机等)的带动下,以角速度 ω 匀速旋转时,就会在定子绕组中产生周期的正弦感应电动势 e_A、e_B、e_C。电动势的参考方向选定为自绕组的末端指向始端。由图4.1可见,当 S 极的轴线正转转到 A 处时,A 相的电动势达到正的幅值。经过 $120°$ 后 S 极的轴线转到 B 处,B 相的电动势达到正的幅值,同理,再经过 $120°$ 后,C 相的电动势达到正的幅值。若以 A 相为参考,三相感应电动势分别为

$$e_{AX} = E_m \sin\omega t$$
$$e_{BY} = E_m \sin(\omega t - 120°) \Bigg\}$$
$$e_{CZ} = E_m \sin(\omega t + 120°)$$
(4.1)

也可用相量表示，

$$\dot{E}_{AX} = E \angle 0° = E$$
$$\dot{E}_{BY} = E \angle -120° = E\left(-\frac{1}{2} - j\frac{\sqrt{3}}{2}\right) \Bigg\}$$
$$\dot{E}_{CZ} = E \angle 120° = E\left(-\frac{1}{2} + j\frac{\sqrt{3}}{2}\right)$$
(4.2)

式(4.1)所示的一组有效值、频率相等，相位互差 120°的三个电动势称为对称三相电动势，它们达到正的最大值的先后次序称为相序，在此相序为 $A\rightarrow B\rightarrow C$。

对称三相电动势的波形图和相量图如图 4.3 所示，显然对称三相电动势的相量和为零，它们的瞬时值之和也为零。

$$\dot{E}_{AX} + \dot{E}_{BY} + \dot{E}_{CZ} = 0 \Bigg\}$$
$$e_{AX} + e_{BY} + e_{CZ} = 0$$
(4.3)

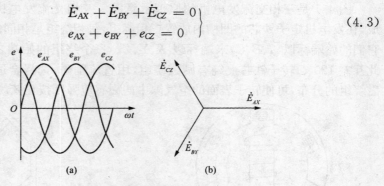

图 4.3　对称三相电动势
（a）波形图；（b）相量图

发电机的三相绕组的接法通常如图 4.4 所示，即将三个末端连在一起作为公共点，该点称为中性点或零点，用 N 表示，这种连接法称为星形连接。从中性点 N 引出的导线称为中性线或零线，从三相绕组的始端 A、B、C 引出的导线称为端线或相线，俗称火线，这样的三相电源引出的四条导线，构成了三相四线制的交流电源。通常三相四线制电源系统的中性线与大地直接相连接，这时中性线又称为地

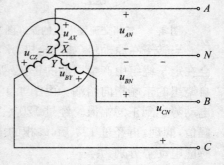

图 4.4　发电机绕组的星形连接

106

线。

在三相四线制电源中，每相绕组始端与末端之间的电压，即电源端与中性线之间的电压称为相电压，其有效值用 U_{AN}、U_{BN}、U_{CN} 表示，或一般地用 U_P 表示。任意两端线之间的电压称为线电压，用 U_{AB}、U_{BC}、U_{CA} 表示，或一般地用 U_L 表示。显然三个相电压是一组对称电压，若以 A 相为参考，则

$$\left.\begin{aligned} U_{AN} &= U_m \sin\omega t \\ U_{BN} &= U_m \sin(\omega t - 120°) \\ U_{CN} &= U_m \sin(\omega t + 120°) \end{aligned}\right\} \tag{4.4}$$

或写成相量形式

$$\left.\begin{aligned} \dot{U}_{AN} &= U_P \angle 0° \\ \dot{U}_{BN} &= U_P \angle -120° \\ \dot{U}_{CN} &= U_P \angle 120° \end{aligned}\right\} \tag{4.5}$$

式中 U_P 等于 $\dfrac{U_m}{\sqrt{2}}$，为相电压的有效值。

由图 4.4 可知

$$\left.\begin{aligned} u_{AB} &= u_{AN} - u_{BN} \\ u_{BC} &= u_{BN} - u_{CN} \\ u_{CA} &= u_{CN} - u_{AN} \end{aligned}\right\} \tag{4.6}$$

写成相量形式

$$\left.\begin{aligned} \dot{U}_{AB} &= \dot{U}_{AN} - \dot{U}_{BN} \\ \dot{U}_{BC} &= \dot{U}_{BN} - \dot{U}_{CN} \\ \dot{U}_{CA} &= \dot{U}_{CN} - \dot{U}_{AN} \end{aligned}\right\} \tag{4.7}$$

三相对称电源各相电压和线电压的相量图如图 4.5 所示，由相量图中的几何关系可以看出线电压也是对称的，而且线电压的有效值与相电压有效值的关系为

$$U_L = 2U_P \cos 30° = \sqrt{3}U_P$$

在相位关系上，线电压超前于相应的相电压 $30°$，即 $\dot{U}_{AB}$ 超前于 $\dot{U}_{AN}$、$\dot{U}_{BC}$ 超前于 $\dot{U}_{BN}$、$\dot{U}_{CA}$ 超前于 $\dot{U}_{CN}$ 的相位角均为 $30°$。

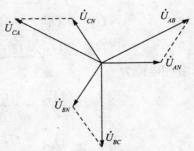

图 4.5　电压相量图

我国低压配电系统中相电压为 220V，线电压为 $220\sqrt{3}$V＝380V。

4.2 三相电路的分析和计算

4.2.1 星形连接的三相负载

图 4.6 所示的是三相四线制电路,设其线电压为 380V,相电压为 220V。该电路中的负载为星形连接,具体接法根据负载的额定电压而定。在图中,各单相负载(如灯泡)的一端连接在相线上,而另一端是接在中性线上。三相负载(如电动机)有星形和三角形两种接法,图 4.6 画出了三个绕组作星形接法的电动机示意图。

图 4.6 三相电路中电灯与电动机的星形连接

负载星形连接的三相四线制电路一般可用图 4.7 所示电路表示。每相负载中流过的电流称为相电流 I_P,端线中流过的电流称为线电流 I_L,可见,星形连接时有

$$I_P = I_L \tag{4.8}$$

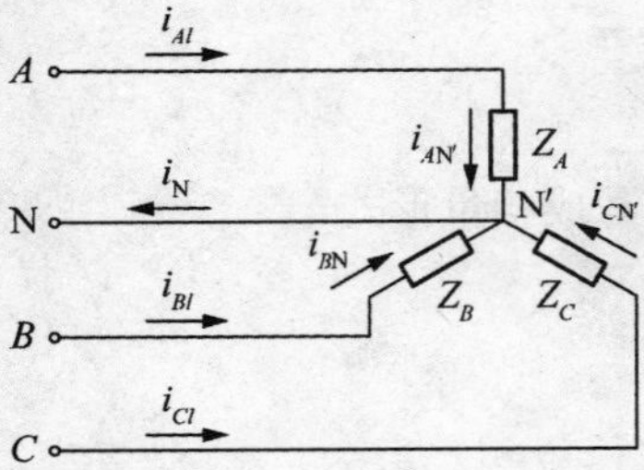

设以 A 相电压为参考,即

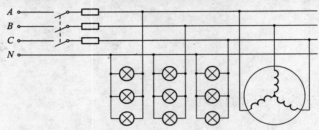

图 4.7 三相负载星形连接

$$\left. \begin{aligned} \dot{U}_{AN} &= U_P \underline{/0^\circ} \\ \dot{U}_{BN} &= U_P \underline{/-120^\circ} \\ \dot{U}_{CN} &= U_P \underline{/120^\circ} \end{aligned} \right\} \tag{4.9}$$

各相电流为

$$\begin{cases} \dot{I}_{AN} = \dfrac{\dot{U}_{AN}}{Z_A} = \dfrac{U_P \underline{/0^\circ}}{|Z_A| \underline{/\varphi_A}} = \dfrac{U_P}{|Z_A|} \underline{/-\varphi_A} \\ \dot{I}_{BN} = \dfrac{\dot{U}_{BN}}{Z_B} = \dfrac{U_P \underline{/-120^\circ}}{|Z_B| \underline{/\varphi_B}} = \dfrac{U_P}{|Z_B|} \underline{/-(120^\circ + \varphi_B)} \\ \dot{I}_{CN} = \dfrac{\dot{U}_{CN}}{Z_C} = \dfrac{U_P \underline{/120^\circ}}{|Z_C| \underline{/\varphi_C}} = \dfrac{U_P}{|Z_C|} \underline{/120^\circ - \varphi_C} \end{cases} \tag{4.10}$$

根据基尔霍夫电流定律,中性线电流为

$$\dot{I}_N = \dot{I}_{AN} + \dot{I}_{BN} + \dot{I}_{CN} \tag{4.11}$$

各电压和电流相量图见图 4.8。

如果三相负载对称,即 $Z_A = Z_B = Z_C = Z = |Z|\underline{/\varphi}$,则各相电流也是对称的,见图 4.9。这时只需计算其中一相的电流,即可确定其他两相电流

$$
\begin{cases}
\dot{I}_{AN} = \dfrac{\dot{U}_{AN}}{Z_A} = \dfrac{U_P\underline{/0^\circ}}{|Z|\underline{/\varphi}} = \dfrac{U_P}{|Z|}\underline{/-\varphi} \\[3mm]
\dot{I}_{BN} = \dfrac{\dot{U}_{BN}}{Z_B} = \dfrac{U_P\underline{/-120^\circ}}{|Z|\underline{/\varphi}} = \dfrac{U_P}{|Z|}\underline{/-(120^\circ+\varphi)} \\[3mm]
\dot{I}_{CN} = \dfrac{\dot{U}_{CN}}{Z_C} = \dfrac{U_P\underline{/120^\circ}}{|Z|\underline{/\varphi}} = \dfrac{U_P}{|Z|}\underline{/120^\circ-\varphi}
\end{cases}
$$

且此时中性线电流为零

$$\dot{I}_N = \dot{I}_{AN} + \dot{I}_{BN} + \dot{I}_{CN} = 0$$

中线性电流为零,意味着中性线就不需要了,所以在星形连接的三相对称负载中,可以去掉中性线而成为三相三线制。

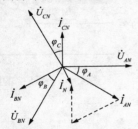
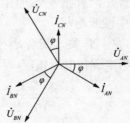

图 4.8 星形连接负载不对称的相量图   图 4.9 星形连接负载对称的相量图

[**例 4.1**] 图 4.7 所示对称三相电路中,已知电流的线电压 $U_L = 380V$,负载阻抗 $Z = 10\underline{/36.9}\Omega$,求负载的相电流 i_P、线电流 i_L 及中性线电流 i_N。

[**解**] 设 A 相电压为

$$\dot{U}_{AN} = 220\underline{/0^\circ}\,(V)$$

则

$$\dot{I}_{AN} = \frac{\dot{U}_{AN}}{Z} = \frac{220\underline{/0^\circ}}{10\underline{/36.9^\circ}} = 22\underline{/-36.9^\circ}\,(A)$$

因为负载对称,所以

$$\dot{I}_{BN} = 22\underline{/-(120^\circ+36.9^\circ)} = 22\underline{/-156.9^\circ}\,(A)$$

$$\dot{I}_{CN} = 22\underline{/(120^\circ-36.9^\circ)} = 22\underline{/83.1^\circ}\,(A)$$

109

又因为负载是星形连接,所以相电流就是线电流

$$\dot{I}_{AL} = \dot{I}_{AN} = 22 \underline{/-36.9°} \text{(A)}$$

$$\dot{I}_{BL} = \dot{I}_{BN} = 22 \underline{/-156.9°} \text{(A)}$$

$$\dot{I}_{CL} = \dot{I}_{CN} = 22 \underline{/83.1°} \text{(A)}$$

中性线电流为

$$\dot{I}_N = \dot{I}_{AN} + \dot{I}_{BN} + \dot{I}_{CN} = 0$$

各电流瞬时值表达式为

$$i_{AN} = i_{AL} = 22\sqrt{2}\sin(\omega t - 36.9°) \text{(A)}$$

$$i_{BN} = i_{BL} = 22\sqrt{2}\sin(\omega t - 156.9°) \text{(A)}$$

$$i_{CN} = i_{CL} = 22\sqrt{2}\sin(\omega t + 83.1°) \text{(A)}$$

$$i_N = 0$$

[**例 4.2**] 图 4.10 所示电路为负载不对称时的星形连接,已知电源线电压为 380V,$Z_A = 10\Omega$,$Z_B = 5 \underline{/-37°} \Omega$,$Z_C = 10 \underline{/30°} \Omega$。计算在开关 S 闭合及断开两种情况下的中性点电压、相电流、线电流及中性线电流。

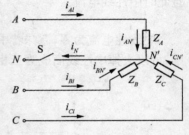

图 4.10 例 4.2 的图

[**解**] ① 开关 S 闭合,中性点电压等于零,负载相电压与电源相电压相等,现设 A 相电压为参考

$$\dot{I}_{AN} = \frac{\dot{U}_{AN}}{Z_A} = \frac{220 \underline{/0°}}{10} = 22 \underline{/0°} \text{(A)}$$

$$\dot{I}_{BN} = \frac{\dot{U}_{BN}}{Z_B} = \frac{220 \underline{/-120°}}{5 \underline{/-37°}} = 44 \underline{/-83°} \text{(A)}$$

$$\dot{I}_{CN} = \frac{\dot{U}_{CN}}{Z_C} = \frac{220 \underline{/120°}}{10 \underline{/30°}} = 22 \underline{/90°} \text{(A)}$$

各线电流与相电流为

$$\dot{I}_{AL} = \dot{I}_{AN} = 22 \underline{/0°} \text{(A)}$$

$$\dot{I}_{BL} = \dot{I}_{BN} = 44 \underline{/-83°} \text{(A)}$$

$$\dot{I}_{CL} = \dot{I}_{CN} = 22 \underline{/90°} \text{(A)}$$

中性线电流

$$\dot{I}_N = \dot{I}_{AN} + \dot{I}_{BN} + \dot{I}_{CN} = (22 \underline{/0°} + 44 \underline{/-83°} + 22 \underline{/90°}) \text{(A)}$$
$$= [22 + 44 \times (0.12 - j0.99) + j22] = [27.3 - j21.6] \text{(A)}$$

$$= 34.8 \underline{/-38.4°}\,(A)$$

② 开关 S 断开,中性点电压

$$\dot{U}_{N'N} = \frac{\dfrac{\dot{U}_{AN}}{Z_A} + \dfrac{\dot{U}_{BN}}{Z_B} + \dfrac{\dot{U}_{CN}}{Z_C}}{\dfrac{1}{Z_A} + \dfrac{1}{Z_B} + \dfrac{1}{Z_C}}$$

$$= \frac{\dfrac{220\underline{/0°}}{10} + \dfrac{220\underline{/-120°}}{5\underline{/-37°}} + \dfrac{220\underline{/120°}}{10\underline{/30°}}}{\dfrac{1}{10} + \dfrac{1}{5\underline{/-37°}} + \dfrac{1}{10\underline{/30°}}}\,(V)$$

$$= \frac{22 + 44\underline{/-83°} + 22\underline{/90°}}{0.1 + 0.2\underline{/37°} + 0.1\underline{/-30°}} = \frac{27.3 - j21.6}{0.347 + j0.07}\,(V)$$

$$= \frac{34.8\underline{/38.4°}}{0.35\underline{/11.4°}} = 99.4\underline{/27°}\,(V)$$

由基尔霍夫电压定律,可求得负载各相电压为

$$\dot{U}_{AN'} = \dot{U}_{AN} - \dot{U}_{N'N} = 220\underline{/0°} - 99.4\underline{/27°}$$
$$= 220 - 88.6 - j45.1 = (131.4 - j45.1)\,(V)$$
$$= 139\underline{/-18.9°}\,(V)$$

$$\dot{U}_{BN'} = \dot{U}_{BN} - \dot{U}_{N'N} = 220\underline{/-120°} - 99.4\underline{/27°}$$
$$= -110 - j190.5 - 88.6 - j45.1$$
$$= 198.6 - j235.6$$
$$= 308\underline{/-130.2°}\,(V)$$

$$\dot{U}_{CN'} = \dot{U}_{CN} - \dot{U}_{N'N} = 220\underline{/120°} - 99.4\underline{/27°}$$
$$= -110 + j190.5 - 88.6 - j45.1$$
$$= 246\underline{/143.8°}\,(V)$$

由上面的例题计算结果可知,不对称的三相负载作星形连接而且又断开中线时,会造成负载的相电压不对称。势必引起有的相的电压过高,高于负载的额定电压;有的相的电压过低,低于负载的额定电压,这都是不允许的。

造成星形连接的三相负载不对称的原因主要是电网中存在大量的单相负载,比如照明负载。因为单相负载是分散、单独使用的,绝大多数情况下是运行在三相不对称状态的,为了保证每个单相负载始终都能获得电源的额定相电压,必须接有中线,因为中线的作用就在于使星形连接的不对称负载的相电压对称,而且中性线

上不允许接开关或熔断器,以避免造成无中性线的三相不对称情况。

4.2.2 三角形连接的三相负载

图 4.11 所示是三相负载作三角形连接的电路,不管负载是否对称,负载各相电压等于电源线电压,即

$$U_{AB} = U_{BC} = U_{CA} = U_L = U_P$$

以 U_{AB} 为参考,设 $\dot{U}_{AB} = U_L \angle 0°$,则各相负载电流为

$$
\begin{cases}
\dot{I}_{AB} = \dfrac{\dot{U}_{AB}}{Z_{AB}} = \dfrac{U_L \angle 0°}{|Z_{AB}| \angle \varphi_{AB}} = \dfrac{U_L}{|Z_{AB}|} \angle -\varphi_{AB} \\[3mm]
\dot{I}_{BC} = \dfrac{\dot{U}_{BC}}{Z_{BC}} = \dfrac{U_L \angle -120°}{|Z_{BC}| \angle \varphi_{BC}} = \dfrac{U_L}{|Z_{BC}|} \angle -(120° + \varphi_{AB}) \\[3mm]
\dot{I}_{CA} = \dfrac{\dot{U}_{CA}}{Z_{CA}} = \dfrac{U_L \angle 120°}{|Z_{CA}| \angle \varphi_{CA}} = \dfrac{U_L}{|Z_{CA}|} \angle 120° - \varphi_{CA}
\end{cases}
\tag{4.12}
$$

根据基尔霍夫电流定律,线电流可由下列各式求出

$$
\begin{cases}
\dot{I}_{AL} = \dot{I}_{AB} - \dot{I}_{CA} \\[2mm]
\dot{I}_{BL} = \dot{I}_{BC} - \dot{I}_{AB} \\[2mm]
\dot{I}_{CL} = \dot{I}_{CA} - \dot{I}_{BC}
\end{cases}
\tag{4.13}
$$

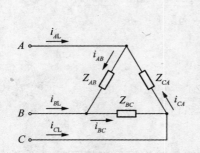

图 4.11 三相负载三角形连接　　图 4.12 三角形连接负载对称时的相量图

如果负载对称,则相电流也是对称的,即

$$\dot{I}_{AB} = \frac{\dot{U}_{AB}}{Z} = \frac{U_L \angle 0°}{|Z| \angle \varphi} = \frac{U_L}{|Z|} \angle -\varphi$$

$$\dot{I}_{BC} = \frac{\dot{U}_{BC}}{Z} = \frac{U_L \angle -120°}{|Z| \angle \varphi} = \frac{U_L}{|Z|} \angle -(120° + \varphi)$$

$$\dot{I}_{CA} = \frac{\dot{U}_{CA}}{Z} = \frac{U_L \angle 120°}{|Z| \angle \varphi} = \frac{U_L}{|Z|} \angle 120° - \varphi$$

图 4.12 所示为电压电流的相量图,由图中的几何关系可以看出,三角形连接的三相负载对称时,负载的相电流、线电流也是三相对称的,在相位关系上,线电流滞后于相应的相电流 30°,而且在大小上,线电流是相电流的 $\sqrt{3}$ 倍,即

$$I_L = \sqrt{3} I_P$$

4.3 三相电路功率

三相负载无论是对称或不对称,也无论是星形连接或三角形连接,总的有功功率总是等于每相的有功功率之和。但是在对称负载的三相电路中,因为各相负载阻抗相同,所以每相的有功功率是相同的。因此只要计算出一相有功功率 P_P,就可以方便地求得三相的总功率,即

$$P = 3P_P = 3U_P I_P \cos\varphi \tag{4.14}$$

式中 φ 角是每相负载的阻抗角,即相电压与相电流之间的相位差。

我们已知当对称负载是星形连接时

$$U_L = \sqrt{3} U_P$$
$$I_L = I_P$$

三相总功率为

$$P = 3U_P I_P \cos\varphi = 3\frac{U_L}{\sqrt{3}} I_L \cos\varphi = \sqrt{3} U_L I_L \cos\varphi$$

当对称负载是三角形连接时

$$U_L = U_P$$
$$I_L = \sqrt{3} I_P$$

三相总功率为

$$P = 3U_P I_P \cos\varphi = 3U_L \frac{I_L}{\sqrt{3}} \cos\varphi = \sqrt{3} U_L I_L \cos\varphi$$

可见在负载对称时,无论星形连接还是三角形连接,对于计算三相总功率的公式是一样的,即

$$P = \sqrt{3} U_L I_L \cos\varphi \tag{4.15}$$

应特别提醒注意到的是,公式中是用了线电压和线电流的数值,但公式中的 φ 角仍为相电压与相电流之间的相位差。

同理可得

$$Q = \sqrt{3}U_L I_L \sin\varphi \tag{4.16}$$

$$S = \sqrt{3}U_L I_L \tag{4.17}$$

式(4.15)是计算三相有功功率的常用公式,因为线电压和线电流的数值容易测量出,或是已知的。

[**例 4. 3**]　在图 4. 13 中,线电压 U_L 为 380V 的三相电源上接有两组对称三相负载,每相负载阻抗均为$(4+j3)\Omega$。分别计算两种接法三相负载的总功率。

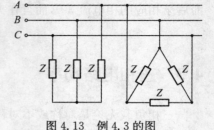

图 4.13　例 4.3 的图

[**解**]　$|Z| = \sqrt{4^2+3^2}\,\Omega = 5\Omega$

$$\cos\varphi = \frac{R}{|Z|} = \frac{4}{5} = 0.8$$

① 对于星形连接的负载

$$U_L = 380V, \quad I_L = I_P = \frac{\frac{380}{\sqrt{3}}}{5} = 44(A)$$

$$P_Y = \sqrt{3}U_L I_L \cos\varphi = \sqrt{3} \times 380 \times 44 \times 0.8$$
$$= 23.2(kW)$$

② 对于三角形连接的负载

$$U_L = 380V, \quad I_L = \sqrt{3}I_P = \sqrt{3}\left(\frac{380}{5}\right) = 132(A)$$

$$P_\triangle = \sqrt{3}U_L I_L \cos\varphi = \sqrt{3} \times 380 \times 132 \times 0.8 = 69.5(kW)$$

由此可见,在电源线电压不变的情况下,同样的负载在三角形连接时的功率是星形连接时的功率的 3 倍。其原因是因为三角形连接时,其每相电压是星形连接时每相电压的$\sqrt{3}$倍,而功率是与电压的平方成正比关系的。

4.4　三相电路仿真实验

4.4.1　实验目的

(1) 掌握三相电路负载的 Y、△连接。

(2) 验证三相对称负载作 Y 连接时线电压和相电压的关系,△连接时线电流和相电流的关系。

(3) 了解不对称负载作 Y 连接时中性线的作用。

(4) 观察不对称负载作△连接时的工作情况。

4.4.2 实验原理及电路

1. 三相三线制

当负载对称时,可采用三相三线供电方式。当负载为 Y 连接时,线电流 I_L 与相电流 I_P 相等,即: $I_L = I_P$;线电压 U_L 与相电压 U_P 的关系式为: $U_L = \sqrt{3} U_P$。通常三相电源的电压值是指线电压的有效值,例如三相 380V 电源指的是线电压,相电压则为 220V。当负载不对称时,负载中性点的电位将与电源中性线的电位不同,各相负载的端电压不再保持对称关系。

当负载为△连接时,线电压 U_L 与相电压 U_P 相等,即 $U_L = U_P$;线电流 I_L 与相电流 I_P 的关系式为: $I_L = \sqrt{3} I_P$。

图 4.14 为三相负载 Y 连接线电压与相电压测量电路。

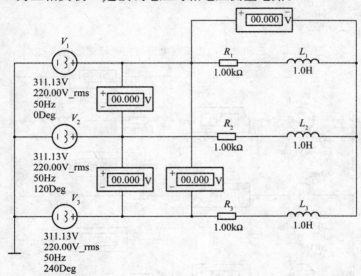

图 4.14 三相负载 Y 连接线电压与相电压测量电路

图 4.15 为三相负载△连接线电流与相电流测量电路。

2. 三相四线制

不论负载对称与否,均可采用 Y 连接,并有: $U_L = \sqrt{3} U_P$, $I_L = I_P$。对称时中性线无电流,不对称时中性线上有电流。图 4.16 为三相负载不对称时电流测量电路。

4.4.3 实验内容

(1)建立如图 4.14 所示三相负载 Y 连接线电压与相电压测量电路。

(2)单击仿真电源开关,激活电路进行分析。根据交流电压表的读数,记录电

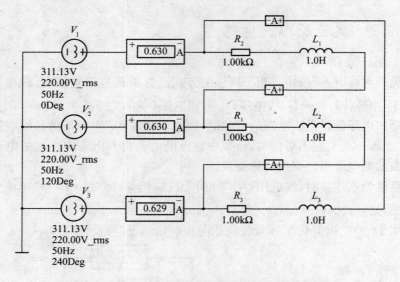

图 4.15　三相负载△连接线电流与相电流测量电路

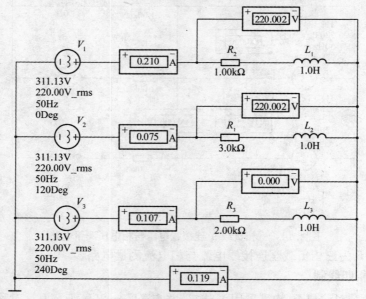

图 4.16　三相负载不对称时电流测量电路

压 U_L 和相电压 U_P 的读数。

（3）建立如图 4.15 所示三相负载△连接线电流与相电流测量电路。

（4）单击仿真电源开关,激活电路和进行分析。根据各交流电流表的读数,记录线电流 I_L 和相电流 I_P 的读数。

（5）建立如图 4.16 所示三相负载不对称时电流测量电路。

（6）单击仿真开关，激活电路进行分析。根据交流电压表和电流表的读数，记录线电流 I_A、I_B、I_C 和中性线电流 I_O 以及相电压 U_P 的读数。

（7）根据电路给出的数据，计算线电流 I_A、I_B、I_C 和中性线电流 I_O 的数值，并与测量值进行比较。

思考题

（1）若三相负载不对称作 Y 连接无中线时，各相电压的分配关系将会如何？说明中性线的作用和实际应用需注意的问题。

（2）画出三相对称负载 Y 连接时线电压与相电压的相量图，并进行计算，验证实验读数正确与否。

（3）画出三相对称负载△连接时线电流与相电流的相量图，并进行计算，验证实验读数正确与否。

4.5　三相电路功率的测量

4.5.1　实验目的

（1）学会用三功率表法和二功率表法测量三相电路的有功功率。

（2）了解测量对称三相电路无功功率的方法。

4.5.2　实验原理及电路

对称的三相负载，不论是 Y 连接或是△连接，三相功率 P 为

$$P = 3P_P = 3U_P I_P \cos\varphi = \sqrt{3} U_L I_L \cos\varphi$$

在三相四线制中，三相负载对称时，可用一个功率表测量出任一相功率 P_P，总功率 $P = 3P_P$。当三相负载不对称时，可分别测出各相功率 P_A、P_B、P_C，总功率 $P = P_A + P_B + P_C$。

在三相三线制中不论负载对称与否，也不论负载是何种连接，均可采用两只功率表测量三相总有功功率，但二表法一般不能用于三相四线制总有功功率的测量。

Multisim 提供的功率表既可以测量有功功率，也可以测量功率因数。

图 4.17 为负载对称三功率表测量电路。图 4.18 为负载对称二功率表测量电路。图 4.19 为负载不对称三功率表测量电路。图 4.20 为负载不对称二功率表测量电路。图 4.21 为感性负载不对称三功率表测量电路。图 4.22 为感性负载不对称二功率表测量电路。

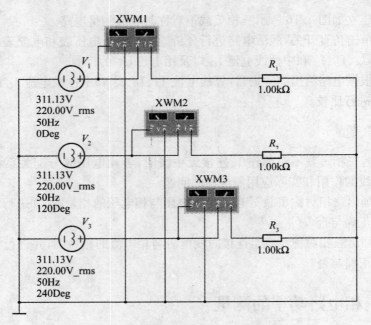

图 4.17　为负载对称三功率表测量电路

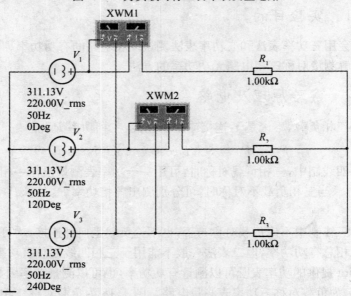

图 4.18　为负载对称二功率表测量电路

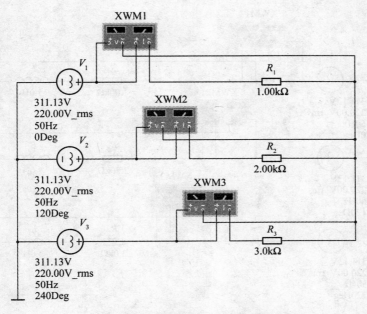

图 4.19　为负载不对称三功率表测量电路

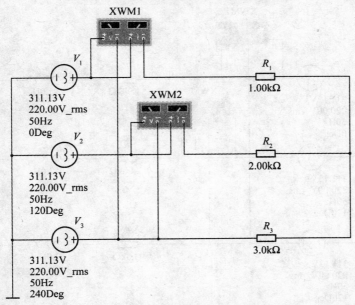

图 4.20　为负载不对称二功率表测量电路

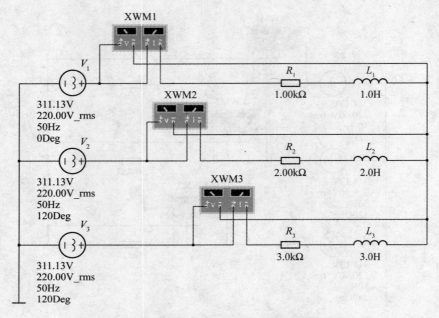

图 4.21　为感性负载不对称三功率表测量电路

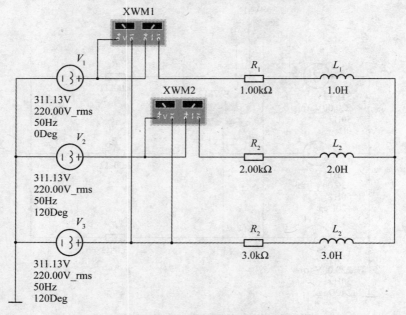

图 4.22　为感性负载不对称二功率表测量电路

4.5.3 实验内容

(1) 建立如图 4.17 所示负载对称三功率表测量电路。

(2) 单击仿真电源开关,激活电路进行分析。记录三功率表的读数,并与计算的总功率比较。

(3) 建立如图 4.18 所示负载对称二功率表测量电路。

(4) 单击仿真电源开关,激活电路进行分析。记录二功率表的读数,并与计算的总功率比较,同时与三功率表测量结果进行比较。

(5) 建立如图 4.19 所示负载不对称三功率表测量电路。

(6) 单击仿真电源开关,激活电路进行分析。记录三功率读数,并与计算的总功率比较。

(7) 建立如图 4.20 所示负载不对称二功率表测量电路。

(8) 单击仿真电源开关,激活电路进行分析。记录二功率读数,并与计算的总功率比较,同时与三功率表测量结果进行比较。

(9) 建立如图 4.21 所示感性负载不对称三功率表测量电路。

(10) 单击仿真电源开关,激活电路进行分析。记录三功率读数和功率因数读数,并与计算的总有功功率和无功功率比较。

(11) 建立如图 4.22 所示感性负载不对称二功率表测量电路。

(12) 单击仿真电源开关,激活电路进行分析。记录二功率读数和功率因数读数,并与计算的总有功功率和无功功率比较,同时与三功率表测量结果进行比较。

思考题

(1) 接有中性线的不对称负载采用三功率表测试的结果与二功率表测试的结果会发生什么情况?为什么?

(2) 根据各个电路所给的数值,计算各电路的有功功率、无功功率和功率因数,并与测量进行比较。

习　　题

4.1　某三相同步发电机,三相绕组连接成星形时的线电压为 10.5kV,若将它连接成三角形,则线电压是多少?若连接成星形时,L_2 相绕组的首末端接反了,则三个线电压的有效值 U_{12}、U_{23}、U_{31} 各是多少?

4.2　有一电源和负载都是星形连接的对称三相电路,已知电源相电压为 220V,负载每相阻抗模 $|Z|$ 为 10Ω,试求负载的相电流和线电流,电源的相电流和

线电流。

4.3 有一电源和负载都是三角形连接的对称三相电路,已知电源相电压为220V,负载每相阻抗模$|Z|$为10Ω,试求负载的相电流和线电流、电源的相电流和线电流。

4.4 有一三相四线制照明电路,相电压为220V,已知三个相的照明灯组分别由34、45、56只白炽灯并联组成,每只白炽灯的功率都是100V,求三个线电流和中性线电流的有效值。

4.5 在图4.23所示三相电路中,$R=X_C=X_L=25Ω$,接于线电压为220V的对称三相电源上,求各相线中的电流。

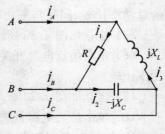

图4.23

4.6 有三个相同的感性单相负载,其额定电压为380V,功率因数为0.8,额定有功功率为1.5kW。分别把它们接在线电压为380V的对称三相电源上,试问应采用什么连接方法?负载的R、X_L分别是多少?

4.7 某三相负载,额定相电压为220V,每相负载的电阻为4Ω,感抗为3Ω,接于线电压为380V的对称三相电源上,试问该负载应该采用什么连接方法?负载的有功功率、无功功率和视在功率是多少?

4.8 一台三相电阻炉,每相电阻为14Ω,接于线电压为380V的对称三相电源上,试求连接成星形和三角形两种情况下负载的线电流和有功功率。

4.9 试定量分析图4.24所示对称三相电路在下述两种情况下各线电流、相电流和有功功率的变化:(1)工作中在M处断线;(2)工作中在N处断线。

4.10 在图4.25所示三相电路中,已知$Z_A=(3+j4)Ω$,$Z_B=(8-j6)Ω$,电源线电压380V,求电路的总有功功率、无功功率、视在功率以及电源相线上的线电流。

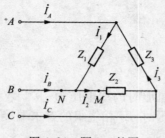

图4.24 题4.9的图

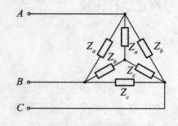

图4.25 题4.10的图

第5章 一阶线性电路的暂态过程分析

本章介绍电路暂态过程的基本概念、产生的原因、分析的方法、研究的目的和意义。

5.1 换路定理

5.1.1 产生暂态过程的原因

产生暂态过程的原因有两个：一是电路中有电感元件或电容元件，二是换路。

电路从一种结构状态转化到另一结构状态称为"换路"。电路中有电感元件或电容元件时为什么会产生暂态过程呢？因为电感元件和电容元件会有一定的储能。电感元件上的储能为 $W_L = \frac{1}{2}Li_L^2$，能量不能突变，所以电感元件中的电流 i_L 不能突变；电容元件 C 上的储能为 $W_c = \frac{1}{2}Cu_c^2$，能量不能突变，所以电容元件上的电压 u_c 不能突变。如果能量能突变，则需要无穷大能量的电源才可以，客观上是不可能的。因此，换路时电感元件中的电流和电容元件上的电压从一个稳态值变化到另一个稳态值，需要一个暂态过程。

5.1.2 换路定理

设 $t=0$ 为换路瞬间（如电源开关由断开到闭合），$t=0_-$ 表示换路前的终了瞬间，$t=0_+$ 表示换路后的初始瞬间，电感中的电流和电容上的电压在换路后的初始瞬间将保持着换路前的终了瞬间所具有的数值，然后 i_L 或 u_c 就以这个数值为初始值开始向新的稳态值变去，用数学关系式表示，对电容上的电压和电感中的电流则有：

$$\left. \begin{array}{c} u_c(0_+) = u_c(0_-) \\ i_L(0_+) = i_L(0_-) \end{array} \right\} \tag{5.1}$$

式(5.1)被称为电路暂态过程的换路定理。换路定理仅适合于换路瞬间，利用它可以确定换路后瞬间电路中电压、电流的初始值。

5.1.3 暂态过程中电路初始值与稳态值的确定

在直流激励下，换路前如果储能元件储有能量，并设电路已处于稳态，则在 $t=0_-$ 的电路中，电容元件可视为开路，电感元件可视为短路；换路前，如果储能元件没有储能，则在 $t=0_-$ 和 $t=0_+$ 时可将电容元件视为短路，将电感元件视为开路。

[**例5.1**] 图5.1中，开关S闭合以前，电路已处稳态，在 $t=0$ 时闭合开关S。试求：(1) 开关S闭合瞬间的 $u_c(0_+)$、$i(0_+)$、$i_1(0_+)$、$i_2(0_+)$、$i_3(0_+)$、$u_L(0_+)$的值；(2) 电路达到新的稳态时的 $i(\infty)$、$i_1(\infty)$、$i_2(\infty)$、$i_3(\infty)$、$u_L(\infty)$的值。

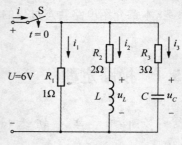

图5.1 例5.1的电路

[**解**] 由于换路前电路已处稳态，因此电感元件和电容元件未储有能量，由换路定理可知，$u_c(0_+)=u_c(0_-)=0$，$i_L(0_+)=i_L(0_-)=0$，换路后瞬间电感元件相当于开路，电容元件相当于短路，其等效电路如图5.2(a)所示。由图可得

$$i_1(0_+)=\frac{U}{R_1}=6\text{A}, \quad i_2(0_+)=0, \quad i_3(0_+)=\frac{U}{R_3}=2\text{A}$$

$$i(0_+)=i_1(0_+)+i_2(0_+)+i_3(0_+)=8\text{A}, \quad u_L(0_+)=U=6\text{V}$$

换路后电路达到新的稳态时，电感元件相当于短路，电容元件相当于开路，其等效电路如图5.2(b)所示。由图得

$$i_1(\infty)=\frac{U}{R_1}=6\text{A}, \quad i_2(\infty)=\frac{U}{R_2}=3\text{A}, i_3(\infty)=0$$

$$i(\infty)=i_1(\infty)+i_2(\infty)+i_3(\infty)=9\text{A}, \quad u_L(\infty)=0, \quad u_c(\infty)=U=6\text{V}$$

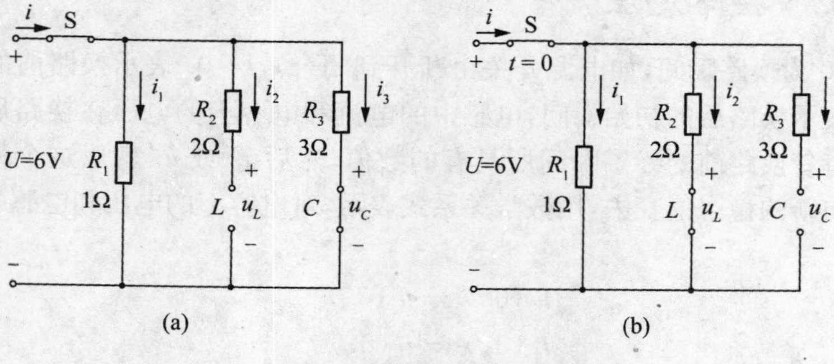

图5.2 例5.1的等效电路

(a) $t=0_+$时的电路；(b) $t=\infty$时的电路

124

5.2 RC 电路的暂态过程

讨论 RC 电路的暂态过程,实际上就是讨论电阻 R 和电容 C 串联电路的充、放电过程。

5.2.1 暂态过程分析

图 5.3(a)是 RC 电路,初始状态开关 S 置于 1 端,电路处稳态,电容两端电压 $U_c=U_o$。$t=0$ 时刻开关 S 掷向 2 端,电路如图 5.3(b)所示。由换路定理可知

$$u_c(0_+) = u_c(0_-) = U_o$$

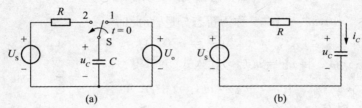

图 5.3 RC 电路

由基尔霍夫电压定律(KVL)可列出图 5.3(b)电路的电压方程,即

$$i_c R + u_c = U_s \tag{5.2}$$

将 $i_C = C \dfrac{\mathrm{d}u_C}{\mathrm{d}t}$,代入式(5.2)中得

$$RC \frac{\mathrm{d}u_C}{\mathrm{d}t} + u_C = U_s \tag{5.3}$$

这是一阶常系数线性非齐次微分方程,其通解由该方程的特解 $u_C{}'$ 和对应的齐次方程 $RC \dfrac{\mathrm{d}u_C}{\mathrm{d}t}+u_C=0$ 的通解 $u_C{}''$ 叠加而成:

$$u_C = u_C{}' + u_C{}'' \tag{5.4}$$

先求 $u_C{}''$。方程(5.3)对应的一阶齐次微分方程为

$$RC \frac{\mathrm{d}u_C}{\mathrm{d}t} + u_C = 0 \tag{5.5}$$

由高等数学知,$u_C{}''$ 是一个时间的指数函数。用试探法,设 $u_C{}'' = Ae^{pt}$,代入式(5.5),得

$$RCApe^{pt} + Ae^{pt} = 0$$
$$(RCp + 1)Ae^{pt} = 0$$

消去公因子 Ae^{pt},得该微分方程的特征方程

$$RCp + 1 = 0$$

其根为

$$p = -\frac{1}{RC}$$

所以齐次微分方程的通解为

$$u_C'' = Ae^{-\frac{1}{RC}t}$$

则非齐次一阶微分方程式(5.3)的解为

$$u_C = u_C' + Ae^{-\frac{1}{RC}t} \tag{5.6}$$

当 $t \to \infty$ 时有

$$u_C(\infty) = u_C' + Ae^{-\infty}$$

因为 $e^{-\infty} = 0$，$u_C'' = Ae^{-\frac{t}{RC}}$ 称为暂态分量，而此时

$$u_C' = u_C(\infty) \tag{5.7}$$

u_C' 称为稳态分量。将 $u_C' = u_C(\infty)$ 代入式(5.6)得

$$u_C = u_C(\infty) + Ae^{-\frac{t}{RC}} \tag{5.8}$$

当 $t = 0_+$ 时有

$$u_C(0_+) = u_C(\infty) + Ae^0$$

从而得

$$A = u_C(0_+) - u_C(\infty) \tag{5.9}$$

将式(5.9)代入式(5.8)得

$$u_C(t) = u_C(\infty) + [u_C(0_+) - u_C(\infty)]e^{-\frac{t}{RC}} \tag{5.10}$$

令 $\tau = RC$ 代入式(5.10)得

$$u_C(t) = u_C(\infty) + [u_C(0_+) - u_C(\infty)]e^{-\frac{t}{\tau}} \tag{5.11}$$

式中，$u_C(0_+)$ 为初始值；$u_C(\infty)$ 为稳态值；$\tau = RC$ 为时间常数。$u_C(0_+)$、$u_C(\infty)$ 和 τ 称为过渡过程的三要素。图 5.3 电路中，$u_C(\infty) = U_s$，$u_C(0_+) = U_o$，$\tau = RC$。

当 R 为欧姆(Ω)、C 为法拉(F)时、τ 的单位为秒(s)。于是图 5.3 电路有

$$u_C(t) = U_s + (U_o - U_s)e^{-\frac{t}{RC}}$$

式(5.11)适用于任何一阶线性 RC 电路的暂态过程，只要根据具体电路求出三要素，就能由式(5.11)直接写出电路的 $u_C(t)$ 响应。

[例 5.2] 电路如图 5.4 所示，$R_1 = 2\Omega$，$R_2 = 4\Omega$，$R_3 = 4\Omega$，$C = 2\mu F$，$U = 6V$。开关闭合前电路已处于稳定状态。在 $t = 0$ 时，将开关闭合，试求 $t \geq 0$ 时的电压 u_C 和电流 i_C、i_1 及 i_2。

[解] ① 确定初始值。在 $t = 0_-$ 时

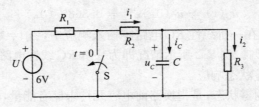

图 5.4 例 5.2 的电路

$$u_C(0_-) = U \frac{R_3}{R_1 + R_2 + R_3} = 6 \times \frac{4}{2 + 4 + 4} = 2.4(\text{V})$$

$$u_C(0_+) = u_C(0_-) = 2.4(\text{V})$$

② 确定稳态值。在 $t \geqslant 0$ 时，理想电压源与 R_1 串联的支路被开关 S 短路，对右边电路不起作用。这时电容 C 分别经 R_2 和 R_3 放电，稳态时

$$u_C(\infty) = 0$$

③ 确定电路的时间常数。

$$\tau = \frac{R_2 R_3}{R_2 + R_3} C = 4(\mu\text{s})$$

于是由式(5.11)可写出

$$u_C(t) = 0 + (2.4 - 0) e^{-\frac{t}{4 \times 10^{-6}}} = 2.4 e^{-2.5 \times 10^5 t}(\text{V})$$

电流 i_C、i_1 和 i_2 为

$$i_C = C \frac{\mathrm{d}u_C}{\mathrm{d}t} = -1.2 e^{-2.5 \times 10^5 t} \text{A}$$

$$i_2 = \frac{u_C}{R_3} = 0.6 e^{-2.5 \times 10^5 t} \text{A}$$

$$i_1 = i_2 + i_C = -0.6 e^{-2.5 \times 10^5 t} \text{A}$$

5.2.2 暂态过程的三种类型

一般将电路中的电源信号称为激励，将由激励变化或换路引起的各支路电压、电流的变化称为响应。一阶电路暂态过程的响应，可分为三种类型。

1. RC 电路的零输入响应

分析 RC 电路的零输入响应，实际就是分析它的放电过程。所谓零输入响应，是指无电源信号激励条件下，由电容元件的初始状态 $u_C(0_+)$ 所产生的电路的响应。在零输入响应中，由于电路中无外施电源，故电容上所储存的电能最终要通过电阻被放光，使得 $u_C(\infty) = 0$，而 $u_C(0_+) \neq 0$，由三要素法式(5.11)得

$$u_C(t) = u_C(0_+) e^{-\frac{t}{\tau}} \tag{5.12}$$

其变化曲线如图 5.5 所示。当 $t = \tau$ 时

$$u_C(\tau) = u_C(0_+)\mathrm{e}^{-1} = 0.368u_C(0_+) \tag{5.13}$$

式(5.13)说明,在一阶线性 RC 电路零输入响应中,当 $t=\tau$ 时,电容上电压放电至初始值的 36.8%。例 5.2 所示情况即为一阶 RC 线性电路的零输入响应。

2. RC 电路的零状态响应

所谓 RC 电路的零状态,是指换路前电容元件未储有能量,$u_C(0_-)=0$,在此条件下,由电源激励所产生的电路的响应,称为零状态响应。

分析 RC 电路的零状态响应,实际上就是分析它的充电过程。图 5.6 是一阶 RC 线性电路的零状态响应电路。

零状态情况下初始状态开关 S 处断开,电容两端电压 $u_C=0$,$t=0$ 时刻开关 S 闭合,直流电压源经电阻 R 给电容充电。$u_C(0_+)=u_C(0_-)=0$,代入式(5.11)得

$$u_C(t) = u_C(\infty)(1-\mathrm{e}^{-\frac{t}{\tau}}) \tag{5.14}$$

当 $t=\tau$ 时

$$u_C(\tau) = 0.632u_C(\infty) \tag{5.15}$$

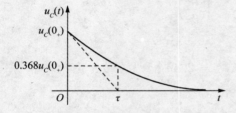

图 5.5　零输入响应 u_C 随时间变化曲线

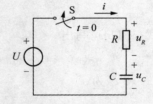

图 5.6　RC 充电电路

式(5.15)说明,在一阶线性 RC 电路零状态响应中,当 $t=\tau$ 时电容充电至稳态值的63.2%,u_C 随时间变化的曲线如图 5.7 所示。

3. 全响应

在暂态过程的电路中,既有电源激励,且电容元件的初始状态 $u_C(0_+)$ 不为零时电路的响应称为全响应,即为零输入响应与零状态响应两者的叠加。

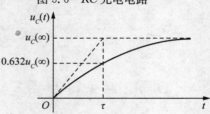

图 5.7　零状态响应 u_C 随时间
变化曲线

$$\underbrace{u_C(t)}_{\text{全响应}} = \underbrace{u_C(0_+)\mathrm{e}^{-\frac{t}{\tau}}}_{\text{零输入响应}} + \underbrace{u_C(\infty)(1-\mathrm{e}^{-\frac{t}{\tau}})}_{\text{零状态响应}}$$

上式整理后得

$$u_C(t) = u_C(\infty) + [u_C(0_+) - u_C(\infty)]\mathrm{e}^{-\frac{t}{\tau}}$$

即为式(5.11)。

关于暂态过程三种响应类型的定义也同样适用于下面所述的 RL 电路。

5.2.3　时间常数 τ 的物理意义

τ 具有时间的量纲[①]，被称为时间常数，它的物理意义如下：

（1）在一阶线性电路零输入响应中，τ 值表明电容上电压放电至初始值的 36.8% 所需时间。

（2）在一阶 RC 线性电路零状态响应中，τ 值表明电容上电压充电至稳态值的 63.2% 所需时间。

（3）暂态过程的时间约为 $3\sim5\tau$。从理论上讲，电路需要经过 $t=\infty$ 长的时间才能达到稳定，但由于指数曲线开始变化较快，而后逐渐缓慢，所以，实际上经过 $t=3\sim5\tau$ 的时间，暂态分量下降到 $e^{-\frac{t}{\tau}}=e^{-5}=0.007$，就足可以认为电路达到稳定状态了。

这个结论很重要，表明暂态过程时间的长短仅取决于时间常数 τ 的大小，而与初始储能的多少、激励源的强弱等都无关。

（4）在暂态过程中若电压、电流以初始的斜率直线变化，τ 值大小为暂态过程所需的时间。可以用数学证明，指数曲线上任意点的次切距的长度都等于 τ。以初始点为例（见图 5.5）

$$\frac{\mathrm{d}u_C}{\mathrm{d}t}\Big|_{t=0}=-\frac{U_\circ}{\tau}$$

即过初始点的切线与横轴相交于 τ。过初始点的切线在稳态值水平线上切取的长度就是时间常数 τ 之值（见图 5.7）。

思考题

（1）试从能量角度解释 RC 电路的零输入响应和零状态响应中暂态分量随时间按指数规律衰减的现象。

（2）已测得某一电路在 $t=0$ 换路后的输出电压随时间变化曲线如图 5.8 所示。试近似求出该暂态过程的时间常数 τ。

（3）从电压或电流波形图上求时间常数 τ 的方法有几种？

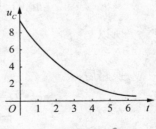

图 5.8　思考题（2）的图

---

①　τ 的单位 = 欧·法 = 欧·$\dfrac{库}{伏}$ = $\dfrac{欧·安·秒}{伏}$ = 秒。

5.3 一阶线性电路暂态过程的一般求解方法

只含一个储能元件或可等效成为一个储能元件的线性电路,不论是简单的还是复杂的,其微分方程都是一阶常系数线性微分方程,如式(5.3)所示。这种电路称为一阶线性电路。对于一阶线性电路,无论是 RC 电路还是 RL 电路,任一支路或元件上的电压、电流,都可以由下式求出:

$$f(t) = f(\infty) + [f(0_+) - f(\infty)]e^{-\frac{t}{\tau}} \qquad (5.16)$$

式(5.16)是分析一阶线性电路暂态过程中任意变量的一般公式,称为"三要素法"式。式中,$f(t)$ 是电流或电压,$f(\infty)$ 是稳态分量(即稳态值),$f(0_+)$ 为初始值,τ 为时间常数。对 RC 电路 $\tau = R_0 C$,其中 R_0 为从 C 两端看进去的无源二端网络的戴维宁等效电阻。只要求得 $f(0_+)$、$f(\infty)$ 和 τ 这三个要素就可以直接写出电路的响应(电压或电流)。至于电路响应的变化曲线,都是按指数规律变化的。下面举例说明"三要素法"的应用。

[例5.3] 图5.9所示电路,$t < 0$ 时电路处稳态,$t = 0$ 时开关S打开。求换路后电容电压 $u_C(t)$ 和电流 $i_C(t)$ 以及电阻电压 $u_{R1}(t)$ 的变化规律,并画出 u_C,u_{R1} 的波形图。已知 $U = 10V$,$R_1 = 2k\Omega$,$R_2 = 3k\Omega$,$C = 1\mu F$。

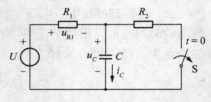

图5.9 例5.3的图

[解] 换路前

$$u_C(0_-) = U \frac{R_2}{R_1 + R_2} = 10 \times \frac{3}{2+3} = 6(V)$$

所以

$$u_C(0_+) = u_C(0_-) = 6(V)$$

换路后

$$u_C(\infty) = U = 10(V),$$

$$\tau = R_1 C = 2 \times 10^3 \times 10^{-6} = 2 \times 10^{-3}(s)$$

所以

$$u_C(t) = u_C(\infty) + [u_C(0_+) - u_C(\infty)]e^{-\frac{t}{\tau}} = 10 + (6-10)e^{-500t} = 10 - 4e^{-500t}(V)$$

电阻上电压

$$u_{R1} = U - u_C(t) = 10 - 10 + 4e^{-500t} = 4e^{-500t}(V)$$

电容上电流

$$i_C = \frac{u_{R1}(t)}{R_1} = 2e^{-500t}(mA)$$

电压 u_C、u_{R1} 的波形如图 5.10 所示。

[例 5.4] 在图 5.11(a)所示电路中，$t<0$ 时电容元件无储能，当 $t=0$ 时开关 S_1 闭合，经 0.1s 后开关 S_2 闭合。求 $t \geqslant 0$ 时的 u_C 及 u_R 随时间 t 的数学表达式，并画出它们的曲线。

[解] 由题意，$t<0$ 时电容元件无储能，$u_C(0_-)=0$，由换路定律

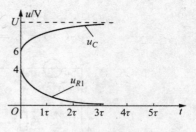

图 5.10 例 5.3 的波形图

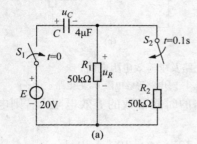
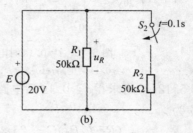

图 5.11 例 5.4 的电路图

(a) 例 5.4 的电路；(b) $t=0_+$ 时的电路

$$u_C(0_+) = u_C(0_-) = 0$$

当 $t=0_+$ 时，S_1 闭合，S_2 仍断开，电容相当于短路，电路成为图 5.11(b)，则

$$u_R(0_+) = E = 20(\text{V})$$

若 S_2 一直断开，电路达到稳态时

$$u_C(\infty) = E = 20(\text{V})$$
$$u_R(\infty) = 0$$
$$\tau_1 = R_1 C = 50 \times 10^3 \times 4 \times 10^{-6} = 0.2(\text{s})$$

由三要素法可得 $0 \leqslant t < 0.1\text{s}$ 期间 u_C、u_R 的表达式

$$u_C = u_C(\infty) + [u_C(0_+) - u_C(\infty)]\mathrm{e}^{-\frac{t}{\tau_1}} = 20 + (0-20)\mathrm{e}^{-\frac{t}{0.2}} = 20(1 - \mathrm{e}^{-5t})(\text{V})$$

$$u_R = u_R(\infty) + [u_R(0_+) - u_R(\infty)]\mathrm{e}^{-\frac{t}{\tau_1}} = 0 + (20-0)\mathrm{e}^{-5t} = 20\mathrm{e}^{-5t}(\text{V})$$

当 $t=0.1\text{s}$ 时，开关 S_2 闭合的前一瞬间，电容、电阻元件两端的电压为

$$u_C(0.1\text{s}_-) = 20(1 - \mathrm{e}^{-5 \times 0.1}) = 7.87(\text{V})$$
$$u_R(0.1\text{s}_-) = 20\mathrm{e}^{-5 \times 0.1} = 12.13(\text{V})$$

由换路定律知

$$u_C(0.1\text{s}_+) = u_C(0.1\text{s}_-) = 7.87(\text{V})$$

开关 S_2 闭合后的初始瞬间，电容元件相当于恒压源，其等效电路如图 5.12(a)所示，因此

131

$$u_R(0.1s_+) = E - u_C(0.1s_+) = 20 - 7.87 = 12.13(V)$$

$$u_C(\infty) = E = 20(V), u_R(\infty) = 0$$

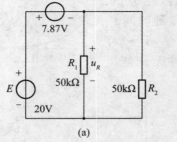 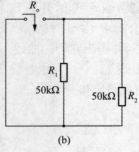

图 5.12 $t = 0.1s$ 时电路及求等效电阻电路

(a) $t \geqslant 0.1s$ 时电路;(b) 求 $t \geqslant 0.1s$ 时电路等效电阻 R_o 的电路

由图 5.12(b)可求得 $t \geqslant 0.1s$ 后电路的时间常数的等效电阻 R_o,则电路的时间常数 τ_2 为

$$\tau_2 = (R_1 /\!/ R_2)C = 25 \times 10^3 \times 4 \times 10^{-6} = 0.1(s)$$

当 $t \geqslant 0.1s$ 时,由三要素法可求得

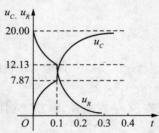

$$\begin{aligned} u_C &= u_C(\infty) + [u_C(0.1s_+) - u_C(\infty)]e^{-\frac{t-0.1}{0.1}} \\ &= 20 + (7.87 - 20)e^{-10(t-0.1)} \\ &= 20 - 12.13e^{-10(t-0.1)} (V) \end{aligned}$$

$$\begin{aligned} u_R &= u_R(\infty) + [u_R(0.1s_+) - u_R(\infty)]e^{-\frac{t-0.1}{0.1}} \\ &= 0 + (12.13 - 0)e^{-10(t-0.1)} \\ &= 12.13e^{-10(t-0.1)} (V) \end{aligned}$$

图 5.13 u_C、u_R 的变化曲线

u_C 及 u_R 的曲线如图 5.13 所示。

5.4 RC 电路在矩形脉冲激励下的响应

在电子技术中,脉冲是常见的信号波形。由于电感、电容元件的电压、电流是微积分关系,在一定条件下,可以用来组成微积分电路。从实用的角度因电感 L 是非标称元件,所以多采用电容元件来传递电压的跳变构成一阶动态应用电路,而 RC 电路本身就是最常用的脉冲波形变换器。

5.4.1 由电阻两端输出的 RC 电路

图 5.14 所示的 RC 电路中,输入信号 u_1 是一幅度为 U,脉宽为 t_p 的矩形波,如图 5.15(a)所示。输出 u_2 取自电阻 R 的两端。输出电压波形 u_2 与电路参数及

输入信号 u_1 的脉宽有关,下面分几种情况讨论。

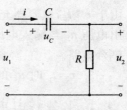

图 5.14　电阻输出的
RC 电路

1. $\tau \ll t_p$

若电路的时间常数 $\tau = RC \ll t_p$,即电容的充放电很快,那么在 u_1 的每个脉冲开始时,电容元件电压的初始状态都为零,而且在 $t \geqslant 0$ 时,电容元件电压很快充电到 u_1 的幅值 U;而在 $t \geqslant t_1$ 时,电容电压很快放电到零,其波形如图 5.15 (b)所示,电容两端电压与输入电压近似相等,即 $u_C \approx u_1$。电阻两端的电压为一系列正负脉冲,如图 5.15(c)所示,这就是微分波形。

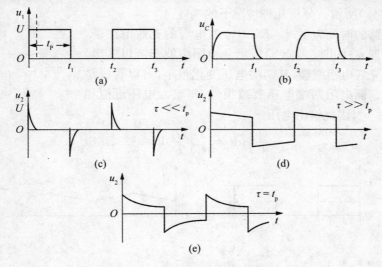

图 5.15　图 5.14 电路的脉冲响应

电阻两端输出的电压为

$$u_2 = iR = RC\,\frac{\mathrm{d}u_C}{\mathrm{d}t} \approx RC\,\frac{\mathrm{d}u_1}{\mathrm{d}t}$$

上式说明了输出电压与输入电压存在近似微分关系。

这种情况下的 RC 电路称为微分电路。在脉冲电路中常应用微分电路把矩形脉冲变换为尖脉冲,作为触发信号。

RC 微分电路必须具有:$\tau \ll t_p$(一般 $\tau < 0.2t_p$);从电阻两端输出。

2. $\tau \gg t_p$

当 t_p 一定时,改变 τ 和 t_p 的比值,电容元件充放电的快慢就不同,输出电压 u_2 的波形也就不同。

图 5.15 中,设输入矩形脉冲 u_1 的幅度为 $U = 5\text{V}$,当 $\tau = 10t_p$,且 $t = t_1 = t_p$ 时

$$u_2 = U\mathrm{e}^{-\frac{t}{\tau}} = 5\mathrm{e}^{-0.1} = 4.52(\text{V})$$

133

由于 $\tau \gg t_p$，电容器充电很慢，经过一个脉宽时间，只充到 $5-4.52=0.48V$，这时输出电压 u_2 与输入电压 u_1 的波形很相近，如图 5.15(e)所示。电路成为一般的阻容耦合电路。

3. $\tau = t_p$ 时 u_2 的输出波形为图 5.15(d)。

5.4.2 由电容两端输出的 RC 电路

把图 5.14 电路中电阻和电容的位置对调一下，由电容两端输出的电路如图 5.16 所示，输入信号 u_1 仍为矩形波，如图 5.17(a)所示。分析几种情况下的响应。

当电路的时间常数 $\tau = RC \gg t_p$ 时电容的充放电很慢，其输出波形 u_2 如图 5.17(b)所示。由图中波形可以看出，由于电容充放电很缓慢，其两端电压变化很小，可以看成是线性变化。而电阻两端电压衰减很慢，与输入电压近似相等，即 $u_R \approx u_1$，因此输出电压

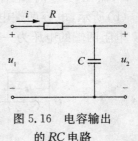

图 5.16 电容输出的 RC 电路

$$u_2 = \frac{1}{C}\int i\,dt = \frac{1}{C}\int \frac{u_R}{R}\,dt \approx \frac{1}{RC}\int u_1\,dt \qquad (5.17)$$

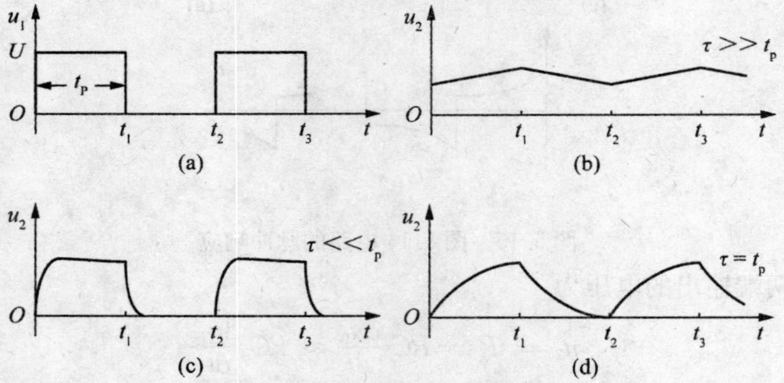

(a) (b)

(c) (d)

图 5.17 图 5.16 电路的脉冲响应

输出电压 u_2 与输入电压 u_1 存在近似的积分关系。这种情况下的 RC 电路称为积分电路。

RC 积分电路必须具有：$\tau \gg t_p$；从电容两端输出。

如果 $\tau \ll t_p$，则在每个脉冲开始或结束前，电路都已达稳态，其波形如图 5.17(c)所示。

如果 $\tau = t_p$，其波形如图 5.17(d)所示。

5.5 *RL* 电路的暂态过程分析

以图 5.18(a)所示电路为例来分析一下 *RL* 电路的暂态过程。当开关 S 处于位置 1 时,电路处于稳态,这时电感相当于短路,电感中的电流

$$i_L = \frac{U_S}{R_1}$$

$t=0$ 时,开关 S 掷向位置 2,此时电路如图 5.18(b)所示。

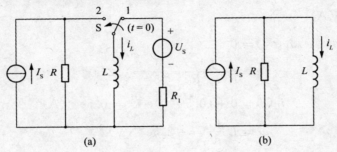

图 5.18 *RL* 电路

由 KCL 方程可得

$$i_R + i_L = I_S \tag{5.18}$$

$$\frac{u_L}{R} + i_L = I_S \tag{5.19}$$

把 $u_L = L \dfrac{\mathrm{d}i_L}{\mathrm{d}t}$ 代入式(5.19)得

$$\frac{L}{R} \cdot \frac{\mathrm{d}i_L}{\mathrm{d}t} + i_L = I_S \tag{5.20}$$

这又是一个一阶常系数微分方程,参照式(5.3)可解得

$$i_L(t) = i_L(\infty) + [i_L(0_+) - i_L(\infty)]\mathrm{e}^{-\frac{t}{\tau}} \tag{5.21}$$

式中:$i_L(0_+)$ 为初始值;$i_L(\infty)$ 为稳态值;$\tau = \dfrac{L}{R_\circ}$ 为时间常数;$R_\circ$ 是从电感两端看进去的二端网络的戴维宁等效电阻。τ 具有时间量纲[①],是 *RL* 电路的时间常数。式(5.21)符合式(5.16)指出的一阶线性电路暂态过程一般求解法,$i_L(0_+)$、$i_L(\infty)$ 和 τ 即为三要素。图 5.18 电路中,$i_L(0_+) = \dfrac{U_S}{R_1}$,$i_L(\infty) = I_S$,$\tau = \dfrac{L}{R}$,所以

---

① τ 的单位为 $\dfrac{欧 \cdot 秒}{欧} = 秒$。

$$i_L(t) = I_s + \left(\frac{U_s}{R} - I_s\right)e^{-\frac{R}{L}t}$$

[**例 5.5**]　图 5.19 中,开关 S 原与位置 1 接通,电路已达稳态。$t=0$ 时,开关换接到位置 2,求电流 i 及电压 u_L。已知 $U_s=10\text{V}, R_1=R_2=R_3=10\Omega, L=1\text{H}$。

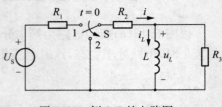

图 5.19　例 5.5 的电路图

[**解**]　$i_L(0_+) = i_L(0_-) = \dfrac{U_s}{R_1+R_2} =$

$$\frac{10}{10+10} = 0.5(\text{A})$$

$$i_L(\infty) = 0$$

$$\tau = \frac{L}{R_2 \mathbin{/\!/} R_3} = \frac{1}{5} = 0.2(\text{s})$$

$$i_L(t) = 0 + (0.5-0)e^{-\frac{t}{0.2}} = 0.5e^{-5t}(\text{A})$$

$$u_L = L\frac{di_L}{dt} = -2.5e^{-5t}(\text{V})$$

$$i = -\frac{u_L}{R_2} = 0.25e^{-5t}(\text{A})$$

[**例 5.6**]　图 5.20 电路中,已知:$U_s=100\text{V}, U_{S1}=200\text{V}, R=20\Omega, R_1=30\Omega, L=5\text{H}$,初始电路已达稳态,$t=0$ 时合上开关 S_1。图中 U_{S1} 是为了加快电机励磁绕组中电流的增长过程而串接的附加电源。当电流达到其额定值 $I_N = \dfrac{U_s}{R}$ 时,再将 S_2 合上。求:(1) 电流 i 达到额定值时的时间 t_1;(2) 不加附加电源 U_{S1},电流 i 增长到额定值的 98% 所需的时间 t_2。

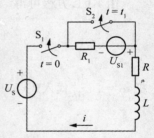

图 5.20　例 5.6 的电路图

[**解**]　(1) 由题意,初始开关都断开

$$i(0_+) = i(0_-) = 0$$

$t=0$ 时闭合开关 S_1 后,若不再闭合 S_2

$$i(\infty) = \frac{U_s + U_{S1}}{R_1 + R} = \frac{100+200}{30+20} = 6(\text{A})$$

$$\tau = \frac{L}{R_1 + R} = \frac{5}{20+30} = 0.1(\text{s})$$

$$i = 6 + (0-6)e^{-\frac{t}{0.1}} = 6(1 - e^{-10t})(\text{A})$$

当 $i = I_N = \dfrac{U_s}{R} = \dfrac{100}{20} = 5(\text{A})$ 时,有

136

$$5 = 6(1 - e^{-10t_1})$$
$$t_1 = 0.1 \times \ln 6 = 0.18(s)$$

（2）不附加电源 U_{S1} 时，

$$i(\infty) = \frac{U_S}{R} = \frac{100}{20} = 5(A)$$

$$\tau = \frac{L}{R} = \frac{5}{20} = 0.25(s)$$

$$i = 5 + (0 - 5)e^{-4t} = 5(1 - e^{-4t})(A)$$

电流 i 增长到额定值的 98% 时有

$$5 \times 0.98 = 5(1 - e^{-4t_2})$$
$$t_2 = 0.25 \times \ln 50 = 0.98(s)$$

5.6 电容器充电和放电的仿真分析

5.6.1 目的

（1）充电放电时电容器两端电压的变化为时间的函数，画出充电和放电电压曲线图。

（2）电容器充电放电电流的变化为时间的函数，画出充电和放电电流曲线图。

（3）测量 RC 电路的时间常数并比较测量值与计算值。

（4）研究 RC 电路中 R 和 C 的变化对 RC 电路时间常数的影响。

5.6.2 原理及电路

图 5.21 所示为电容充电、放电电压波形测量电路。图 5.22 所示为电容充电、放电电流测量电路。

在图 5.21 和图 5.22 所示的 RC 电路中，时间常数 τ 可以用电阻 R 和电容 C 的乘积来计算。

在电容器充电、放电过程中电压和电流都会发生变化，只要在充电或放电曲线图上确定产生总量变化 63% 所需要的时间，就能测出时间常数。

图 5.22 中流过电阻 R_1 的电流 I_R 与流过电容器的电流 I_C 相同，这个电流可用电阻两端的电压 U_R 除以电阻 R_1 来计算。因此

$$I_R = I_C = \frac{U_R}{R_1}$$

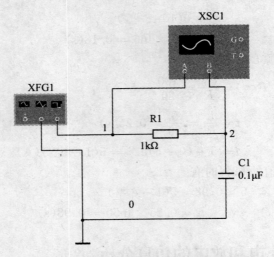

图 5.21　电容充电、放电电压波形测量电路

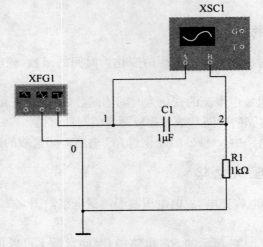

图 5.22　电容充电、放电电流测量电路

5.6.3　仿真步骤

（1）建立如图 5.21 所示的仿真电路,信号发生器的设置可参照图 5.21 进行。

（2）用鼠标左键单击仿真开关,激活电路,双击示波器图标弹出其面板,观察和记录示波器的波形,在 $U\text{-}T$ 坐标上画出电容电压随时间变化的曲线图。

（3）根据图 5.21 所示的 R、C 元件值,计算 RC 电路的时间常数 τ。

（4）建立如图 5.22 所示的电路,信号发生器按图 5.22 设置。

（5）用鼠标左键单击仿真开关,激活电路,双击示波器图标弹出其面板,观察

138

和记录示波器的波形,在 U-T 坐标上画出电容电压随时间变化的曲线图。

(6) 根据 R 的电阻值和曲线图的电压读数,计算开始充电时的电容电流 I_C。

(7) 用曲线图测量 RC 电路的时间常数 τ。

(8) 将 R 改为 $2k\Omega$。单击仿真电源开关,激活电路进行动态分析。用曲线图测量新的时间常数 τ。

(9) 根据新的电阻值 R,计算图 5.22 所示的 RC 电路新的时间常数 τ。

(10) 将 C 改为 $0.2\mu F$,信号发生器的频率改为 $500Hz$。单击仿真电源开关进行动态分析。从曲线图测量新的时间常数 τ。

(11) 根据 R 和 C 的新值,计算图 5.22 所示的 RC 电路新的时间常数 τ。

思考题

(1) 换路定理的理论基础是什么?

(2) 在 5.6.3 步骤(1)中,当充满电后电容器两端的电压 U 有多大? 与电源电压比较情况如何? 放电时电容器两端的电压是多少?

(3) 在 5.6.3 步骤(2)、(3)中,时间常数 τ 的测量值与计算值相比较情况如何?

(4) 充满电后流过电容器的电流是多少?

(5) 改变电阻 R 和改变电容 C 对时间常数有什么影响?

小　　结

(1) 电容 C 和电感 L 属于储能元件。如果电路中含有储能元件,电路的工作状态发生变化或者电路的参数发生变化时,电路将从一种稳定状态过渡到另一种稳定状态,这一过程称为暂态过程。

(2) 在换路瞬间($t=0$),电容器两端的电压和电感线圈中的电流都应保持原有值不变,这就是换路定律,即 $u_C(0_+)=u_C(0_-)$,$i_L(0_+)=i_L(0_-)$。

(3) 对于 RC 和 RL 一阶线性电路,用三要素法分析暂态过程比较方便。三要素是:初始值、稳态值和时间常数。在直流电压源、直流恒流源作用下,换路后的电压、电流都按指数规律变化。初始值计算中,电容按理想电压源处理、电感按理想电流源处理;稳态值电路中,电容相当于开路,电感相当于短路;时间常数分别为 RC 或 $\dfrac{L}{R}$。由换路后的初始值 $f(0_+)$、稳态值 $f(\infty)$ 及时间常数 τ 可直接写出全响应表达式

$$f(t) = f(\infty) + [f(0_+) - f(\infty)]e^{-\frac{t}{\tau}}$$

（4）RC 一阶电路构成微分电路的条件是从电阻 R 两端取输出电压，电路时间常数 $\tau \ll t_\mathrm{p}\left(\text{通常 } \tau < \frac{1}{5} t_\mathrm{p}\right)$，$t_\mathrm{p}$ 为输入信号的脉冲宽度；RC 一阶电路构成积分电路的条件是从电容两端取输出电压，电路时间常数 $\tau \gg t_\mathrm{p}$（通常 $\tau > 5 t_\mathrm{p}$）。

习　题

5.1　试确定图 5.23 中开关 S 在 $t=0$ 时刻由位置 a 转接至位置 b 时电容器 C 上的电压 $u_C(0_+)$ 及电流 $i_C(0_+)$。已知开关切换之前电路已处稳态，$U_1=U_2=6\mathrm{V}$，$R=2\mathrm{k}\Omega$。

5.2　图 5.24 电路中，$R_1=150\Omega$，$R_2=100\Omega$，$U=10\mathrm{V}$，开关 S 在 $t=0$ 时刻由断开转换为闭合，试求 $u_C(0_+)$、$u_{R1}(0_+)$、$u_{R2}(0_+)$、$u_C(\infty)$、$u_{R1}(\infty)$、$u_{R2}(\infty)$。设 $u_C(0_-)=0$。

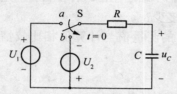

图 5.23　题 5.1 的图

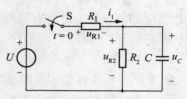

图 5.24　题 5.2 的图

5.3　图 5.25 电路中，$U_S=20\mathrm{V}$，$R=10\Omega$，$u_C(0_-)$，$i_L(0_-)=0$。当开关 S 在 $t=0$ 时闭合后，试求：（1）在 $t=0_+$ 时，$i(0_+)$、$i_L(0_+)$ 及 $u_C(0_+)$ 的数值；（2）在 $t\to\infty$ 时，$i(\infty)$、$i_L(\infty)$、$i_C(\infty)$ 及 $u_C(\infty)$ 的数值。

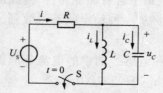

图 5.25　题 5.3 的图

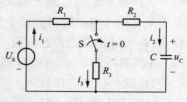

图 5.26　题 5.4 的图

5.4　图 5.26 电路中，$R_1=4\mathrm{k}\Omega$，$R_2=2\mathrm{k}\Omega$，$R_3=4\mathrm{k}\Omega$，$U_S=20\mathrm{V}$，$C=1\mu\mathrm{F}$。开关 S 闭合前电路已稳定，（1）求电容元件上的电压 u_C；（2）求开关闭合后各支路的电流 i_1、i_2、i_3，并画出它们的变化曲线。

5.5　图 5.24 电路中，开关未接通前 $u_C(0_-)=0$。$t=0$ 时，开关 S 接通，试求：（1）$u_C(t)$ 的表达式及其波形图；（2）$u_C(t)$ 上升到 3.6V 所需要的时间。设 $U=10\mathrm{V}$，$R_1=4\mathrm{k}\Omega$，$R_2=6\mathrm{k}\Omega$，$C=1\mu\mathrm{F}$。

5.6 图 5.27 电路中,开关 S 原与 1
接通,电路已达稳态。$t=0$ 时,S 换接到 2,
求电流 i。已知 $U_S=20V$,$R_1=6k\Omega$,$R_2=2k\Omega$,$R_3=2k\Omega$,$C=2\mu F$。

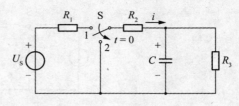

图 5.27 题 5.6 的图

5.7 在图 5.28 电路中,u 为一阶跃电
压,试求 u_C 及 i_3。设 $u_C(0_-)=0V$。

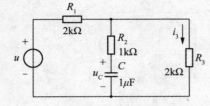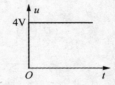

图 5.28 题 5.7 的图

5.8 在图 5.29 中,$U_S=120V$,$C=0.1\mu F$。电容器 C 充电到稳态值,然后断
开开关 S,经 10s 后开关 S 接通冲击检流计 G,读得电容器的电荷为 $10.5\times10^{-6}Q$
(库仑),求电容的漏电阻 $R_S\left(提示:u_C(t)=\dfrac{q}{C},q\ 为电容器的电荷\right)$。

5.9 在图 5.30 中,$I=2mA$,$R_1=R_2=3k\Omega$,$R_3=6k\Omega$,$C=2\mu F$。开关 S 初始
断开,电路已处稳态,$t=0$ 时,开关 S 闭合。求 $t\geqslant0$ 时的 u_C 和 i_3,并作出它们随时
间变化的曲线。

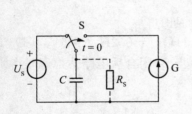

图 5.29 题 5.8 的图

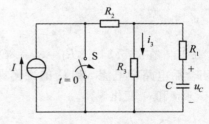

图 5.30 题 5.9 的图

5.10 在图 5.31 中,$U_{S1}=U_{S2}=5V$,$R_1=2k\Omega$,$R_2=R_3=3k\Omega$,$C=0.2\mu F$。开
关 S 初始在 1 位置,电路已处稳态,$t=0$ 时,开关 S 由 1 换接到 2。求 $t\geqslant0$ 时电容
上的电压 u_C 和电流 i,并画出 u_C 变化曲线。

5.11 在图 5.32 中,$U_{S1}=U_{S2}=20V$,$R_1=20k\Omega$,$R_2=10k\Omega$,$C=5\mu F$。在 $t<0$ 时开关处于位置 1,$u_C(0_-)=0$。当 $t=0$ 时,开关 S 与 2 接通。经过 0.2s 后开关
S 又与 3 接通。试求:(1) $t\geqslant0$ 时电容上的电压 u_C;(2) 在 $t>0.2s$ 后,电容电压 u_C
变为 $-12.64V$ 所需的时间;(3) 画出 u_C 的波形图。

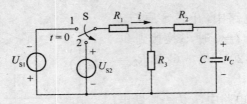

图 5.31 题 5.10 的图

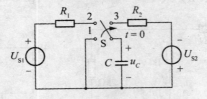

图 5.32 题 5.11 的图

5.12 图 5.33(a)电路中,若输入一矩形脉冲信号 u_i,如图 5.33(b)所示,试画出输出电压 u_R 的波形图。

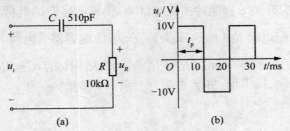

图 5.33 习题 5.12 的图

5.13 在图 5.34 中,$R_1=R_2=2\Omega$,$L_1=0.1H$,$L_2=0.2H$,$E=6V$。(1)试求 S_1 闭合后电路中电流 i 和 i_2 的变化规律;(2)当 S_1 闭合后电路达稳态时再闭合 S_2,试求 i 和 i_2 变化规律。

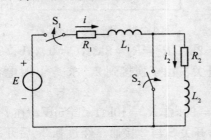

图 5.34 题 5.13 的图

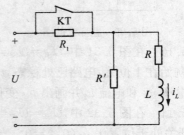

图 5.35 题 5.14 的图

5.14 在图 5.35 中,R、L 为电磁铁线圈,R' 为泄放电阻,R_1 为限流电阻。当电磁铁未吸合时,时间继电器的触点 KT 是闭合的,R_1 被短接,使电源全部加在电

142

磁铁线圈上以加大吸力。当电磁铁吸合后,触点 KT 断开,将电阻 R_1 接入电路以减小线圈中的电流。试求触点 KT 断开后线圈中电流 i_L 的变化规律。设 $U=200\text{V},L=20\text{H},R_1=R=50\Omega,R'=300\Omega$。

5.15 图 5.36 电路中,开关 S 原与 1 接通,电路已达稳态。$t=0$ 时,S 换接到 2,求电流 i 及电压 u_L。已知 $U_S=10\text{V},R_1=R_2=R_3=10\Omega,L=0.5\text{H}$。

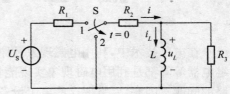

图 5.36 习题 5.15 的图

第6章 磁路和变压器

在电工技术中,利用电磁现象及原理制成的设备种类很多,如电动机、变压器、继电器等等都是利用电磁现象实现能量转换的。它们不仅有电路的问题,还有磁路的问题。因此,要掌握这些电工设备的原理,进而熟练使用它们,仅从电路的角度去分析是不够的,还必须对磁路进行分析。

本章介绍磁场的基本物理量、磁性材料的磁性能以及磁路的基本概念,并从电路和磁路的角度来阐述交流铁心线圈电路的基本概念,以便较好地理解电磁耦合传递电能和机电能量互相转换的原理和方法,在此基础上研究变压器的主要性能和应用。

6.1 磁路的基本物理量和基本性质

由于磁路问题实际上是局限于一定路径内的磁场问题,因此物理学中所学的磁场的基本物理量和基本定律完全适用于磁路,本节仅作简单的复习。

1. 磁感应强度

磁感应强度 $\boldsymbol{B}$ 是表示磁场内某点的磁场强弱和方向的物理量。它是一个矢量。它的强弱等于通过垂直于磁场方向的单位截面积的磁力线数,大小可用单位正电荷在磁场中以单位速度沿着与磁场垂直方向运动时所受到的最大磁场力 $\boldsymbol{F}$ 来表示,即

$$\boldsymbol{F} = q\boldsymbol{v} \times \boldsymbol{B}$$

它的方向与该点磁力线的方向一致,与产生磁场的励磁电流的方向遵循右手螺旋定则。在国际单位中,$\boldsymbol{B}$ 的单位用特斯拉(Tesla),简称特,用符号 T 表示。

2. 磁通

在磁场内穿过某一截面 S 的磁感应强度 $\boldsymbol{B}$ 的总量,称为磁通,其数学表达式为

$$\boldsymbol{\Phi} = \int_S \boldsymbol{B} \cdot \mathrm{d}S$$

在均匀磁场中,磁感应强度 B 与垂直于磁场方向的面积 S 的乘积,称为通过该面积的磁通,则

$$\Phi = BS \text{ 或 } B = \frac{\Phi}{S}$$

可见,磁感应强度在数值上可以看成与磁场方向相垂直的单位面积所通过的磁通,故又称为磁通密度。

在国际单位中,Φ 的单位用韦伯简称韦,用符号 Wb 表示。

3. 磁场强度和磁导率

由于物质导磁性能的不同,对磁场的影响也不同,为了方便磁场的计算,引入一个用来确定磁场与电流之间关系的物理量——磁场强度 H。和用来表示物质导磁能力大小的物理量——导磁系数或磁导率 μ。

磁场强度也是一个矢量。$\boldsymbol{H}$ 的方向与 $\boldsymbol{B}$ 方向相同,即磁场的方向。在数值上,H 与 B 不相等,它的磁感应强度 B 满足如下关系式:

$$B = \mu H$$

H 与 B 的主要区别是:H 代表电流本身所产生的磁场的强弱,它反映了电流的励磁能力,反映了磁场和电流的依存关系,它的大小只与产生该磁场的电流的大小成正比,与介质的性质无关;B 代表电流所产生的以及介质被磁化后所产生的磁场的强弱,其大小不仅与电流的大小有关,而且还与介质的导磁能力大小有关。因而两者之比反映了介质的导磁性质 μ,所以

$$\mu = \frac{B}{H}$$

在国际单位制中,H 的单位为安/米(A/m),μ 的单位为亨/米(H/m)。

真空的磁导率为一常数,用 μ_0 表示,其值为

$$\mu_0 = 4\pi \times 10^{-7} H/m$$

任意一种物质的磁导率 μ 与真空的导磁率 μ_0 之比,称为该物质的相对磁导率 μ_r,即

$$\mu_r = \frac{\mu}{\mu_0}$$

使用相对磁导率的概念,便于将不同物质的导磁能力进行比较。由于真空是非磁性介质,所以 μ_r 近似等于 1 的物质均称为非磁性物质,例如空气、木材、铜、铝等物质,它们的导磁能力很差,$\mu \approx \mu_0$,$\mu_r \approx 1$。

6.2 铁磁材料的磁性能

物质按其导磁性能大体上分为铁磁材料和非铁磁材料两大类,非铁磁性材料对磁场大小的影响很小,它们的 $\mu \approx \mu_0$,为一常数。电气设备应用的铁磁材料主要有铁、镍、钴及其合金。它们具有很高的磁导率,可以对其周围的磁场产生较大的影响,具有下列磁性能。

1. 高导磁性

磁性物质的 $\mu \gg \mu_0$,$\mu_r \gg 1$,可达数百、数千乃至数万。例如铸钢的 μ 约为 μ_0 的 1 000 倍,硅钢片的 μ 约为 μ_0 的 6 000～7 000 倍,玻璃合金的 μ 可比 μ_0 大几万倍,所以磁性物质能够被外磁场强烈磁化(呈现磁性)。磁性物质的这一性质被广泛地应用于变压器和电机中,在变压器和电机等电器设备的励磁绕组中放入由磁性材料构成的铁芯,这样有励磁绕组绕在铁芯上,在同样的电流下,铁芯中的 B 和 Φ 将大大增加,而且比铁芯外的 B 和 Φ 大得多。结果,一方面可以利用较小的电流产生较强的磁场,使同一容量的电机重量减轻,体积减小;另一方面,可以使绝大部分磁通集中在磁性物质所限定的空间内。于是如图 6.1 所示,电流通过线圈时所产生的磁通可以分为以下两部分:大部分经铁芯而闭合的磁通 Φ 称为主磁通;小部分经空气等非磁性物质而闭合的磁通 Φ_σ 称为漏磁通。漏磁通大大小于主磁通,常常可以忽略不计。大量磁通集中通过的路径,即主磁通通过的路径称为磁路。在

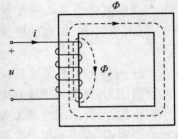

图 6.1　磁路

这种情况下,研究电流与它所产生磁场问题便可简化为磁路的分析和计算了。

2. 磁饱和性

铁磁物质虽然能够被外磁场强烈磁化,磁感应强度 B 随磁场强度 H 的增大而增高很快。但是磁性物质的磁化作用是有限的。在 H 比较小时,B 差不多与 H 成正比例增加;当 H 增加到一定值后,B 的增加缓慢下来,到后来随着 H 的继续增加,B 却增加得很少,这种现象称为磁饱和现象。即磁性物质在磁化过程中,存在着磁饱和性。其 B-H 曲线如图 6.2 所示,称为初始磁化曲线或起始磁化曲线。

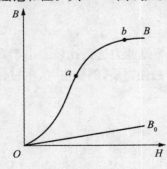

图 6.2　磁化曲线

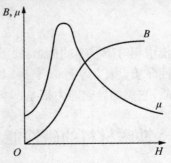

图 6.3　B 和 μ 与 H 的关系

由曲线不难看出,磁性物质的 B 与 H 不成正比,特别是在曲线的 b 点以后,曲线变得平坦,表明 B 基本上不再随 H 增加而增加,达到了磁饱和。由于磁通 Φ 与磁密 B 成正比,产生磁通的励磁电流 I 与磁场强度 H 成正比,所以当磁场的磁介

146

质是铁磁物质时，Φ 与 I 不成正比。为显示铁磁物质的磁化特征，在图 6.2 中绘出了真空（或空气）的 B_0-H 曲线，以资对比。

由磁化曲线可以看到铁磁物质的 B 与 H 是非线性关系，它的磁导率 μ 值随磁化的状态而异，μ 不是常数 μ-H 关系曲线如图 6.3 所示。而在真空中 B_0 与 H 是线性关系，所以真空中磁导率 μ_0 是常数。

3. 磁滞性

当磁性材料处于交变磁化状态时，磁性材料具有保留其磁性的倾向，因而磁感应强度 B 的变化，总是滞后于磁场强度 H 的变化，这种现象称为磁滞现象，磁性材料呈现出磁滞性。图 6.4 所示为磁性材料在交变磁化时 B 随 H 的变化曲线。由图可见，当线圈中通入交流电流时，开始时铁心中的 B 随 H 从零沿初始磁化曲线增加，以后，随着与电流成正比的 H 反复交变，B 和 H 是沿着闭合曲线变化的。这条闭合曲线称磁滞回线。在磁化过程中，当 H 等于零时，B 不等于零，而 $B=B_r$，B_r 称为剩磁感应强度。永久磁铁的磁性就是由 B_r 产生的，为使 B 等于零，要改变磁场强度 H 的方向来进行反向磁化。当 $H=-H_c$ 时，$B=0$，H_c 称为矫顽磁场强度（或称矫顽磁力）。

选取一系列不同值的 H_m 多次反复交变磁化，可以得到一系列磁滞回线，如图 6.5 所示，将这一系列磁滞回线的正顶点与 O 连成的曲线称为基本磁化曲线或称标准磁化曲线，用以表征铁磁材料的磁化性能，它是分析计算磁路的依据。图 6.6 中给出了几种常用的铁磁材料的标准磁化曲线。图中 a、b、c 分别为铸铁、铸钢和硅钢片的标准磁化曲线。

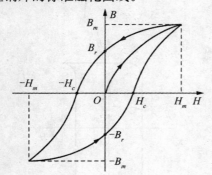

图 6.4 磁滞回线

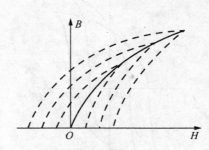

图 6.5 基本磁化曲线

磁性材料在电工领域中应用很广泛，材料的成分和制造工艺不同时材料的磁滞回线不同，根据回线的形状，常把磁性材料分成三类：

（1）软磁材料。这类材料具有较小的矫顽磁力，其磁滞回线较窄长，磁导率很高。一般用来制造电机、电器及变压器等的铁芯。常用的有铸铁、硅钢、坡莫合金

147

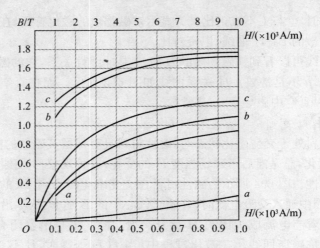

图 6.6　磁化曲线

a—铸铁;b—铸钢;c—硅钢片

(镍铁合金)及铁氧体等。铁氧体在电子技术中应用也很广泛,例如可以做计算机的磁芯、磁鼓以及录音机的磁带、磁头。其磁滞回线如图 6.7 中曲线 a 所示。

(2)硬磁材料。也称永磁材料,它具有较大的矫顽磁力,磁滞回线较宽,磁化后,能得到很强的剩磁,且不易退磁。一般用来制造永久磁铁。对已经磁化的永久磁铁不能敲打、震动和进行机加工。常用的硬磁材料有碳钢、铁镍铝钴合金等。近年来稀土永磁材料发展很快,像稀土钴、稀土钕铁硼等,其矫顽磁力更大。硬磁材料的磁滞回线如图 6.7 中曲线 b 所示。

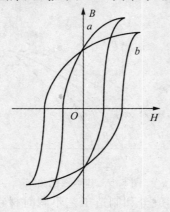

图 6.7　软磁、硬磁材料的磁滞回线

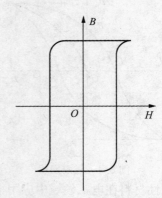

图 6.8　矩磁材料的磁滞回线

(3)矩磁材料。它具有较小矫顽磁力和较大的剩磁,磁滞回线接近矩形,稳定性较好。常用的如铁氧体材料、坡莫合金等,广泛应用在电子技术、计算机技术中,主要用于生产记忆元件、开关元件、逻辑元件,制造内存储器的磁芯和外部设备的磁带、磁盘等。其磁滞回线如图 6.8 所示。

6.3　磁路的概念及其基本定律

6.3.1　磁路

设计电机、电器时,为了使这些设备的工作效率高、体积小,总想用较小的励磁电流 I 和较少的线圈匝数 N 获得较大的磁通。通常将铁磁材料制成的一定形状的铁芯,置入空心线圈中,这样线圈的磁场将发生变化,由于铁芯具有比空气好得多的导磁性能($\mu \gg \mu_0$),磁力线被大量集中在铁芯所构成的范围内,形成磁通的定向流动,这样磁通通过的闭合路径称为磁路。图 6.9 是变压器、直流电机和交流接触器磁路示意图。

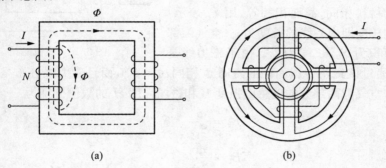

图 6.9　磁路示意图

由铁芯构成的磁路解决了两个问题:一是可以将磁通定向约束在铁芯所规定的范围内,如图 6.9 中绝大部分磁通通过铁芯构成闭合回路。我们把铁芯中的磁通 Φ 称为主磁通,另外极少部分磁通经过空气闭合,称漏磁通,用 Φ_σ 表示,在磁路的分析计算中,Φ_σ 可以略去不计。二是可以用较小的励磁电流 I 和较少的线圈匝数 N 获得较大的主磁通 Φ。

按磁路的结构不同,磁路可分无分支磁路和有分支磁路,分别如图 6.9(a)和图 6.9(b)、图 6.11 所示。

6.3.2　磁路的基本定律

由于磁路本质上是集中在铁芯中的强磁场,因此磁路的基本定律是从磁场的基本定律导出的。磁路的基本定律有磁路的安培环路定律、磁路的欧姆定律、磁路的基尔霍夫第一定律和第二定律,现分别介绍如下:

149

1. 安培环路定律

安培环路定律指出：在磁场中，沿任意闭合路径，磁场强度 H 的线积分等于与该闭合路径交链的电流的代数和。用公式表示即

$$\oint_l H\,\mathrm{d}l = \sum_{k=1}^{n} I_k \quad (k=1,2,\cdots,n)$$

其中当电流的参考方向与闭合路径的积分方向符合右手螺旋定则时，电流前取正号，反之取负号。

2. 磁路欧姆定律

磁路欧姆定律是分析磁路的基本定律。

众所周知，电路中的电流是由电动势的作用而产生的，磁路中磁通是由线圈中的励磁电流而产生的，实验证明，在图 6.10 的磁路中，磁路由铁芯和空气隙两部分组成。设铁芯部分各处的材料相同，截面积相等，用 S_c 表示，它的平均长度即中心线的长度为 l_c；空气隙部分的截面积为 S_0，长度为 l_0。由于磁力线是

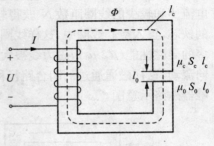

图 6.10　直流磁路

连续的，通过该磁路各截面积的磁通 Φ 相同，$\Phi = BS$，而且磁力线分布是均匀的，故铁芯和空气隙两部分的磁感应强度 B 和磁场强度 H 的数值分别为

$$B_c = \frac{\Phi}{S_c} \tag{6.1}$$

$$B_0 = \frac{\Phi}{S_0} \tag{6.2}$$

$$H_c = \frac{B_c}{\mu_c} = \frac{\Phi}{\mu_c S_c} \tag{6.3}$$

$$H_0 = \frac{B_0}{\mu_0} = \frac{\Phi}{\mu_0 S_0} \tag{6.4}$$

对均匀磁路，根据安培环路定律

$$\oint_l H \cdot \mathrm{d}l = Hl = IN \tag{6.5}$$

即磁路中的磁通 Φ，取决于线圈中电流 I 和线圈匝数 N 的乘积，即决定于安匝数的 IN，IN 大、Φ 大，所以 IN 是产生磁通的根源，因此，IN 称为磁路的磁通势。在国际单位制中单位为 A。将式(6.3)、式(6.4)代入式(6.5)，所以式(6.5)左边为

$$H_c l_c + H_0 l_0 = \left(\frac{l_c}{\mu_c S_c} + \frac{l_0}{\mu_0 S_0} \right)\Phi$$

令 $R_{mc} = \dfrac{l_c}{\mu_c S_c}$ $R_{m0} = \dfrac{l_0}{\mu_0 S_0}$

$$R_m = R_{mc} + R_{m0} = \frac{l_c}{\mu_c S_c} + \frac{l_0}{\mu_0 S_0} \tag{6.6}$$

$\dfrac{l}{\mu S}$ 形式与电路中的导体电阻 $R = \rho \dfrac{l}{S}$ 形式相似故分别称 R_{m0} 和 R_{mc} 为铁芯的磁阻和空气隙的磁阻,R_m 为磁路的磁阻。

因此 $R_m \Phi = IN$

$$\Phi = \frac{IN}{R_m} \tag{6.7}$$

将 Φ 比作电流 I,IN 磁通势用 F_m 表示,比作电动势 E,则式(6.7)类似电路中的欧姆定律。因此,称为磁路欧姆定律。

磁路中,空气隙一般很小,但由于 $\mu_0 \ll \mu_c$,R_{m0} 仍然可以比 R_{mc} 大得多。因此,当磁路中有空气隙存在时,磁路的总磁阻 R_m 将显著增加。若磁通势 F_m 一定时,则磁路中的磁通 Φ 将减小。反之,若要保持磁路中磁通一定,则磁通势就应增加。可见,磁路中应尽量减少非必要的空气隙。

3. 磁路的基尔霍夫第一定律

图 6.11 是一个有分支的磁路。在分支处 a 点和 b 点可以认为是磁路的节点,连接于两节点之间的部分磁路称为支路,可见该磁路有三个支路两个节点,三条支路上的磁通分别为 Φ_1、Φ_2、Φ_3。在节点 a 设想有一个闭合面 S,由磁通的连续性原理可知,离开节点的磁通 Φ_3 应等于进入节点的磁通 $\Phi_1 + \Phi_2$,即

$$\Phi_3 = \Phi_1 + \Phi_2 \text{ 或 } \Phi_3 - \Phi_1 - \Phi_2 = 0$$

推而广之,有

$$\sum \Phi_i = \sum \Phi_0, \quad \sum \Phi = 0 \tag{6.8}$$

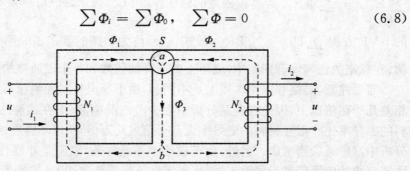

图 6.11 有分支磁路

即在磁路中,任一闭合面上,流进的磁通恒等于流出的磁通。或者说在磁路的任一闭合面上磁通的代数和等于零。这个关系与电路中的基尔霍夫电流定律(KCL)在形式上相似,故式(6.8)称为磁路的基尔霍夫第一定律。

4. 磁路的基尔霍夫第二定律

图 6.12 所示的无分支磁路中根据截面和磁导率的不同可分三段磁路,设每一段有长度为 l_1、l_2 和 l_3,截面为 S_1、S_2 和 S_3。各段磁路中通过的是相同的磁通 Φ,但磁感应强度不一样,分别为

$$B_1 = \frac{\Phi}{S_1}, \quad B_2 = \frac{\Phi}{S_2}, \quad B_3 = \frac{\Phi}{S_3}$$

由安培环路定律可知,沿磁路中心线积分得

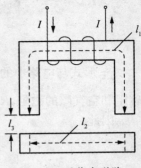

图 6.12　无分支磁路

$$\oint_l \boldsymbol{H} \mathrm{d}\boldsymbol{l} = \sum_{k=1}^{3} H_k l_k = H_1 l_1 + H_2 l_2 + 2H_3 l_3$$
$$= NI = F_\mathrm{m}$$

将 Φ、B、H、μ 的关系式代入上式,则得

$$\oint_l \boldsymbol{H} \mathrm{d}\boldsymbol{l} = \sum_{k=1}^{3} H_k l_k = \frac{B_1 l_1}{\mu_1} + \frac{B_2 l_2}{\mu_2} + 2\frac{B_3 l_3}{\mu_0}$$
$$= \Phi \left[\frac{l_1}{s_1 \mu_1} + \frac{l_2}{s_2 \mu_2} + \frac{2l_3}{s_3 \mu_0} \right]$$
$$= \Phi \sum_{k=1}^{3} \frac{l_k}{s_k \mu_k} = \Phi \sum_{k=1}^{3} R_{\mathrm{m}k} = F_\mathrm{m} \tag{6.9}$$

所以 $\displaystyle\sum_{k=1}^{n} H_k l_k = \sum_{k=1}^{n} \Phi_k R_{\mathrm{m}k}$

式 (6.9) 中:F_m 是磁路的总磁通势,$\displaystyle\sum_{k=1}^{n} R_{\mathrm{m}k}$ 是磁路中各段磁阻之和。

$\displaystyle\sum_{k=1}^{n} H_k l_k = \sum_{k=1}^{n} \Phi_k R_{\mathrm{m}k}$ 为各段磁路的磁压降,用 $U_{\mathrm{m}k}$ 表示,式 (6.9) 类似于串联电路的 KVL 方程 $\displaystyle\sum_{k=1}^{n} U_k = \sum_{k=1}^{n} I_k R_k$,故式 (6.9) 称为磁路的基尔霍夫第二定律。它表明,在磁路的任何闭合回路中,磁阻上磁压降的代数和等于磁通势的代数和。

需要注意,磁路和电路本质上是不同的,由于导电材料和绝缘材料的导电系数相差几千亿倍以上,因此在电路分析中很少考虑漏电流;但在磁路中,由于磁性材料的磁导率比非磁性材料的磁导率大几千倍或几万倍,所以不存在磁的绝缘材料,分析中漏磁通应当考虑。另外,由于磁导率不是常数,磁阻是非线性的,这给磁路欧姆定律的应用带来局限性,一般用来定性分析磁路中 $\Phi \sim I$ 的关系。

6.4 铁芯线圈磁路分析

铁芯线圈可以通入直流电来励磁(如直流电机的励磁线圈、电磁吸盘及各种直流电器的线圈),也可以通入交流电来励磁(如交流电机、变压器及各种交流电器的线圈)。那么,它们的电压和电流之间的关系以及线圈消耗的功率有什么不同呢?

下面按线圈中电流种类的不同分别研究。

6.4.1 直流铁芯线圈电路

用直流电励磁的磁路称为直流磁路。直流磁路中的磁通是恒定的,在稳态下是不随时间变化的,不会在直流励磁线圈和铁芯中产生感应电动势,对励磁电流没有制约作用。在直流电路中电感相当于短路,线圈的电流 I 只与线圈的电压 U 和线圈本身的电阻 R 有关,即

$$I = \frac{U}{R}$$

线圈消耗的功率也只有线圈电阻消耗的功率,即

$$P = UI = RI^2$$

6.4.2 交流铁芯线圈电路

由交流电励磁的磁路称为交流磁路,励磁线圈为交流铁芯线圈。交流铁芯线圈在电磁关系、电压电流关系及功率损耗等几个方面与直流铁芯线圈是有所不同的。

1. 磁通与电压、电流的关系

图 6.13 为一含铁芯的线圈,当铁芯线圈两端加上交流电压 u 时,线圈中通过交流电流 i,在铁芯中将产生交变的主磁通 Φ,另外还有很少部分磁通在空气闭合为漏磁通 Φ_σ。交变的主磁通和漏磁通分别在线圈中产生感应电动势 e 和 e_σ,它们的参考方向按与磁通成右手螺旋关系确定,即 e、e_σ 的参考方向与线圈电路中的电流 i 的参考方向相同,如图 6.13 所示。

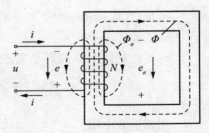

图 6.13　交流铁芯线圈电路

设线圈的匝数为 N,电阻为 R,外加正弦电压为 u,励磁电流为 i,则根据电磁感应定律,两个感应电动势分别为

$$e = -N \frac{\mathrm{d}\Phi}{\mathrm{d}t} \tag{6.10}$$

$$e_\sigma = -N \frac{\mathrm{d}\Phi_\sigma}{\mathrm{d}t} \tag{6.11}$$

漏磁通对应的电感为

$$L_\sigma = \frac{N\Phi_\sigma}{i} = 常数 \tag{6.12}$$

L_σ 称为漏电感,可用一个理想电感元件来代替它。它在交流电路中的电抗

$$X_\sigma = \omega L_\sigma = 2\pi f l_\sigma \tag{6.13}$$

称为漏电抗或漏感抗,简称漏抗。

因此式(6.11)可以表示为

$$e_\sigma = -N \frac{\mathrm{d}\Phi_\sigma}{\mathrm{d}t} = -L_\sigma \frac{\mathrm{d}i}{\mathrm{d}t} \tag{6.14}$$

由于主磁通 Φ 集中在铁磁物质内,磁导率不是常数,B 与 H 不成正比,Φ 与 i 之间不是线性关系,即与主磁通对应的电感 $L = \dfrac{N\Phi}{i}$ 不是常数,如图 6.14所示,所以电动势 e 不能用类似式(6.14)的形式来表示。

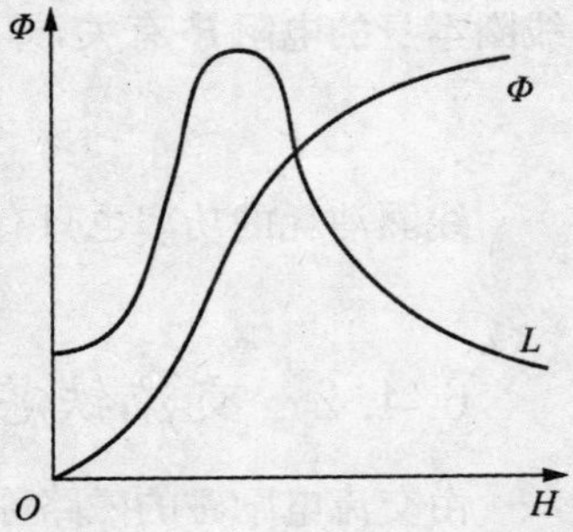

如果主磁通 Φ 按正弦规律变化

$$\Phi = \Phi_\mathrm{m} \sin\omega t$$

则 $e = -N \dfrac{\mathrm{d}\Phi}{\mathrm{d}t} = -N \dfrac{\mathrm{d}}{\mathrm{d}t}(\Phi_\mathrm{m}\sin\omega t)$

$= -\omega N\Phi_\mathrm{m}\cos\omega t$

$= 2\pi f N\Phi_\mathrm{m}\sin(\omega t - 90°)$

$= E_\mathrm{m}\sin(\omega t - 90°)$

图 6.14　Φ 与 L、i 的关系

可见在相位上,e 滞后于主磁通 Φ 90°角;在数值上,它的有效值为

$$E = \frac{E_\mathrm{m}}{\sqrt{2}} = \frac{2\pi f N\Phi_\mathrm{m}}{\sqrt{2}} = 4.44 f N\Phi_\mathrm{m} \tag{6.15}$$

用相量表示即

$$\dot{E} = -\mathrm{j}4.44 f N\Phi_\mathrm{m} \tag{6.16}$$

式(6.15)表明,感应电动势 e 的有效值与线圈匝数 N、磁通最大值 Φ_m 及频率 f 成正比。

此外,线圈中还有电阻 R。因此根据基尔霍夫电压定律,交流铁芯线圈电路的电压平衡方程式为

$$u = iR - e_\sigma - e$$

154

$$= iR + L_\sigma \frac{\mathrm{d}i}{\mathrm{d}t} + (-e) \tag{6.17}$$

当 u 是正弦交流电压,且磁路不饱和时,式(6.17)可用相量表示,即

$$\dot{U} = \dot{I}R - \dot{E}_\sigma - \dot{E}$$

$$= \dot{I}(R + \mathrm{j}X_\sigma) - \dot{E} = \dot{I}Z - \dot{E} \tag{6.18}$$

式中:漏磁感应电动势 $\dot{E}_\sigma = -\mathrm{j}\dot{I}X_\sigma$,其中 $X_\sigma = \omega L_\sigma$,称漏磁感抗。$Z = R + \mathrm{j}X_\sigma$ 称为线圈的漏阻抗。

由于漏磁通 Φ_σ 很小,通常线圈的漏阻抗 Z 也不大,所以在式(6.18)中,线圈的漏阻抗 Z 上的电压在数值上比电压 U 小得多,可以忽略不计,则

$$\dot{U} \approx -\dot{E}$$

由式(6.15)可知

$$U \approx E = 4.44fN\Phi_\mathrm{m} \tag{6.19}$$

$$\Phi_\mathrm{m} = \frac{U}{4.44fN} \tag{6.20}$$

式(6.20)是一个十分重要的关系式,它表明当交流铁芯线圈的匝数 N、外加电压 U 及频率 f 一定时,主磁通的最大值 Φ_m 也基本上不变。

2. 功率关系

交流铁芯线圈电路中的有功功率即功率损耗 P 包含两个部分,一部分是线圈电阻 R 上的功率损耗,称为铜损耗 P_Cu,简称铜损,其值为

$$P_\mathrm{Cu} = RI^2$$

另一部分是交变的磁通在铁芯中产生的功率损耗,称为铁损耗 P_Fe,简称铁损。由磁滞损耗 P_h 和涡流损耗 P_e 两部分组成。其值为

$$P_\mathrm{Fe} = P_\mathrm{h} + P_\mathrm{e}$$

(1) 磁滞损耗 P_h 是由铁磁材料的磁滞现象而在铁芯中产生的功率损耗,实验证明,它的大小与该材料的磁滞回线所包围的面积以及励磁电流的频率成正比。

(2) 涡流损耗 P_e。一般磁性材料具有导电性,在交变磁通的作用下,在磁性材料中会产生感应电动势,从而在垂直于磁通方向的铁芯平面内产生如图 6.15(a)所示的涡流状的感应电流,称为涡流。涡流的存在会使磁性材料发热,从而在磁性材料内产生功率损耗,称为涡流损耗。

综上所述,铁磁材料的功率损耗关系为

$$P = UI\cos\Phi = P_\mathrm{Cu} + P_\mathrm{Fe}$$

铜损耗会使线圈发热,而铁损耗会使铁心发热。为了减小磁滞损耗,铁芯应选用软磁材料做成,如硅钢。为了减小涡流损耗,一方面可以把整块的铁芯改由如图

6.15(b)所示的顺着磁场方向彼此绝缘的薄钢片叠成,使涡流限制在较小的截面积内以减小涡流和涡流损耗,另一方面,选用电阻率较大的磁性材料(如硅钢)也可以减小涡流和涡流损耗。因此,变压器等交流电器设备的铁芯常用 0.5mm、0.35mm、0.27mm、0.22mm 厚的彼此绝缘的硅钢片叠成。

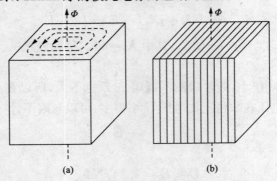

图 6.15　涡流损耗

(a) 涡流;(b) 硅钢片叠成的铁芯

[**例 6.1**]　有一铁芯线圈,加上 12V 直流电压时,电流为 1A;加上 110V 交流电压时,电流为 2A,消耗的功率为 88W。求在后一种情况下线圈的铜损耗、铁损耗和功率因数。

[**解**]　由直流电压和电流求得线圈的电阻为

$$R = \frac{U}{I} = \frac{12}{1} = 12(\Omega)$$

由交流电流求得线圈的铜损为

$$P_{Cu} = RI^2 = 12 \times 2^2 = 48(W)$$

由有功功率和铜损求得铁损为

$$P_{Fe} = P - P_{Cu} = 88 - 48 = 40(W)$$

功率因数为

$$\cos\Phi = \frac{P}{UI} = \frac{88}{110 \times 2} = 0.4$$

6.5　变压器的工作原理与应用

6.5.1　变压器的分类

变压器是利用电磁感应原理制成的一种常用的静止的电气设备。在电力系统和电子线路中应用广泛。

变压器的主要功能是将一种等级的交流电压与电流变换成同频率的另一种电压与电流。变压器的种类繁多,按用途来分,主要分成以下三类:

(1) 电力变压器。用在输配电系统中,用来传输和分配电能。按照相数来分,电力变压器又分为单相变压器和三相变压器。按冷却方式的不同,可分为空气自冷式(或称干式)、油浸自冷却式、油浸风冷式和水冷式变压器。

(2) 特种电源变压器。用来获得工业中特殊要求的电源,如整流变压器、电炉变压器等。

(3) 专用变压器。是一类有专门用途的变压器,如为电子系统提供电源的电源变压器、实现阻抗匹配的阻抗变压器、脉冲变压器、隔离变压器、自耦变压器和用于电气测量的互感器等。

6.5.2 变压器的工作原理

变压器的原理性结构如图 6.16 所示。变压器的基本部件是由一个不带气隙的闭合铁芯和绕在铁芯上的两个或两个以上匝数不同的线圈耦合而成。铁芯由导磁材料构成,将分布的磁场集中起来构成闭合磁路,使磁通 Φ 增加,励磁电流减小,从而减小了变压器的体积。为了减小涡流及磁滞损耗,铁芯用涂有绝

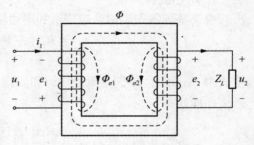

图 6.16 变压器的原理性结构

缘漆,厚度为 $0.35 \sim 0.50$mm 的硅钢片叠成。把接电源的线圈称为原绕组(或原边、初级绕组、一次绕组),接负载的线圈称为副绕组(或副边、次级绕组、二次绕组)。N_1 和 N_2 分别为原、副边绕组的匝数。

变压器是利用电磁感应作用传递交流电能和信号的。变压器原、副边绕组之间是隔离的,原边绕组加交流电,依靠两绕组之间的磁耦合和电磁感应作用使副边绕组得到交流电压给负载提供电能。原边绕组电路就是上节的交流铁芯线圈电路,其电压和电流分别用 u_1 和 i_1 表示。副边绕组中磁通产生的感应电动势 e_2,从而在副边绕组电路中产生电流 i_2,在副边绕组的两端即负载的两端产生电压 u_2,它们的电磁平衡关系如下:

$$\dot{U}_1 \rightarrow \dot{I}_1 \rightarrow \dot{I}_1 N_1 \rightarrow \Phi \begin{matrix} \nearrow \dot{E}_1 \\ \searrow \dot{E}_2 \rightarrow \dot{I}_2 \rightarrow \dot{I}_2 \cdot N \end{matrix}$$

可见变压器磁路中,铁芯中的磁通 Φ 是由原边绕组的磁动势 $i_1 N_1$ 和副边绕组中的磁动势 $i_2 N_2$ 共同产生的,图 6.16 中 $\Phi_{\sigma 1}$ 和 $\Phi_{\sigma 2}$ 分别是原边绕组和副边绕组

的漏磁通,这部分磁通是通过铁芯与线圈的空气间隙的磁通。

根据电磁感应定律可知:

$$e_1 = -N_1 \frac{\mathrm{d}\Phi}{\mathrm{d}t} \tag{6.21}$$

$$e_2 = -N_2 \frac{\mathrm{d}\Phi}{\mathrm{d}t} \tag{6.22}$$

$$e_{\sigma 1} = -L_{\sigma 1} \frac{\mathrm{d}i_1}{\mathrm{d}t} \tag{6.23}$$

$$e_{\sigma 2} = -L_{\sigma 2} \frac{\mathrm{d}i_2}{\mathrm{d}t} \tag{6.24}$$

其中 $L_{\sigma 1}$、$L_{\sigma 2}$ 分别是因为原边绕组和副边绕组的漏磁通 $\Phi_{\sigma 1}$ 和 $\Phi_{\sigma 2}$ 形成的电感,称为漏感。

1. 电压变换关系

根据基尔霍夫定律原边绕组和副边绕组的电压平衡方程为

$$u_1 = R_1 i_1 + (-e_1) + (-e_{\sigma 1})$$

$$e_2 + e_{\sigma 2} = R_2 i_2 + u_2$$

上式中,R_1 和 R_2 分别是原边绕组和副边绕组中的电阻。将式(6.21)～(6.24)代入上面两式得

$$u_1 = R_1 i_1 + (-e_1) + L_{\sigma 1} \frac{\mathrm{d}i_1}{\mathrm{d}t} \tag{6.25}$$

$$e_2 = R_2 i_2 + L_{\sigma 2} \frac{\mathrm{d}i_2}{\mathrm{d}t} + u_2 \tag{6.26}$$

如果电源是正弦电压,可以将上面两式写成正弦量的相量形式

$$\dot{U}_1 = R_1 \dot{I}_1 + (-\dot{E}_{\sigma 1}) + (-\dot{E}_1) = (-\dot{E}_1) + \dot{I}_1(R_1 + jX_{\sigma 1})$$

$$\dot{E}_2 = R_2 \dot{I}_2 + (-\dot{E}_{\sigma 2}) + \dot{U}_2 = \dot{U}_2 + \dot{I}_2(R_2 + jX_{\sigma 2})$$

其中 $R_1 + jX_{\sigma 1}$ 和 $R_2 + jX_{\sigma 2}$ 分为原、副边绕组的漏磁阻抗。$X_{\sigma 1}$、$X_{\sigma 2}$ 分为漏磁感抗。它们均较小(或漏磁通 $\Phi_{\sigma 1}$、$\Phi_{\sigma 2}$ 较小),因而它们两端的电压降也较小,与主磁电动势 E_1、E_2 比较起来,可以忽略不计。于是对理想变压器(即变压器铁芯无损耗;耦合系数为 1,L_1、L_2 和 M 均为无限大;忽略线圈的漏磁阻抗)

$$\dot{U}_1 \approx -\dot{E}_1$$

$$\dot{E}_2 \approx -\dot{U}_2$$

根据式(6.19)可知,其有效值为

$$E_1 = 4.44 f N_1 \Phi_{\mathrm{m}} = U_1$$

$$E_2 = 4.44 f N_2 \Phi_{\mathrm{m}} = U_2$$

因此理想变压器有如下电压变换关系：

$$\frac{U_1}{U_2} = \frac{N_1}{N_2} = K$$

其中，K 为变压器原边绕组与副边绕组的线圈匝数比，称为变压器的变比。

2. 电流变换关系

实际变压器在空载运行时，副边绕组中的电流为 0，即 $i_2 = 0$。但原边绕组的电流不为 0，将此时原边绕组中的电流 i_0 称为空载电流，它产生空载磁动势 $F_0 = i_0 N_1$，F_0 产生主磁通 Φ，建立变压器空载磁场。当变压器负载运行时，假定电源电压的有效值 U_1 不变，与空载时相同，所以主磁通 Φ 也不变，与空载时相同。此时，主磁通由原边绕组磁动势 $i_1 N_1$ 和副边绕组磁动势 $i_2 N_2$ 共同产生，因此有磁动势平衡方程：

$$i_1 N_1 + i_2 N_2 = i_0 N_1$$

在变压器原边绕组加的是同频率正弦量的情况下，则

$$\dot{I}_1 N_1 + \dot{I}_2 N_2 = \dot{I}_0 N_1 \tag{6.27}$$

由于变压器铁芯的磁导率很高，空载电流 i_0 一般都很小，变压器在满载下约为额定电流的 3%～8%，因此，允许忽略 $\dot{I}_0$ 不计，于是由式(6.27)可得：

$$\dot{I}_1 = \dot{I}_0 - \frac{N_2}{N_1}\dot{I}_2$$

$$\dot{I}_1 \approx -\frac{N_2}{N_1}\dot{I}_2 \tag{6.28}$$

$-\frac{N_2}{N_1}\dot{I}_2$ 的物理意义在于原边绕组因负载而增加的量，称为负载分量，相应地，$\dot{I}_0$ 为原边绕组电流的励磁分量。由于变压器中 Φ_m 受 $\dot{U}_1$ 的制约基本不变，因此随着 $\dot{I}_2$ 的出现，原边绕组电流将由 $\dot{I}_0$ 增加到 $\dot{I}_1$ 补偿副边绕组电流 $\dot{I}_2$ 的励磁作用。式(6.28)中的负号表示在图示参考方向下 I_1 与 I_2 反相，说明 $\dot{I}_1 N_1$ 与 $\dot{I}_2 N_2$ 磁通势相反，$\dot{I}_1$ 的增加是抵偿 $\dot{I}_2$ 对 Φ_m 中的削弱作用，保持铁芯磁通 Φ 基本不变的物理概念。

所以

$$\frac{I_1}{I_2} = \frac{N_2}{N_1} = \frac{1}{K} \tag{6.29}$$

$$I_2 = \frac{\dot{U}_2}{Z_L} \tag{6.30}$$

式(6.30)说明在 $\dot{U}_2$ 不变的前提下，$\dot{I}_2$ 仅由负载决定。所以原边绕组的电流

也是受负载制约的。

3. 变压器的阻抗变换关系

变压器不仅对电压、电流按变比进行变换,而且还可以变换阻抗。对电源来讲,变压器连同其负载 Z_L 可等效为一个复阻抗 Z'_L,如图 6.17 所示。

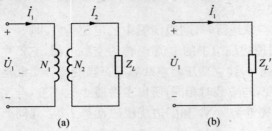

(a)   (b)

图 6.17　变压器的阻抗变换

(a) 等效前的电路;(b) 等效后的电路

变压器副边绕组接阻抗 Z_L 从变压器的原边绕组看,可以得

$$Z'_L = \frac{\dot{U}_1}{\dot{I}_1}$$

用变压器副边绕组的电压、电流表示原边绕组电压电流,则

$$Z'_L = \frac{\dot{U}_1}{\dot{I}_1} = \frac{\dfrac{N_1}{N_2}\dot{U}_2}{-\dfrac{N_2}{N_1}\dot{I}_2} = \left(\frac{N_1}{N_2}\right)^2 Z_L = K^2 Z_L$$

由此可见,变压器具有阻抗变换作用。副边绕组阻抗换算到原边绕组的阻抗等于副边绕组阻抗乘以变比的平方。

应用变压器的阻抗变换作用,可以实现电路阻抗匹配,即选择变压器的匝数比把负载阻抗换算为电路所需的合适数值。

[**例 6.2**]　有一正弦信号源的电压 $E_S = 5\text{V}$,内阻为 $R_S = 1000\Omega$,负载电阻 $R_L = 40\Omega$。用一变压器将负载与信号源接通如图 6.18 所示,使电路达到阻抗匹配,$R'_L = R_S$,这时信号源的输出功率最大。试求:(1)变压器的匝数比;(2)变压器原边和副边的电流 I_1、I_2;(3)负载获得的功率;(4)如果不用变压器耦合,直接将负载接通电源时负载获得的功率。

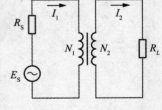

图 6.18　例 6.2 的图

[**解**]　(1)将副边电阻 R_L 换算为 R'_L 所需变压器匝数比。

因为
$$R'_L = \left(\frac{N_1}{N_2}\right)^2 R_L$$

所以
$$\frac{N_1}{N_2} = \sqrt{\frac{R'_L}{R_L}} = \sqrt{\frac{R_S}{R_L}} = \sqrt{\frac{1000}{40}} = 5$$

（2）原边电流：$I_1 = \dfrac{E_S}{R_S + R'_L} = \dfrac{5}{1000 + 1000} = 2.5(\text{mA})$

副边电流：$I_2 = \dfrac{N_1}{N_2} \cdot I_1 = 5 \times 2.5 = 12.5(\text{mA})$

（3）负载的功率：$P_L = I_2^2 \cdot R_L$
$$= (12.5 \times 10^{-3})^2 \times 40$$
$$= 6.25(\text{mW})$$

（4）直接接电源时负载的功率：
$$P'_L = \left(\frac{E_S}{R_S + R_L}\right)^2 R_L = \left(\frac{5}{1000 + 40}\right)^2 \times 40$$
$$= 0.925(\text{mW})$$

6.5.3 变压器的运行特性

1. 变压器的外特性

外特性是指原边绕组所加的电压和副边绕组负载功率因数不变时，副边绕组的端电压 U_2 随负载电流 I_2 变化的规律。

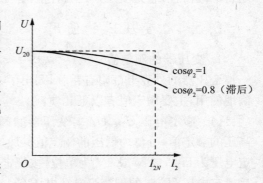

变压器带载后，由于内部漏阻抗压降的影响致使副边绕组电压 U_2 与空载电压 U_{20} 不相等，如图 6.19 所示。其中 U_2 下降的原因有：

（1）当负载是纯阻性时，取决于变压器副边绕组的内阻，随着 I_2 的增大，内阻上的压降增加，U_2 下降。

图 6.19　变压器的外特性曲线

（2）当负载是电感性时，因为负载上滞后的无功电流有去磁作用，随着输出电流的增加，输出电压下降比纯电阻负载快，$\cos\varphi_2$ 愈小，下降得愈多。

2. 电压调整率

从变压器的外特性可知，通常当变压器的负载波动时，输出电压也是波动的。一般总希望输出电压随负载的波动愈小愈好，从空载到额定负载，副边电压 U_2 的变化程度用电压调整率或电压变化率表示，即

$$\Delta U(\%) = \frac{U_{20} - U_2}{U_{20}} \times 100\% \tag{6.31}$$

式中：U_{20} 是空载时的副绕组电压，U_2 是副边电流为额定电流 I_{2N} 时的输出电压。

电压变化率 $\Delta U(\%)$ 反映了变压器供电电压的平衡能力，是表征变压器运行性能的重要数据之一。在一般变压器中，由于其电阻和漏磁感抗都很小，电压变化率约为 5% 左右。

3. 变压器的损耗与效率

变压器是将一种电压的电能转变成另一种电压的电能的电气设备。与交流铁芯线圈一样存在着功率损耗 $P = \Delta P_{Cu} + \Delta P_{Fe}$，即同样包含着绕组上的铜损 ΔP_{Cu} 和铁芯中的铁损 ΔP_{Fe}。铜损 $\Delta P_{Cu} = i^2 R$ 是绕组线圈的电阻引起的损耗，它与负载的大小有关；铁损 ΔP_{Fe} 的大小与铁芯内磁感应强度的最大值 B_m^2 或 U_1^2 成正比，它与负载的大小和性能无关。总的来讲，变压器功率损耗很小，所以效率很高，通常在 95% 以上。变压器的效率常用下式确定：

$$\eta = \frac{P_2}{P_1} = \frac{P_2}{P_2 + \Delta P_{Cu} + \Delta P_{Fe}} \tag{6.32}$$

式 6.32 中，P_2 为变压器的输出功率，P_1 为输入功率。η 的大小反映了变压器运行的经济性，它是变压器运行性能的一个重要指标。

6.5.4 变压器的使用

1. 变压器的额定值

变压器的外壳上都附有铭牌，列出了一系列的额定值，指导用户安全、合理、正确地使用，主要额定值有以下几项：

（1）额定电压 U_{1N}、U_{2N}。变压器的额定电压用分数形式标在铭牌上，分子为高压的额定值，分母为低压的额定值。原边绕组的额定电压为 U_{1N}，副边绕组的额定电压为 U_{2N}，以 V 或 kV 为单位，按规定变压器副边的额定电压 U_{2N} 是原边绕组接额定电压 U_{1N} 时的副绕组空载电压 U_{20}，对三相变压器额定电压指的是相应连接法的线电压，因此连接法与额定电压一并给出。例如 1000V/400V、Y/Y。原边绕组允许加的电源电压 U_1 不能随便超过 U_{1N}，若超过额定电压使用时，将因磁路过饱和，Φ 超过铁芯允许值，励磁电流增高和铁损增大，引起变压器温升增高，超过额定电压严重时，可能造成绝缘击穿和烧毁。

（2）额定电流 I_{1N}、I_{2N}。原绕组的额定电流为 I_{1N}，副绕组的额定电流为 I_{2N}，以 A 为单位。对三相变压器，额定电流是指相应连接法的线电流。

I_{1N} 和 I_{2N} 是根据变压器的额定容量和额定电压算出的电流，是变压器的原边接额定电压时，原副边允许长期工作通过的最大电流。其大小取决于绕组导线绝缘材料所允许的温升数值。

（3）额定容量 S_N。额定容量 S_N 是变压器的额定视在功率，以 VA、kVA 或 MVA 为单位。它代表这台变压器传送功率的最大能力。对于单相变压器，$S_N = U_{2N}I_{2N}$，即副边的额定视在功率。在忽略 I_0 和在内部损耗不计的情况下，$S_N = U_{2N}I_{2N} = U_{1N}I_{1N}$。此时一定要注意：$S_N \neq P_2$，$P_2$ 为副边实际的输出功率，不仅决定于 $U_{2N}I_{2N}$，且与负载的功率因数 $\cos\varphi$ 有关，$P_2 = U_{2N}I_{2N}\cos\varphi$。只有当 $\cos\varphi = 1$ 时，S_N 才等于 P_2。

（4）额定频率 f_N。额定频率 f_N 是变压器使用交流电源电压的频率，我国供电频率为 50Hz，但某些场合不是标准的 50Hz，航空上用 400Hz 和 800Hz，欧美国家供电频率用 60Hz，频率不同的电源变压器不能通用。

铭牌上除额定值外，还标有变压器的型号、相数、阻抗、电压、接线图等。此外，变压器在额定运行时的效率、温升等数据也是定值。所谓的额定运行状态，通常是指变压器原边接额定电压、原副边电流均为额定值，在指定的冷却方式下，环境温度为 40℃时的运行状态。

2. 变压器线圈的极性及其测定

在使用变压器或其他有磁耦合的互感线圈时，线圈间的连接要特别注意。尤其线圈在进行串并联时，首先必须注意各端点的极性。如图 6.20(a)所示，同一铁芯上绕有两个线圈，其绕向相同；在图 6.20(b)中，同一铁芯上的两绕组，其绕向相反。

不管是哪一种情况，当铁芯中的磁通变化时，两个线圈中均产生感应电动势。根据电流的方向和绕组的绕向，利用右手螺旋定则都可以判断出磁场的方向。如果两个绕组中的电流都从图 6.20 (a)中所示的 A 和 a 端流入，从 X 和 x 端流出，或

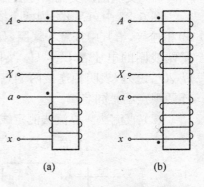

图 6.20　同一铁芯上的两个线圈
(a) 绕向相同；(b) 绕向相反

者都反之，它们所产生的磁场方向相同。两线圈中感应电动势的极性，必然是 A 和 a 端相同，X 和 x 端相同。这就是说，A 和 a 端是这两个绕组的一组对应端，X 和 x 是另一组对应端。我们把这种对应端称为同极性端或同名端，即 A 和 a 是它们的一组同极性端，X 和 x 是另一组同极性端。而两个绕组中的非对应端，即 A 和 x 及 X 和 a 两端称为异极性端或异名端。图 6.20(b)中的情况读者自行分析。

在实际使用中，当两个线圈需要串联时，必须将两个线圈的异极性端相连。在图 6.20(a)中设两线圈的额定电压均为 110V，若想把它们接到 220V 电源上，可以把 X 和 a 连接起来，A 和 x 接电源，若不慎将 X 和 x 相连接，A 和 a 接电源，由于两线圈

中的磁通抵消,感应电动势消失,线圈中将出现很大电流,甚至会把线圈烧坏。

同样,当线圈并联时,必须将两线圈的同名端分别相连,然后接电源。

然而,在电路图和一台现成的变压器或其他电器中绕组的绕向常常是看不出来的,为此,需要一种标记来反映绕组的极性。这种标记如图 6.21 所示,在两绕组对应的一端各标以小圆点(或其他符号)。这两个绕组上有标记的端点是它们的一组同极性端,无标记的端点是另一组同极性端;一个绕组上有标记的一端与另一个绕组上无标记的一端是它们的异极性端。当两绕组中的电流从同极性端流入时,产生的磁场方向相同,同方向的磁场都增强或都减弱时在两绕组中产生的感应电动势方向相同。

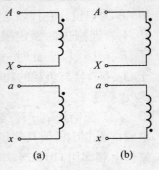

图 6.21　绕组极性的标记
(a) 绕向相同;(b) 绕向相反

如果输出端没有注明绕组的极性,就要用实验的方法测定同名端,测定的常用方法有:

(1) 交流法。交流测定法如图 6.22 所示。

图 6.22 中 AX、ax 为两个线圈。测量时,将两个线圈的任意的两端(如图 X、x)相连接,给其中任意一线圈(如 AX)加上较低的便于测量的电压 u,然后分别测量两线圈的电压在 U_{AX}、U_{ax} 及两线圈另两个未连接端点的电压 U_{Aa}。若 U_{Aa} 是 $U_{AX}U_{ax}$ 之差,表明相连接两端点 X、x 是同名端;若 U_{Aa} 是 U_{AX} 与 U_{ax} 之和,表明相连两端点不是同名端。

(2) 直流法。直流法测定线圈极性如图 6.23 所示。

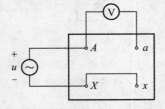

图 6.22　交流测定法

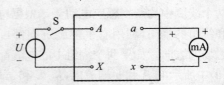

图 6.23　直流测定法

图 6.23 中一线图通过开关 S 接至直流电源 U 上,另一个线圈接毫伏表,当 S 闭合时,若毫伏表正向偏转,则表明 A 和 a 为同名端;否则,A 和 x 为同名端。

小　结

本章是电工技术课程的难点之一,其中基本概念是分析、设计和使用电机和电器的基础,应予很好理解。

（1）磁路的基本概念及基本物理量（B、H、μ）是学好磁路的基础,一定要正确理解。

（2）了解磁性材料的特点、磁路计算的基本定律及计算方法。

（3）变压器是一种常用的电气设备,其空载、负载运行时的特点以及对电流、电压、阻抗的变换是本章的学习重点。了解变压器的铭牌数据和极性接法,对正确使用变压器很重要。

习　　题

6.1　收音机中的变压器,原边绕组为 1 200 匝,接在 220V 交流电源上后,分别可以得到 5V、6.3V、350V 三种输出电压。求三个副边绕组的匝数。

6.2　已知变压器的副边绕组有 400 匝,原边绕组和副边绕组的额定电压为 220V/55V。求原边绕组的匝数。

6.3　已知某单相变压器 $S_N = 50kVA$,$U_{1N}/U_{2N} = 6\ 600V/230V$,空载电流为额定电流的 3%,铁损耗为 500W,满载铜损耗为 1 450W,向功率因数为 0.85 的负载供电,满载时的副边侧电压为 220V,求:（1）一、二次绕组的额定电流;（2）空载时的功率因数;（3）电压变化率;（4）满载时的效率。

6.4　某单相变压器的容量为 10kVA,额定电压为 3 300V/220V。如果向 220V、60W 的白炽灯供电,能装多少个白炽灯？ 如果是向 220V、40W,功率因数为 0.5 的日光灯供电,能装多少个日光灯？

6.5　某 50kVA、6 600V/220V 单相变压器,若忽略电压变化率和空载电流。求:（1）负载是 440 盏 220V、40W,功率因数为 0.5 的日光灯时,变压器一、二次绕组的电流是多少？（2）上述负载是否已使变压器满载？ 若未满载,还能接入多少盏 220V、40W 功率因数为 1 的白炽灯？

6.6　某收音机的输出变压器原边绕组匝数为 230,副边绕组匝数为 80,原配接 8Ω 的扬声器,现改用 4Ω 的扬声器。问副边绕组的匝数应改为多少？

6.7　电阻值为 8Ω 的扬声器,通过变压器接到 $E = 10V$,$R_0 = 250\Omega$ 的信号源上。设变压器原边绕组匝数为 500,副边绕组匝数为 100。求:（1）变压器原边侧的等效阻抗模 $|Z|$;（2）扬声器消耗的功率。

6.8　一自耦变压器,原边绕组的匝数 $N_1 = 1 000$,接在 220V 的交流电源上,副边绕组的匝数 $N_2 = 500$,接到 $R = 4\Omega$,$X_L = 3\Omega$ 的感性负载上。忽略漏阻抗的电压降。求:（1）副边侧的电压 U_2;（2）输出电流 I_2;（3）输出的有功功率 P_2。

6.9　某三相变压器的容量为 800kVA,额定电压为 35kV/10.5kV,$Y/\triangle$ 接

法。求高压绕组和低压绕组的额定相电压、相电流和线电流。

6.10 某三相变压器的容量为 75kVA，以 400V 的线电压供电给三相对称负载。设负载为星形连接，每相电阻为 2Ω，感抗为 1.5Ω。问此变压器能否负担上述负载？

6.11 试判断图 6.24 中各绕组的同极性端。

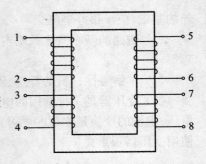

图 6.24　题 6.11 的图

第 7 章　交流电动机

电机是利用电磁感应原理制成的动态电气设备。它能实现电能与机械能相互之间的转换。把机械能转换为电能的设备称为发电机。反之,将电能转换为机械能的是电动机。根据供电形式的不同,电动机可分为交流电动机和直流电动机两大类。交流电动机有同步电动机和异步电动机两种。根据转子结构的差别,异步电动机可分为鼠笼式异步电动机和绕线式异步电动机。

异步电动机又称为感应电动机,它具有结构简单、制造容易、价格低廉、维护方便等优点,因此,大多数生产机械都采用异步电动机拖动。从电源相数来分,异步电动机可分为三相电动机和单相电动机。三相鼠笼式异步电动机使用最为广泛。近年来,随着交流变频调速技术的不断发展,使得异步电动机的调速性能有了很大提高,完全可以和直流电动机相媲美。据统计,目前在电力拖动中90％以上采用异步电动机,在电力系统总负荷中,三相异步电动机占50％以上。因此,本章只介绍三相异步电动机的结构特点、工作原理、机械特性和使用方法。

7.1　三相异步电动机

7.1.1　三相异步电动机的结构

三相异步电动机的固定部分称为定子,转动部分称为转子,定子和转子是能量传递和转换的关键部件,它们的结构如图7.1所示。

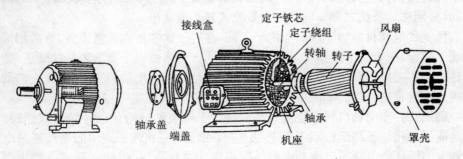

图 7.1　三相鼠笼式异步电动机的结构

三相异步电动机的定子主要由定子铁芯、定子绕组、定子外壳、机座、端盖以及

167

支撑转子的轴承等组成。定子铁芯是电动机磁路的组成部分,为了减少铁芯的损耗,定子铁芯一般由表面涂有绝缘漆、厚0.35～0.5mm的硅钢片叠压而成。铁芯内圆周表面有槽孔,用以嵌置定子绕组,其槽数与电动机的磁极对数有关。(关于磁极对数的概念在后面介绍)。如图7.2所示。

定子绕组是定子中的电路部分。中、小型电动机一般采用高强度漆包线绕制。三相异步电动机的对称绕组共有六个出线端,每相绕组的首端U_1、V_1、W_1和末端U_2、V_2、W_2通常接到机座的接线盒上。根据电源电压和电动机绕组的电压额定值,把三相绕组接成星形,如图7.3(a)所示,或接成三角形,如图7.3(b)所示。

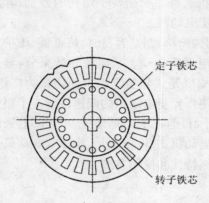

图7.2 定子和转子的铁芯片

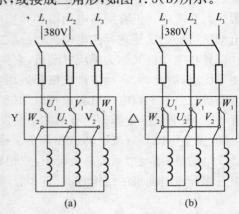

图7.3 定子绕组的星型和三角型连接
(a)星型连接;(b)三角型连接

三相异步电动机的转子是电动机的旋转部分,由转子铁芯、转子绕组、风扇和转轴等组成。转子铁芯结构与定子的铁芯类似,也是由相互绝缘的厚度为0.35～0.5mm的硅钢片叠制而成的圆柱体、其外圆周表面冲有槽孔,以便嵌置转子绕组。转子绕组根据构造分成两种形式:绕线式和鼠笼式结构。因为电动机转子结构的不同,分别称为绕线式异步电动机和鼠笼式异步电动机。

鼠笼式电动机的转子绕组与定子不同,在转子铁芯槽内压进铜条,然后用铜环将端线短接,或者为节省铜材可用浇铸铝液的方法铸成一个类似形状的转子,如果把转子铁芯去掉,剥下来的转子导体部分就像是一个养松鼠的笼子,为此人们就把它叫做鼠笼式电动机。如图7.4所示。

绕线式异步电动机转子绕组的结构与定子绕组的结构相似,用铜(或铝)制导线制成。三相转子绕组按照Y形接法连接,引出的三相转子绕组的端线通过电动机轴上的滑环经电刷引到电动机的外部机座的接线盒里,以便在转子电路中串入附加电阻,从而减少启动电流或用于调速,如图7.5所示。

鼠笼式与绕线式只是转子的构造不同,它们的基本工作原理是一样的。由于鼠笼式电动机构造简单、价格低廉、工作可靠、使用方便,因而在生产中较多采用,而绕线式电动机通常只在要求大起动转矩时采用。

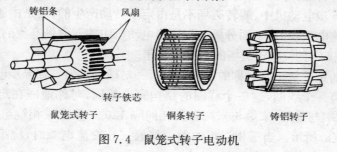

图 7.4　鼠笼式转子电动机

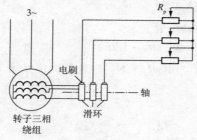

图 7.5　绕线转子电动机示意图

7.1.2　三相异步电动机的转动原理

如图 7.6 所示的演示实验可以说明异步电动机的转动原理。图中是一个马蹄形磁铁,磁铁的两个磁极之间放置一个简化的只有一匝绕组的转子。如 7.6(b)所示,当磁铁以速度 n_0 按逆时针方向转动时,线圈切割磁力线,在线圈中就会产生感应电动势 e,其方向用右手定则确定。由于转子绕组是闭合的,所以在感应电动势的作用下就会产生感应电流 i。感应电动势和感应电流的方向如图 7.6(b)异步电动机转动原理图所示。感应电流 i 同旋转磁场相互作用产生电磁力 F,力的方向由左手定则决定。

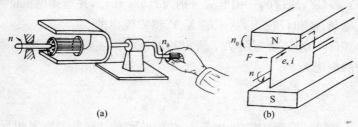

图 7.6　异步电动机转动原理演示

169

从这个演示实验可见,在旋转磁场中的转子绕组和磁场的旋转方向相同,通常称旋转磁场的转速为同步转速 n_0,转子的转速即异步电动机的转速 n。

实际的异步电动机中,旋转磁场不是由定子转动产生的,而是由通入定子线圈中的三相交流电产生的,下面分析三相异步电动机中旋转磁场产生的原理。

1. 一对极(两极)旋转磁场的产生和转速

电动机的定子绕组是对称的三相负载。一对极(两极)三相异步电动机的每相定子绕组只有一个线圈,这三个线圈的结构完全相同,对称地嵌在定子铁芯线槽中,绕组的首端与首端、末端与末端都互相间隔120°。假设三相绕组接成 Y 形接法,如图 7.7(a)所示。当三相绕组的首端接通三相交流电源时,绕组中产生三相对称电流,三相电流的表达式为

$$i_A = I_m \sin\omega t$$
$$i_B = I_m \sin(\omega t - 120°)$$
$$i_C = I_m \sin(\omega t - 240°) = I_m \sin(\omega t + 120°) \tag{7.1}$$

其波形如图 7.7(b)所示。

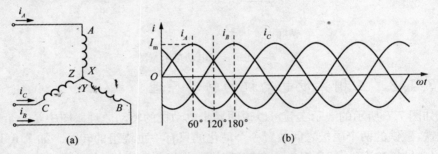

图 7.7　定子绕组中三相电流的波形

当电流通过任一定子绕组线圈时,在该线圈中产生磁场,磁场的方向随电流的大小、方向的变化而变化。定子中总的磁场是三个绕组产生的磁场的矢量和,因此,磁场的方向和大小是由通入定子绕组中的三相电流决定的。为此,假设三相绕组为 AX、BY 和 CZ,通过的三相电流分别为 i_A、i_B 和 i_C,并选择电流的参考方向是从绕组的首端 A、B 和 C 流入,从末端 X、Y 和 Z 流出的。

当 $\omega t = 0°(t = 0)$ 时,参考图 7.7 所示的电流波形。根据式(7.1),可以计算出各相绕组中的电流为

$$i_A = 0, \quad i_B = -\frac{\sqrt{3}}{2}I_m, \quad i_C = \frac{\sqrt{3}}{2}I_m$$

因为 $i_A = 0$,AX 绕组中没有电流;$i_B < 0$,实际方向与参考方向相反,即从末端 Y 流入(用 $\otimes$ 表示),从首端 B 流出(用 $\odot$ 表示);$i_C > 0$,实际方向与参考方向相同,

即从首端 C 流入，从末端 Z 流出。各相线圈中的电流方向以及合成磁场的方向如图 7.8(a)所示，是一个二极磁场。上面是 N 极，磁力线穿出定子铁芯；下面是 S 极磁力线进入定子铁芯。磁场的方向垂直向下。

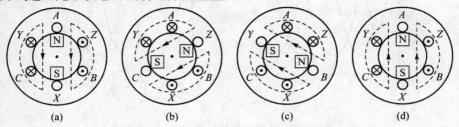

图 7.8　三相异步电动机线圈示意图

当 $\omega t = 60° \left(t = \dfrac{T}{6} \right)$ 时，根据式(7.1)可以计算出各相绕组中的电流为

$$i_A = \frac{\sqrt{3}}{2} I_m, \quad i_B = -\frac{\sqrt{3}}{2} I_m, \quad i_C = 0$$

$i_A > 0$，即从首端 A 流入，从末端 X 流出；$i_B < 0$，即从末端 Y 流入，从首端 B 流出；$i_C = 0$，CZ 绕线中没有电流。各相线圈中的电流方向以及合成磁场的方向如图 7.8(b)所示，磁场的方向转过了 60°。

同理，可以分析出当 $\omega t = 120°$ 和 $\omega t = 180°$ 时合成磁场的方向，如图 7.8(c)、图 7.8(d)所示，仍是一个二极磁场，但合成磁场的方向已顺时针相应转过了 120° 和 180°。

从图 7.8 的分析可知，当定子电流的电角度转过 0°、60°、120°、180° 时，磁场也相应地转过了相同的角度。从而证明了合成磁场是在空间旋转的。因此，当电流随时间连续不断变化的同时，在空间也产生了不断旋转的、相当于一对磁极运动的旋转磁场。旋转磁场的转速称为同步转速，用 n_0 表示。假定定子中三相电流的频率为 $f_1 = 50\text{Hz}$，则同步转速为

$$n_0 = 60 f_1 = 3000(\text{r/min}) \tag{7.2}$$

n_0 的单位为 r/min(转/分)。

从图 7.8 还可以观察到旋转磁场的旋转方向与通入定子中的三相交流电流的相序有关。若 i_A 电流从 A 相线圈的 A 端通入，i_B、i_C 分别从 B 和 C 通入，相序的排列顺序为 ABC 顺时针方向，旋转磁场的方向与此顺序相同。如果改变相序(即交换电动机定子中三相电源的任意两根连线)，磁场将逆时针方向旋转。如图 7.9 所示。

2. 同步转速与磁极对数的关系

上面分析的是每相绕组中只有一组线圈的情况。若每相绕组中由两个线圈串

171

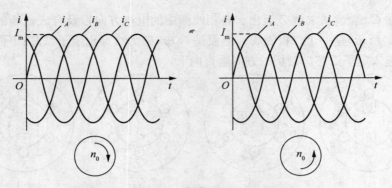

图 7.9 三相异步电动机的转动方向与相序的关系

联组成,线圈的首端与首端、末端与末端都互隔 60°空间角度。给三相绕组通入三相对称正弦电流,则可得到两对极(四极)的旋转磁场,图 7.10 所示为每相定子绕组由两个线圈串联组成的情况下,其绕组的空间分布和 Y 形连接的接线图。

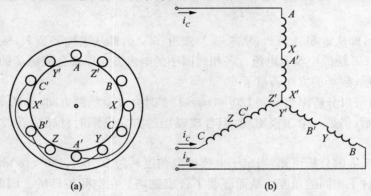

图 7.10 产生两对磁极的定子绕组

(a) 绕组结构;(b) Y 形连接

图 7.11 分析了 $\omega t=0°$ 和 $\omega t=60°$ 两种情况下,定子绕组中产生旋转磁场的情况。由图可知,产生的旋转磁场有两对磁极($p=2$),当电角度变化 60°时,旋转磁场的空间角度变化了 30°。

依次类推,当电角度变化了 360°时,旋转磁场的空间角度变化了 180°。那么,两对极的磁场在空间旋转一周所需的时间应是通入定子三相正弦交流电周期 T_1 的 2 倍,所以两极旋转磁场的转速

$$n_0 = 60 \frac{1}{2T_1} = \frac{60f_1}{2}(\text{r/min})$$

用 p 表示磁极对数,p 对磁极的旋转磁场旋转一周需要 pT_1 时间,电动机中同步转速的表达式为

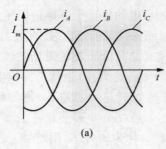

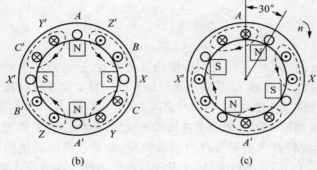

图 7.11 定子绕组由两组线圈串联($p=2$)

(a) 电流波形($\omega t=60°$);(b) 旋转磁场($\omega t=0°$);(c) 旋转磁场($\omega t=60°$)

$$n_0 = \frac{60}{pT_1} = \frac{60f_1}{p}(\text{r/min}) \tag{7.3}$$

同步转速 n_0 决定于电流的频率 f_1 和电动机等效磁极对数 p。通常,电动机的定子电流频率 f_1 和磁极对数 p 是一定的,故电动机同步转速 n_0 是常数。

我国的工频电源频率为 50Hz,由此可以计算出电动机同步转速 n_0 与磁极对数 p 的关系如表 7.1 所示。

表 7.1　同步转速 n_0 与磁极对数 p 的关系

磁极对数 p	1	2	3	4	5
同步转速 n_0/(r/min)	3000	1500	1000	750	600

3. 转速与转差率

由电动机的工作原理可知,电动机的转动方向与旋转磁场的转动方向相同,但是电动机的转速 n 一定小于旋转磁场的转速 n_0。因为电动机之所以能转动起来,是由于异步电动机的转子绕组受到旋转磁场磁力线的切割,受到电磁力 F 的作用,产生了电磁转矩。如果 $n=n_0$,转子与磁场之间没有相对运动,转子导体不切割磁力线,那么转子上的感应电动势、转子中的感应电流和转子上的电磁转矩均为

173

0，它的转速必将减慢。实际上，电动机转子要维持稳定运转，电动机就必须要克服内部的摩擦、空气阻力等阻力矩的影响，转轴上的阻力越大，n 与 n_0 就相差得越多。可见，异步电动机的转速 n 总是低于旋转磁场的转速（即 $n < n_0$），即要使异步电动机转动，就要使 $n \neq n_0$，两个转速异步，也就是异步电动机"异步"二字的来历。

异步电动机的同步转速 n_0 与转速 n 之差 Δn 称为转差，也称滑差。

$$\Delta n = n_0 - n$$

n_0 与 n 的差值常用相对值表示，称为转差率，用符号 s 表示，

$$s = \frac{\Delta n}{n_0} = \frac{n_0 - n}{n_0} \tag{7.4}$$

转速
$$n = (1 - s) n_0 \tag{7.5}$$

转差率是反映异步电动机运行性能的重要参数，通常异步电动机的额定转速 n_N 与旋转磁场的同步转速 n_0 是非常接近的。所以异步电动机在额定负载时的额定转差率 s_N 数值很小，在 $0.01 \sim 0.09$ 之间。

异步电动机的最大转差率出现在异步电动机起动的瞬间，电动机的转速 $n = 0$，即 $s = 1$；最小的转差率出现在理想空载情况，如果忽略电动机内部的摩擦等损耗，则 $n = n_0$，$s = 0$。正常运行时，异步电动机的转差率 s 在 0 与 1 之间，即变化范围为 $0 < s \leqslant 1$。

[例 7.1]　某三相异步电动机的参数如下：$f = 50\mathrm{Hz}$，额定转速 $n_N = 960$ r/min，求该电动机的磁极对数 p 和额定转差率 s_N。

[解]　由异步电动机的转速关系 $n_0 > n_N$，以及额定转差率 $s_N = 0.01 \sim 0.09$，可知电动机旋转磁场的同步转速 $n_0 = 1000 \mathrm{r/min}$。极对数和转差率分别为

$$p = \frac{60 f_1}{n_0} = \frac{60 \times 50}{1000} = 3$$

$$s_N = \frac{n_0 - n}{n_0} = \frac{1000 - 960}{1000} = 4\%$$

因此，磁极对数 $p = 3$，额定转差率 $s_N = 4\%$。

7.2　三相异步电动机的电路分析

三相异步电动机的定子绕组与电源接通后，定子中产生三相对称电流 i_1，电动机中产生转速为 n_0 的旋转磁场，在定子绕组中产生感应电动势 e_1。磁通通过定子和转子的铁芯闭合，在旋转磁场切割转子绕组时，转子绕组中产生感应电动势 e_2，转子绕组中产生感应电流 i_2。漏磁通也会在定子和转子绕组中产生漏磁感应电动势 e_{σ_1} 和 e_{σ_2}。电动机定子和转子的等效电路如图 7.12 所示。

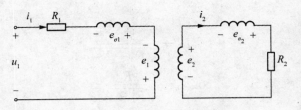

图 7.12　电动机的等效电路

7.2.1　定子电路

一般异步电动机定子边的等效电阻 R_1 和漏磁感应电动势 e_{σ_1} 很小,外加电源主要与主磁通感应电动势 e_1 平衡,即 $u_1 \approx -e_1$。

$$U_1 \approx E_1 = 4.44 f_1 N_1 \Phi_m \tag{7.6}$$

式中:f_1 为定子电流频率,N_1 为定子每相每极绕组的等效匝数,Φ_m 为旋转磁场每个磁极下的磁通的最大值。f_1 与旋转磁场的关系为

$$f_1 = \frac{p n_0}{60} \tag{7.7}$$

由式(7.6)可知,在电源电压 U_1 和频率 f_1 不变时,Φ_m 基本保持不变。

7.2.2　转子电路

与变压器副边绕组不同的是异步电动机的转子是旋转的,旋转磁场通过转子绕组产生的感应电动势 E_2、转子电流 I_2 和转子电路的功率因数 $\cos\varphi_2$ 等均与电动机的转速 n 有关。

$$E_2 = 4.44 f_2 N_2 \Phi_m \tag{7.8}$$

式中:N_2 为转子绕组每相每极匝数,f_2 为转子电流频率。f_2 与转差率 s 有关,因为旋转磁场是以转差 $\Delta n = (n_0 - n)$ 的速度切割转子绕组的,所以

$$f_2 = \frac{p n_2}{60} = \frac{p \Delta n}{60} = p \frac{n_0 - n}{60} = s \frac{n_0}{60} p = s f_1 \tag{7.9}$$

下面分析转子电路中各个电量与转速的关系:

(1) 转子不转时($n=0$)。

电动机不转时 $s=1$,则 $f_2 = s f_1 = f_1 = f_{20}$,即电动机定子电路和转子电路的电流频率相同。由图 7.12 所示的电动机等效电路,可知转子静止不动时,转子感应电动势最大,用 E_{20} 表示:

$$E_{20} = 4.44 f_1 N_2 \Phi_m \tag{7.10}$$

此时转子的等效电抗也最大,表示为 X_{20}:

$$X_{20} = 2\pi f_1 L_2 \tag{7.11}$$

于是,可以得到

$$I_{20} = \frac{E_{20}}{\sqrt{R_2^2 + X_{20}^2}} \qquad (7.12)$$

$$\cos\varphi_{20} = \frac{R_2}{\sqrt{R_2^2 + X_{20}^2}} \qquad (7.13)$$

(2) 转子转动时($n \neq 0$)。

转子电路的频率为

$$f_2 = sf_1$$

转子电动势 E_2、转子电抗 X_2、转子电流 I_2 和功率因数 $\cos\varphi_2$ 的表达式为

$$\begin{aligned} E_2 &= 4.44 f_2 N_2 \Phi_{\mathrm{m}} \\ &= 4.44(sf_1)N_2\Phi_{\mathrm{m}} = sE_{20} \end{aligned} \qquad (7.14)$$

$$X_2 = 2\pi f_2 L_2 = 2\pi(sf_1)L_2 = sX_{20} \qquad (7.15)$$

$$I_2 = \frac{E_2}{\sqrt{R_2^2 + X_2^2}} = \frac{sE_{20}}{\sqrt{R_2^2 + (sX_{20})^2}} \qquad (7.16)$$

$$\cos\varphi_2 = \frac{R_2}{\sqrt{R_2^2 + (sX_{20})^2}} \qquad (7.17)$$

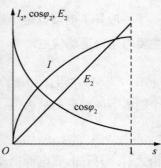

图 7.13　转子电路中 E_2、I_2 和 $\cos\varphi$ 与 s 的关系

转子电动势 E_2、转子电流 I_2 及功率因数 $\cos\varphi_2$ 随转差率 s 的变化关系曲线如图 7.13 所示。由图可见,电动机的转差率 s 较小时,转子的电流 I_2 较小,但功率因数 $\cos\varphi_2$ 较大;而当电动机的转差率 s 较大时,通过电动机转子的电流很大,但功率因数较小。这是我们不希望的。因此,电动机应尽量工作在额定转速 n_N 附近。

7.3　三相异步电动机的电磁转矩和机械特性

7.3.1　电磁转矩

异步电动机的电磁转矩 T 是由旋转磁场的每极磁通 Φ_{m} 与转子电流 I_2 相互作用产生的,T 与 I_2 成正比。异步电动机的转子电路是一个具有电阻和电抗的交流电路,所以转子电流和转子感应电动势之间存在相位差 φ_2,因此,输出功率 P 与转子电路的功率因数 $\cos\varphi_2$ 成正比。由输出转矩 T 和输出功率 P 的关系为 $P = T\Omega$(Ω 是转子的角速度),所以 T 与转子电路的功率因数 $\cos\varphi_2$ 成正比。可以证明:电磁转矩 T 与磁通 Φ_{m}、转子电流 I_2 和转子电路的功率因数的关系为

$$T = K_T \Phi_{\mathrm{m}} I_2 \cos\varphi_2 \qquad (7.18)$$

式中 K_T 是与电动机机械结构有关的结构常数。将式(7.14)、式(7.15)、式(7.16)代入式(7.18)并利用式(7.6)和式(7.10),可得转矩公式

$$T = K \frac{sU_1^2 R_2}{R_2^2 + (sX_{20})_2} \tag{7.19}$$

式中,K 是电动机的机电常数,它不仅与电动机的机械常数 K_T 有关,而且包含了电器常数。可见,三相异步电动机的电磁转矩不仅与转差率 s、转子电路参数 R_2、X_2 有关,而且还与电源电压 U_1 的平方成正比。因此,电源电压的波动对电动机的转矩影响很大。这是异步电动机的不足之处。

7.3.2　转矩特性和机械特性

当电源电压 U_1 和频率 f_1 一定,且电机参数不变时,异步电动机转矩 T 与转差率 s 的关系 $T=f(s)$ 称为转矩特性,其曲线如图 7.14 所示。

三相异步电动机的机械特性是指定子电压 U_1、电源频率 f_1 和转子电阻 R_2 等参数固定的情况下,电磁转矩 T 与转速 n 之间的关系为

$$n = f(T)$$

由于 $s = \dfrac{n_0 - n}{n_0}$,$s=0$ 对应 $n=n_0$,$s=1$ 对应 $n=0$,所以将图 7.14 $T=f(s)$ 曲线顺时针转 $90°$,变化到 $T\text{-}n$ 坐标系中,即可得到电动机的机械特性曲线 $n=f(T)$,如图 7.15 所示。

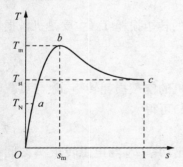
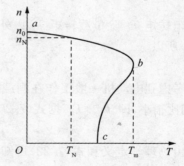

图 7.14　异步电动机的转矩特性曲线　　　图 7.15　异步电动机的机械特性曲线

从电动机的转矩特性曲线 $T=f(s)$ 和机械特性曲线 $n=f(T)$,可以清楚地观察到电动机的 n、s 和 T 之间的变化情况。为了便于分析,将特性曲线分为 Oab 和 bc 两段,如图 7.14 所示。在 Oab 段电磁转矩 T 可以随负载的变化而自动调整。例如,当负载转矩大于电磁转矩时,电动机的转速 n 将下降,转差率 s 将增加。但从曲线可知,在 Oab 段内当 s 增加时,电磁转矩会自动增加,与负载转矩平衡,从而使电动机在新的平衡点工作;当负载转矩小于电磁转矩时,电动机转速 n 将增加,

转差率 s 减小，由曲线知，电磁转矩也减小，从而使电动机在新的平衡点工作。因此，Oab 段称为稳定工作区。电动机正常运行时即工作在 Oab 段。bc 段称为不稳定工作区，如果电动机工作在 bc 段，当负载转矩大于电磁转矩时，电动机的转速将下降，转差率增大，由曲线可知，电磁转矩将进一步下降，最终使电动机停转（堵车），堵车后，电动机的电流立即升高为额定电流的数倍，如果没有保护措施及时切断电源，电动机将可能被烧毁；当负载转矩小于电磁转矩时，电动机转速增加，转差率减小，造成电磁转矩进一步增加，最终过渡到稳定工作区。

一般异步电动机 $n=f(T)$ 特性曲线的 ab 段较平，如图 7.15 所示，故在此段内，负载转矩的变动引起转速变化不大，这种特性称为硬机械特性。曲线 ab 段若斜率较大，称为软机械特性。软机械特性和硬机械特性各有用途。如车刀车削时，吃刀量增大时不宜使电动机的转速有较大的变化；电车在平坦的道路上的速度较快，在爬坡时希望速度自动减小。因此，车床采用硬机械特性的电动机，而电车采用软机械特性的电动机。

研究机械特性、转矩特性的目的就是为了分析电动机的运行性能。特性曲线上除了有两个工作区外，还有三个特殊的转矩点。

1. 额定转矩 T_N

在等速转动时，电动机的转矩 T 必须与加在电动机转轴上的阻转矩 T_C 相平衡，即

$$T = T_C \tag{7.20}$$

阻转矩 T_C 除负载转矩 T_2 以外，还有空载的转矩损耗 T_0（主要是机械损耗转矩）。所以

$$T_C = T_2 + T_0 \tag{7.21}$$

考虑到电动机一般工作在满载情况，电动机的空载损耗转矩 T_0 与负载转矩 T_2 相比很小，即 $T_2 \gg T_0$，据式(7.20)和式(7.21)可得

$$T \approx T_2 \tag{7.22}$$

由物理学定义和式(7.22)可知，电动机输出功率 P_2 与电磁转矩 T 之间有如下关系：

$$P_2 = T\Omega = T\frac{2\pi n}{60} \tag{7.23}$$

式中：P_2 为电动机输出功率，Ω 为机械角速度。一般情况下，P_2 的单位用千瓦（kW）表示，转速 n 的单位用每分钟转数(r/min)表示，转矩的单位是牛顿·米（N·m），则式(7.23)可以表示为

$$T = 9\,550\,\frac{P_2}{n} \tag{7.24}$$

异步电动机的额定转矩 T_N 是指其工作在额定负载状态下产生的电磁转矩。在忽略电动机本身的机械损耗阻力矩时,可以认为电磁转矩 T 近似等于电动机轴上的输出机械转矩,它可以从电动机铭牌给出的额定功率 P_N 和额定转速 n_N 求出,即

$$T_N = 9\,550\,\frac{P_N}{n_N} \tag{7.25}$$

T_N 即图 7.14 特性曲线 a 点所对应的转矩。

2. 最大转矩 T_m

从图 7.14 $T = f(s)$ 特性曲线上可以看出,转矩有一个最大值或临界值,该值称为最大转矩 T_m,是稳定工作区和不稳定工作区的交界点 b 对应的转矩值,它反映了电动机的带负载能力。

由于临界点 $\dfrac{dT}{ds} = 0$,由式(7.19)可以求得

$$s_m = \frac{R_2}{X_{20}} \tag{7.26}$$

s_m 是电动机达到最大转矩时的转差率,通常称为临界转差率。将式(7.26)代入式(7.19)可得最大转矩

$$T_m = K\,\frac{U_1^2}{2X_{20}} \tag{7.27}$$

从式(7.26)和式(7.27)可以看出,临界转差率 s_m 与转子电阻 R_2 成正比,但最大转矩 T_m 与 R_2 无关。R_2 增大,T_m 不变,s_m 增大,这就使电动机发生最大转矩时的转速 n 降低,如图 7.16 所示。因此,改变转子电阻 R_2 就相当于改变转差率,也就是改变了电动机的转速。所以在绕线式异步电动机转子回路外接变阻器可实现调速的目的。

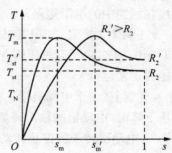

图 7.16 对应不同转子电阻 R_2 的 $n = f(T)$ 曲线($U_1 = $ 常数)

由式(7.27)可知,异步电动机的最大转矩 T_m 与电源 U_1 的平方成正比。所以供电电压的波动将影响电动机的运行情况。图 7.17 所示为不同电源电压 U_1 对电动机 $T = f(s)$ 曲线的影响。

电动机最大转矩 T_m 与额定转矩 T_N 之比称为过载系数,用 λ 表示。

$$\lambda = \frac{T_m}{T_N} \tag{7.28}$$

λ 表示电动机短时过载能力。一般三相异步电动机的 λ 值在 $1.8 \sim 2.2$ 之间,冶金、起重等特殊电动机的 λ 值在 $2.2 \sim 3$ 之间。

应当注意,电动机 $T_N < T_2 < T_m$ 运行时,是过载状态。过载状态只能短时运行,否则因电流太大,温升过高,致使电动机绝缘老化,寿命缩短。因此,中、大容量的电动机均应装配热继电器,以避免电动机长时间过载运行。

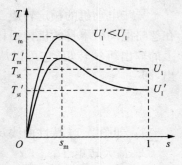

图 7.17 对应不同电源电压 U_1 的 $T = f(s)$ 曲线 $(R_2 = 常数)$

3. 起动转矩 T_{st}

电动机的起动转矩是指电动机刚刚接通电源,尚未开始转动瞬间产生的转矩。此时 $n = 0, s = 1$。将 $s = 1$ 代入转矩公式得

$$T_{st} = K \frac{U_1^2 R_2}{R_2^2 + X_{20}^2} \qquad (7.29)$$

由式(7.29)可知,改变 R_2 和 U_1 都会对 T_{st} 有影响。如图 7.16 和图 7.17 所示。

电动机起动时,起动转矩必须大于负载转矩才能顺利起动,否则电动机不能起动,会产生堵转现象。这时由于转子不能转动,旋转磁场在转子线圈中产生非常大的感应电流,如不及时切断电源,电动机将因过热而被烧毁。绕线式三相异步电动机通过增加转子回路串接电阻的方法提高起动转矩,但 R_2 增加的同时也影响了 $T = f(s)$ 曲线,使 s 和 T 也变化,如图 7.16 所示。所以电动机一旦起动后,应将串接在回路中的电阻短路。

[**例 7.2**] 已知鼠笼式三相异步电动机的额定电压 $U_N = 220V$,负载转矩 $T_2 = 0.6T_m$,由于某种原因,电网电压下降为额定电压的 80% 或 70%,此时电动机能否正常运行?

[**解**] 由于电动机输出机械力矩 T 与电源电压 U_1 的平方成正比,当电网电压下降时,电动机的输出转矩也随之下降。如果负载转矩大于电动机的最大转矩 T_{max},电动机转子将停止转动,如不及时切断电源,将造成过热而烧毁电动机。所以

(1) 电源电压下降到 $U' = 80\%U_N$ 时

$$\frac{T'_m}{T_m} = \frac{(U')^2}{U^2}$$

$$T'_m = 0.8^2 T_m = 0.64 T_m$$

$$T'_m > T_2$$

因此,电动机可以正常运行。

(2) 电源电压下降到 $U'' = 70\%U_N$ 时

$$T''_m = 0.7^2 T_m = 0.49 T_m$$

180

$$T''_m < T_2$$

因此,电动机不能正常运行。

7.4　三相异步电动机的铭牌数据

要正确使用电动机,必须要读懂生产厂家固定在电动机外壳上的铭牌,铭牌上标出了电动机的主要技术数据。下面以国产 Y132S-4 三相异步电动机为例,来说明铭牌上各个数据的意义。

三相异步电动机							
型号	Y132S-4	功率	3kW	频率	50Hz
电压	380V	电流	7.2A	连接	Y
转速	1450r/min	功率因数	0.76	效率	0.88
温升	75°	绝缘等级	E	工作方式	连续
编号:		年　月　日		××电机厂	

1. 型号

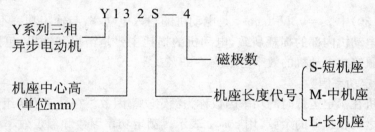

表 7.1 摘录了部分国产异步电动机产品名称代号及其汉字的意义。其中 Y 系列电动机是我国自行设计的封闭型笼式三相异步电动机,取代 JO₂ 等老系列的更新换代产品,它不仅符合国家标准,也符合国际电工委员会(IEC)标准。功率范围为 0.55～160kW。在输出功率相同的情况下,与 JO₂ 等老系列相比,Y 系列的电动机具有体积小、重量轻、起动转矩大等优点。

表 7.2　异步电动机产品名称代号

产品名称	新代号	汉字意义	老代号
异步电动机	Y	异	J,JO
绕线式异步电动机	YR	异绕	JR,JRO
防爆型异步电动机	YB	异爆	JB,JBS
多速异步电动机	YD	异多	JD,JDO

2. 额定电压

电动机正常运行时,三相定子绕组应加的线电压称为额定电压。它与定子绕组的连接方式有对应的关系。Y 系列电动机的额定电压一般为 380V,$P_N \leqslant 3kW$ 时为星型连接,$P_N \geqslant 4kW$ 时,为三角型连接。有些小容量电动机,U_N 为 380/660V,连接方式为△/Y,这表示,电源电压为 380V 时作三角形连接;电源电压为 660V 时作星型连接。铭牌所示电动机为 Y 形接法,电源线电压是 380V,每相绕组上的电压是 220V。

3. 额定电流

电动机在额定运行时,定子三相绕组上的线电流称为额定电流。如定子绕组有两种连接方式,则铭牌上标出两种额定电流。如 380/660V,△/Y,2/1.15A。它们之间有一一对应关系。

4. 额定功率

电动机额定运行时轴上输出的机械功率称为额定功率。P_N 即为 P_2。

5. 额定效率

电动机额定运行时,轴上输出的机械功率与输入的电功率之比称为额定效率。

$$\eta_N = \frac{p_2}{p_1} \times 100\% \tag{7.30}$$

式(7.30)中 $p_1 = \sqrt{3} U_L I_L \cos\varphi$ 是电动机的输入电功率,与输出功率不同,其差值是由于电动机内部的损耗所致,电动机的损耗主要是铜损和铁损,包括机械损耗。一般鼠笼式电动机的效率为 72%～93%。

6. 额定功率因数

电动机在额定运行时的功率因数称为额定功率因数。它是定子绕组上相电压与相电流之间相位差的余弦,用 $\cos\varphi_N$ 表示。额定功率因数和额定效率是三相异步电动机的重要的技术经济指标。电动机在额定状态或接近额定状态运行时,$\cos\varphi_N$ 和 η_N 都比较高,而在轻载和空载下运行时,$\cos\varphi_N$ 和 η_N 都很低,这是不经济的。所以在选用电动机时,额定功率要选得合适,应使它等于或略大于负载所需要的 p_2 值,尽量避免用大容量的电动机去带小的负载运行,即要防止"大马拉小车"的现象。

7. 额定转速

电动机在额定运行时的转子的转速称为额定转速。异步电动机的额定转速非常接近而又小于同步转速 n_0,$s_N = 0.01～0.09$,因此,只要知道了额定转速 n_N,再参考表 7.1,就能确定同步转速 n_0 和极对数 p。如 $n_N = 1440r/min$,则 $n_0 = 1500r/min$,$p = 2$。

8. 额定频率

电动机在正常工作时,定子三相绕组所加交流电压的频率称为额定频率。

9. 绝缘等级

电动机的绝缘等级是由其所用绝缘材料的耐热等级决定的,它决定电动机允许的最高工作温度。目前,一般电动机采用 E 级绝缘,允许的温度是 120℃。

10. 连接

这是指三相定子绕组的连接方法。鼠笼式异步电动机的接线盒有 6 个接线端子,标示为 U_1、V_1、W_1 和 U_2、V_2、W_2。各接线端子与内部绕组之间的关系如图 7.18(a)所示,图 7.18(b)、图 7.18(c)是将电动机接成 Y 形和△形的连接方法。

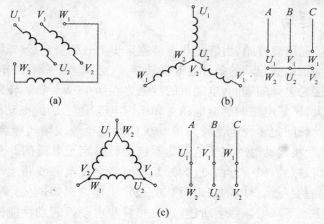

图 7.18　三相异步电动机的接线盒和连接方法

11. 工作方式

指电动机的工作方式。用英文字母 s 和数字标示。按运行状态对电动机温升的影响,工作方式细分为 9 种,可归为:连续工作方式(s_1),短时工作方式(s_2),断续周期工作方式(s_3)。

[**例 7.3**]　Y180M-2 型三相异步电动机,$P_N = 22\text{kW}$,$U_N = 380\text{V}$ 三角形连接,$I_N = 42.2\text{A}$,$\cos\varphi_N = 0.89$,$f_N = 50\text{Hz}$,$n_N = 2\,940\text{r/min}$。求额定运行时的:(1)转差率 s_N;(2)定子绕组的相电流;(3)输入有功功率;(4)效率。

[**解**]　(1)由型号可知该电动机的磁极对数 $p = 1$,从而可由式(7.3)求出 n_0,也可以直接从 $n_N = 2\,940\text{r/min}$,得知 $n_0 = 3\,000\text{r/min}$。故

$$s_N = \frac{n_0 - n_N}{n_0} = \frac{3\,000 - 2\,940}{3\,000} = 0.02$$

(2)由于定子三相绕组为三角形连接,故定子相电流

$$I_{1P} = \frac{I_N}{\sqrt{3}} = \frac{42.2}{\sqrt{3}} = 24.4(\text{A})$$

（3）输入有功功率

$$P_{1N} = \sqrt{3}U_N I_N \cos\varphi_N = \sqrt{3} \times 380 \times 42.2 \times 0.89 = 24.7 \times 10^3 (\text{W}) = 24.7(\text{kW})$$

（4）效率

$$\eta_N = \frac{P_N}{P_{1N}} \times 100\% = \frac{22}{24.7} \times 100\% = 89\%$$

7.5 三相异步电动机的使用

7.5.1 起动

电动机从接通电源开始，由静止状态转速逐步上升到稳定运转状态，这一过程称为起动。电动机能够起动的条件是起动转矩 T_{st} 必须大于负载转矩 T_2。

电动机在接通电源的瞬间，电动机的转速为零，$n=0$，$s=1$，旋转磁场切割转子的相对速度很大，转子电路的感应电动势和感应电流很大，因此电动机的定子电流也随之增加。此瞬间定子线电流称为电动机的起动电流或堵转电流，用 I_{st} 表示。一般情况下，电动机起动时的定子电流为额定运行时定子电流的 5～7 倍，过大的电流会使电动机过热。另一方面，过大的起动电流会在电源线路上产生较大的电压降落，影响同一变压器供电的临近负载的正常工作。例如：电灯突然变暗，电动机的电磁转矩突然下降等。综上所述，对三相异步电动机起动性能的要求主要有两点：一是电动机的起动电流不能过大，以免造成电网电压的明显波动和电动机内部发热；二是电动机的起动力矩必须足够大，以便起动时电动机能直接拖动一定的负载。因此，常用的起动方法有：

1. 直接起动（全压起动）

直接起动又称全压起动，即通过刀开关或交流接触器直接将电动机的定子绕组加上额定电压起动。

直接起动的电流虽然很大，但因起动时间很短，同时随着转速的上升，电流很快减小，只要不是频繁起动，不会引起电动机过热。如果电源变压器的容量又足够大，且额定电流远大于电动机的起动电流，也不会引起供电电压的显著下降。一般 20～30kW 以下的中小型电机，不是频繁起动的可以采用直接起动方法。这种起动方法操作简便，起动迅速，不要求专用的起动设备，是小型鼠笼式电动机常用的起动方法。

如果电动机的额定功率比较大，相比之下，电源的容量不是足够大，或是电动机起动过于频繁，则不能采用直接起动，这时可考虑采用下述的降压起动方法。

2. 降压起动

184

降压起动是指在起动时降低加在电动机定子绕组上的电压,以减小起动电流。鼠笼式电动机的降压起动常用下面几种方法:

（1）星形-三角形降压起动。简称星-三角起动或 Y-△起动。这种起动方法只适用于正常运行时为三角形连接的电动机。起动时,先将三相手动开关 QS₁ 合上接通电源,然后将开关 QS₂ 合到"起动"位置,暂时使电动机定子绕组接成 Y 形,如图 7.19 所示,等到电动机的转速接近或达到额定转速时,再将开关 QS₂ 合到"运行"位置,使电动机定子绕组换接成△形,电动机在额定电压下正常运行。

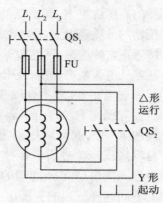

图 7.19　Y-△起动

星-三角起动相比电动机直接起动(定子绕组接成三角形)的好处在于:

设电源的线电压为 U_L,起动时定子绕组是 Y 形接法时,电源的线电流 $I_{Ly} = \dfrac{U_L}{\sqrt{3}\,|Z|}$。如接成△形接法,每相定子绕组的相电压 $U_{P\triangle} = U_L$,产生的相电流 $I_{P\triangle} = \dfrac{U_{P\triangle}}{|Z|} = \dfrac{U_L}{|Z|}$,起动时的电源线电流为 $I_{L\triangle} = \sqrt{3}\,I_{p\triangle} = \sqrt{3}\dfrac{U_L}{|Z|}$,因此,

$$\frac{I_{sY}}{I_{s\triangle}} = \frac{I_{LY}}{I_{L\triangle}} = \frac{\dfrac{U_L}{\sqrt{3}\,|Z|}}{\sqrt{3}\dfrac{U_L}{|Z|}} = \frac{1}{3}$$

采用 Y-△起动时,起动电流减小到直接三角形起动的 $\dfrac{1}{3}$。而起动转矩为

$$\frac{T_{sY}}{T_{s\triangle}} = \left(\frac{U_{pY}}{U_{p\triangle}}\right)^2 = \left(\frac{\dfrac{U_L}{\sqrt{3}}}{U_L}\right)^2 = \frac{1}{3}$$

可见,Y-△起动时起动转矩只有三角形接法直接起动时的 $\dfrac{1}{3}$。因此,Y-△起动法只适用于空载和轻载起动。

（2）自耦降压起动。又称自耦变压器起动或补偿起动。这种起动方法既适用于正常运行时连接成三角形的电动机,也适用于连接成星形的电动机。起动时,先通过三相自耦变压器将电动机的定子电压降低,起动后再将电压恢复到额定值。自耦变压器上备有 2~3 组抽头,输出不同的电压,如 $0.4U_N$、$0.6U_N$、$0.8U_N$,供用户选用。

起动时，先将 QS_1 合上接上三相电源，然后将 QS_2
合到"起动"位置，这时电源电压 U_N 加到三相自耦变压
器的高压绕组上，异步电动机的定子绕组接在自耦变
压器的低压绕组上，使电动机降压起动，待转速上升到
接近正常转速时，再把 QS_2 合到"运行"位置，将自耦变
压器从电源脱离，进入全压运行状态。

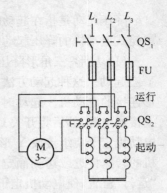

应当注意，采用自耦变压器降压起动时，由于变
压器降压比 K 的存在，起动电流为直接起动时的电
流的 K^2 倍，起动转矩也为直接起动的 K^2 倍。所以
自耦降压起动适用于容量较大的或正常运行时连成　图 7.20　自耦降压起动电路图
星形不能采用 Y-△起动的鼠笼式异步电动机，并且可以根据负载对起动转矩要求
的不同选择适当的变压比 K 值。

3. 软起动法

前两种起动方法，电动机在起动时都将受到不同程度的冲击，且对电网的影响
不能完全克服。随着电力电子技术和微机控制的发展，目前，一种性能优良的软起
动控制器已经问世，并得到迅速推广。

软起动控制器采用了现代电力电子技术及
先进的微机控制技术，在电动机起动过程中，可
按用户期望的起动特性，对电动机进行自动控
制，使其平滑可靠地完成起动过程。软起动器与
电动机的接线图如图 7.21 所示。

图 7.21　软起动器与电动机的连接

软起动控制器通常有限流起动和限压起动两种模式。

限流起动的起动过程如图 7.22 所示。电动机在这种起动模式下起动时，软起
动控制器的输出电流从零迅速增加，直到输出电流达到设定的电流限幅值 I_m，然
后在保证输出电流不大于 I_m 的情况下，电压逐渐升高，电动机逐渐加速，最后达到
稳定工作状态，输出电流为电动机负载工作电流 I_L。电流限幅值可根据实际负载
情况设定为 0.5~4 倍的额定电流。图 7.22 还可见在负载一定时，I_m 小，电动机
起动时间较长；反之，起动时间较短。

限压起动模式的起动过程如图 7.23 所示。电动机在限压模式下起动时，软起
动控制器的输出电压从 U_0 开始逐渐升高直至额定电压 U_N。其初始电压 U_0 和起
动时间 t_1 可根据负载情况和工艺要求进行设定，以获得满意的电压上升率，在该
模式下，电动机可以平滑地起动，避免了电机转速冲击，做到起动时对电网电压的
冲击最小。

电动机停车时，可直接断电停车，也可以利用软起动控制器使输出电压逐渐平

滑地减小到零,使电动机无机械应力地缓慢停车。

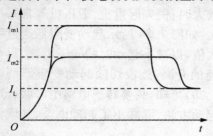

图 7.22 阻流起动   图 7.23 阻压起动

软起动控制器还兼有对电动机的过流、过压、过载和缺相等保护功能。因此得到日益广泛的应用。

[**例 7.4**] 一台 Y250M-6 型三相鼠笼式异步电动机,$U_N=380V$,三角形连接,$P_N=37kW$,$n_N=985r/min$,$I_N=72A$,$\frac{T_{st}}{T_N}=1.8$,$\frac{I_{st}}{I_N}=6.5$。已知电动机起动时的负载转矩 $T_2=250N \cdot m$。从电源取用的电流不得超过 360A,试问:(1) 能否直接起动?(2) 能否采用星-三角起动?(3) 能否采用 $K=0.8$ 的自耦变压器起动?

[**解**] (1) 电动机的额定转矩为

$$T_N = 9\,550\frac{P_N}{n_N} = 9\,550 \times \frac{37}{985} = 359(N \cdot m)$$

直接起动的起动转矩和起动电流为

$$T_{st} = 1.8 \times 359 = 646(N \cdot m)$$
$$I_{st} = 6.5 \times 72 = 468(A)$$

由于 $I_{st} > 360(A)$,所以不能直接起动。

(2) 星形-三角起动时的起动转矩和起动电流为

$$T_{stY} = \frac{1}{3}T_{st} = \frac{1}{3} \times 646 = 215(N \cdot m)$$

$$I_{stY} = \frac{1}{3}I_{st} = \frac{1}{3} \times 468 = 156(A)$$

由于 $T_{stY} < T_2$,所以不能采用星形-三角起动。

(3) 采用 $K=0.8$ 的自耦变压器起动时的起动转矩和从电源取用的电流为

$$T_{sta} = K^2 T_{st} = 0.8^2 \times 646 = 413(N \cdot m)$$

$$I_a = K^2 I_{st} = 0.8^2 \times 468 = 300(A)$$

式中下标 a 表示自耦变压器起动。

由于 $T_{sta} > T_2$,$I_a < 360A$,故可以采用自耦变压器起动。

4. 转子回路串电阻起动

187

降压启动方法由于起动电压下降,定子和转子中的电流减小,使得电动机的起动转矩也随之下降,因此在要求起动转矩比较大时,例如起重机、锻压机等常采用绕线式电动机改变转子电阻的方法进行起动。如图7.24所示起动变阻器通过手柄接成星形,起动前先把起动变阻器调到最大值,以减小起动时的转子电流,再合上电源开关 QS,电动机开始起动。随着转速的升高,逐段切除起动变阻器的电阻,直到全部切除,使转子绕组短接。由式(7.29)可知,只要转子电路中串联合适的电阻,就能增大起动转矩。所以采用这种起动方法,既减小了起动电流,又增大了起动电阻。

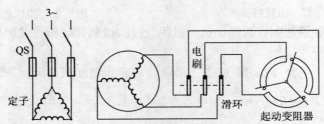

图 7.24　绕线式异步电动机的起动电路

7.5.2　调速

电动机的调速就是在一定的负载条件下,根据不同生产过程的要求,人为地改变电动机的电路参数,以使电动机在不同的转速下工作的过程。

长期以来,由于直流电动机具有优良的调速性能,所以,在传动领域一直是直流调速系统占主导地位。但是,直流电动机在结构上采用换向器和电刷,因此,存在转速和容量受限、不适合用于易燃、易爆等环境恶劣的地方,且故障率高等缺点。随着电力电子技术和计算机控制技术的发展,异步电动机的调速技术已经有了很大提高,性能上完全可以与直流电机相媲美,加之异步电动机结构上的优势,所以近年来得到迅速推广和应用。

电动机的转速公式:

$$n = (1-s)n_0 = (1-s)\frac{60f_1}{p}$$

由公式可见,电动机的调速可以通过改变磁极对数 p,改变三相电源的频率 f_1 和改变转差率 s 来实现。其中,改变电动机磁极对数的方法因不能连续调速,称为有级调速,而改变 f_1 和 s 的调速方法可以实现连续调速,称为无级调速。

1. 变极调速

鼠笼式异步电动机可以采用改变磁极对数 p 的方法进行有级调速。如前所述,异步电动机的磁极对数取决于定子绕组内线圈的布置和连接方式。笼鼠式多速异步电动机的定子绕组是特殊设计和制造的,可以通过改变外部连接方式来改变磁极对数 p,使异步电动机的同步转速 n_0 改变,达到调速的目的,常见的多速电动机有双速、三速、四速几种,产品代号为 YD。

2. 变频调速

我国发电厂提供的都是 50Hz 的工频交流电,因此,采用这种调速方法需要配备一套频率可调的变频电源。变频电源的原理如图 7.25 所示。利用变频电源先将 50Hz 的交流电通过整流电路变换为直流电,再通过逆变电路将直流电变换为频率可调、电压可调的交流电,供给异步电动机。频率的大小和电压的高低通过控制电路进行调节,从而使电动机可以在较宽的范围里实现平滑调速。

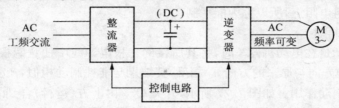

图 7.25 变频调速

随着功率电子技术的发展,变频技术逐步成熟,变频电源可靠性的提高和成本的降低,这种调速方法已经成为鼠笼式三相异步电动机主要的调速方法,得到了广泛的应用。

3. 转子串电阻调速

变频调速和变极调速的方法是从电动机的定子上来考虑的调速方法,对于绕线式电动机还可以通过调整转子电阻的方法来调节电动机的转速。由图 7.16 可知,改变转子电路的电阻可以改变电动机的机械特性,即调整了电动机的转差率,从而实现调速的目的,所以也可称为改变转差率调速。这种调速方法比较简单,但因调速电阻中要消耗电能,功率损耗变大,运行效率低,而且转子电路串电阻后,机械特性变软,低速时负载稍有变化,转速变化较大,所以常用于调速时间不长的生产机械,如起重机等。

7.5.3 制动

阻止电动机转动,使之减速或停车的措施称为制动。

电动机及其拖动的生产机械具有惯性,切断电源之后,电动机自然停车的时间较长,因此在要求电动机迅速停转或准确停在某一位置时,就必须对电动机的停车过程采取一定措施,以满足工艺要求,缩短辅助工时和保障安全。

异步电动机常用的制动方法有三种:能耗制动、反接制动和发电反馈制动。无论哪种制动方法,基本原理大致相同,都是力图在电动机的转子轴上产生与电动机当前转动方向相反的力矩,阻止电动机继续运转直至停止。

1. 能耗制动

当电动机与交流电源断开后,通过双向刀开关 QS 立即给定子绕组通入直流电流,如图 7.26(a)所示。将开关 QS 由运行位置转换到制动位置,这样将建立一个固定磁场,而电动机由于惯性作用继续沿原方向转动。如图 7.26(b)所示。由电动机电磁关系的分析可知,转子导体切割直流磁场将产生感应电流,这个转子电流与固定磁场相互作用产生的电磁力 F 对电动机转动形成阻力矩,电动机的转速下降,直到 $n=0$ 完成制动过程。这种制动过程中,将转子的动能转换为电能,再消耗在转子绕组电阻上,所以称为能耗制动。

2. 反接制动

反接制动是在电动机停车时,将其所接的三根电源线中任意两根对调。使旋转磁场 n'_0 的方向与原来的方向 n_0 相反,其结果与能耗制动相似,产生阻力矩,对电动机形成制动作用。如图 7.27 所示,开关 QS_2 由上方(运行)合到下方制动,使电源相序改变,会产生与原来方向相反的电磁转矩。要注意,当电动机转速接近零时,必须利用测速装置及时将电源切断,否则电动机将反转。这种制动方法简单,但在反接开始时,转子以 (n'_0+n_0) 的相对速度切割旋转磁场,因而定子及转子绕组中的电流较正常运行时大十几倍,为保护电动机不致过热烧毁,反接制动时应在定子电路图中串入电阻限流。

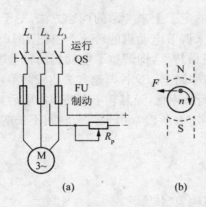

图 7.26 能耗制动

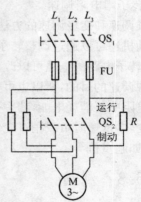

7.27 反接制动电路图

3. 发电反馈制动

发电反馈制动是电动机由于某种原因,如当起重机载物下降时,由于物体的重力加速度的作用,导致电动机的转速 n 超过了旋转磁场的转速 n_0,从而改变了电动机电磁转矩的方向,成为对电动机运行相反的制动转矩。这时实际上电动机已进入发电运行状态,将负载的位能转换成电能反馈到电网中去,所以称为发电反馈制动。

小　结

(1) 通过本章的学习,应了解三相异步电动机的结构及工作原理。

(2) 对三相异步电动机各项铭牌数据的概念、机械特性上的几个转矩点和电动机参数的关系等要正确理解,从而重点掌握三相异步电动机的使用方法。

(3) 要熟练掌握电动机的基本分析和计算方法,旋转磁场转速 $n_0 = \dfrac{60f_1}{p}$,转子转速 $n < n_0$,转差率 $s = \dfrac{n_0 - n}{n_0}$,当外加电压 U_1 频率 f_1 不变时,三相异步电动机定子绕组的感应电动势 E_1 和旋转磁场的磁通 Φ_m 基本不变,而定子电流 I_1 由输入功率 p_1 决定。转子电动势 $E_2 = sE_{20}$,$f_2 = sf_1$,刚起动时,$s = 1$,$E_2 = E_{20}$ 最大,电流也最大,频率最高。随 n 的上升逐渐减小。

$T_N = 9\,550\,\dfrac{p_N}{n_N}$,$p_N$ 的单位为 kW;

过载系数 $\lambda = \dfrac{T_{max}}{T_N}$;起动能力 $K_{st} = \dfrac{T_{st}}{T_N}$。

转矩 $T \propto U_1^2$,$U_1 \downarrow$、n、T 都 $\downarrow$。T 还与 R_2 有关,$R_2 \uparrow$,机械特性变软。

电动机的额定电压、电流都为额定线值,p_N 为满载时轴上的输出机械功率,$p_1 = \sqrt{3}\,U_L I_L \cos\varphi_L$,$\eta_N = \dfrac{p_N}{p_{LN}}$,$p_{LN}$ 为额定输入功率。

习　题

7.1　一台三相四极 50Hz 异步电动机,已知额定转速为 $n_N = 1\,440\text{r/min}$,求额定转差率。

7.2　有一四极三相异步电动机,额定转速 $n_N = 1\,440\text{r/min}$,转子每相电阻 $R_2 = 0.02\Omega$,感抗 $X_{20} = 0.08\Omega$,转子电动势 $E_{20} = 20\text{V}$,电源频率 $f_1 = 50\text{Hz}$。试求该电动机起动时及在额定转速运行时的转子电流 I_2。

7.3　已知 Y100L1-4 型异步电动机的某些额定技术数据如下:

2.2kW	380V	Y 连接
1 420r/min	$\cos\varphi = 0.82$	$\eta = 81\%$

试计算:(1) 相电流和线电流的额定值及额定负载时的转矩;(2) 额定转差率

及额定负载时的转子电流频率。设电源频率为 50Hz。

7.4 Y225-4 型三相异步电动机的技术数据如下：380V、50HZ、△接法、定子输入功率 $P_{1N}=48.75kW$、定子电流 $I_{1N}=84.2A$、转差率 $S_N=0.013$，轴上输出转矩 $T_N=290.4N·m$，求：(1) 电动机的转速；(2) 轴上输出的机械功率；(3) 功率因数；(4) 效率。

7.5 某三相异步电动机，$p=1$，$P_2=30kW$，$T_c=0.51N·m$，频率为 50Hz，转差率为 0.02。求：(1) 同步转速；(2) 转子转速；(3) 输出转矩；(4) 电磁转矩。

7.6 一台 4 个磁极的三相异步电动机，定子电压为 380V，频率为 50Hz，三角形连接。在负载转矩 $T_L=133N·m$ 时，定子线电流为 47.5A，总损耗为 5kW，转速为 1440r/min。求：(1) 同步转速；(2) 转差率；(3) 功率因数；(4) 效率。

7.7 某三相异步电动机，定子电压为 380V，三角形连接。当负载转矩为 51.6N·m 时，转子转速为 740r/min，效率为 80%，功率因数为 0.8。求：(1) 输出功率；(2) 输入功率；(3) 定子线电流和相电流。

7.8 已知 Y132S-4 型三相异步电动机的额定技术数据如下：

功率	转速	电压	效率	功率因数	I_{st}/I_N	T_{st}/T_N	T_{max}/T_N
5.5kW	1440r/min	380V	85.5%	0.84	7	2.2	2.2

电源频率为 50Hz。试求额定状态下的转差率 s_N，电流 I_N 和转矩 T_N，以及起动电流 I_{st}，起动转矩 T_{st}，最大转矩 T_{max}。

7.9 一台三相异步电动机的额定功率为 8kW，额定电压为 380V，额定效率为 83%，额定功率因数为 0.89。试计算 P_N 和 I_N。

7.10 某四极三相异步电动机的额定功率为 30kW，额定电压为 380V，三角形连接，频率为 50Hz。在额定负载下运行时，其转差率为 0.02，效率为 90%，线电流为 57.5A，试求：(1) 转子旋转磁场对转子的转速；(2) 额定转矩；(3) 电动机的功率因数。

7.11 一台三角形连接的三相鼠笼式异步电动机，已知 $P_N=10kW$，$U_N=380V$，$I_N=20A$，$n_N=1450r/min$，由手册查得 $I_{st}/I_N=7$，$T_{st}/T_N=1.4$，拟半载起动，电源容量为 200kVA，试选择适当的起动方法，并求此时的起动电流和起动转矩。

7.12 上题中电动机的 $T_{st}/T_N=1.2$，$I_{st}/I_N=7$，试求：(1) 用 Y-△降压启动时的启动电流和启动转矩；(2) 当负载转矩为额定转矩的 60% 和 25% 时，电动机能否启动？

7.13 如果采用自耦变压器降压启动，而使电动机的启动转矩为额定转矩的 85%，试求：(1) 自耦变压器的变比；(2) 电动机的启动电流和线路上的启动电流各为多少？

第8章 继电接触器控制电路

继电接触器控制系统在现今的生产机械、电力拖动、自动控制系统中占有重要地位,应用十分广泛。

继电接触器按用途可分为控制电器和保护电器两大类。控制电器有继电器、接触器、按钮、开关等;保护电器有熔断器、热继电器等,对电源和电动机进行短路、过载、失压保护。

本章主要介绍继电接触控制系统中一些常用的电器、基本控制环节和基本控制线路。掌握这些内容对理解第 9 章 PLC 的指令和梯形图的逻辑关系会有很大帮助。

8.1 常用的控制电器

8.1.1 刀开关

刀开关又叫闸刀开关,一般用于不频繁起动与停止的小容量的异步电动机接通与断开电源,或用来将电路与电源隔离。图 8.1(a)为胶盖瓷底刀开关,底板是瓷质的,刀片和刀座用胶木盖罩住。胶盖可以防止切断电路时产生电弧短路,还可以防止电弧烧伤操作人员。刀开关按极数分为单极、双极、三极三种,每种又有单投与双投之分,图 8.1(b)是双极和三极刀开关的文字和图形符号。

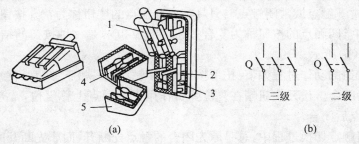

图 8.1 刀开关的结构与符号

(a) 结构图;1—刀片;2—熔丝;3—接熔丝的螺钉;

4、5 胶木盖;(b)文字与图形符号

刀开关的额定电压一般是 250V 和 500V,额定电流为 10~500A。安装刀开关时，电源线应接在开关的静触点上，负载接刀片这一侧的出线端。这样当断开电源时，裸露在外面的金属刀片就不会带电，刀开关的额定电流应大于其所控制的最大负荷电流。用于直接起停 3kW 及以下的三相异步电动机时，刀开关的额定电流必须大于电动机额定电流的 3 倍。

8.1.2　组合开关

组合开关又称为转换开关，是一种转动式闸刀开关，主要用于接通或切断电路，控制小型鼠笼式三相异步电动机的起动、停止、正反转和局部照明。

组合开关的结构如图 8.2 所示，它有若干个动触片和静触片，分别装于数层绝缘件内，静触片固定在绝缘垫板上，动触片装在转轴上，随转轴旋转而改变通、断位置。

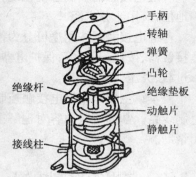

手柄
转轴
弹簧
凸轮
绝缘杆
绝缘垫板
动触片
静触片
接线柱

组合开关按通、断类型可分为同时通断和交替通断两种；按转换极数分为单极、双极、三极、四极。额定电流有 10A、25A、60A 和 100A 等多种。

图 8.2　组合开关的结构

与刀开关相比，组合开关具有体积小、使用方便、通断电路能力强等优点。

8.1.3　按钮

按钮是一种手动的、可以自动复位的开关。通常用来短时间接通或断开低压、弱电流的控制回路，从而控制电动机或其他的电气设备的运行。

电器元件的触点，按电器元件处于"常态"（不通电状态）时触点状态的断开或闭合，分为常开触点或常闭触点。只具有常开触点的按钮称为常开按钮，同时具有常开触点和常闭触点的按钮称为复合按钮。图 8.3（a）是一种按钮的结构图，其符号如图 8.3（b）所示。

复合按钮的动作过程如下：按下按钮帽，动触点（桥式）下移，常闭触点先断开，常开触点后闭合。松开按钮帽在复位弹簧作用下动触点上移复位，常开触点先断开，常闭触点后闭合。

在按钮触点切换过程中，总是原先闭合的触点先断开，而原先断开的触点后闭合，这种"先断后合"的特点，可以用来实现控制电路中联锁的要求。

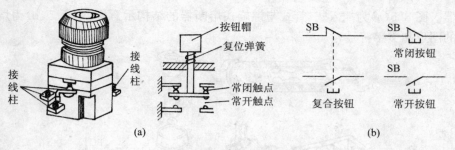

图 8.3　按钮的结构及符号

(a)结构;(b)文字和图形符号

8.1.4　断路器

断路器又称自动空气开关或自动开关,其主要特点是具有自动保护功能,当发生短路、过载、欠电压等故障时能自动切断电路,起保护作用。它的结构形式有很多种,图 8.4 是断路器的一般原理图。它由触点系统、操作机构和保护元件三部分组成。主触点通常由手动的操作机构来闭合。开关的脱扣机构是一套连杆装置,有过流脱扣器和欠压脱扣器等,它们都是电磁铁,当主触点闭合后就被锁钩锁住。正常情况下,过流脱扣器的衔铁是释放着的,一旦发生严重过载或短路故障,因线圈电流过大而产生较大的电磁吸力,衔铁往下吸而顶开锁钩,于是主触点断开,起到过流保护作用。欠压脱扣器的工作情况与之相反,正常情况下吸住衔铁,主触点闭合,电压严重下降或断电时释放衔铁而使主触点断开,实现了欠压保护。当电源电压恢复正常时,必须重新合闸才能工作。

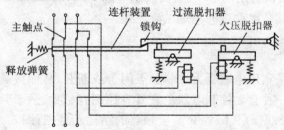

图 8.4　断路器的结构原理图

8.1.5　熔断器

熔断器又称保险丝,主要用于电路和电器设备的短路保护。熔断器中的熔片或熔丝一般由熔点低、易熔断、导电性能好的合金材料制成。当电路发生短路或严重过载时,电流变大,熔体发热使温度达到熔断温度而自动熔断,从而切断电源。

常用的熔断器有:插入式熔断器、管式、螺旋式熔断器、管式熔断器和填料式熔

195

断器。图 8.5(a)为插入式、管式与螺旋式熔断器的结构示意图,图 8.5(b)为熔断器的图形和文字符号。

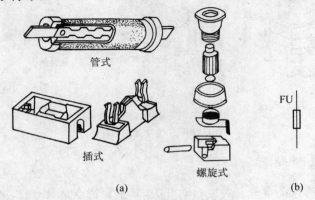

管式

插式

螺旋式

FU

(a)

(b)

图 8.5 熔断器的结构和符号

(a) 熔断器的结构图;(b) 文字和图形符号

熔断器额定电流的选择:

(1) 对于照明等没有冲击电流的负载,熔断器的额定电流 I_N 等于或稍大于线路负载电流 I,即 $I_N \geqslant I$。

(2) 单台鼠笼式三相异步电动机,为防止起动过程中较大的起动冲击电流将熔丝熔断,产生误动作,熔断器额定电流 $I_N \geqslant \dfrac{I_{st}}{2 \sim 2.5}$,式中 I_{st} 为电动机的起动电流。

(3) 几台电动机合用的熔断器,其额定电流 $I_N \geqslant (1.5 \sim 2.5)$ 倍容量最大电动机的额定电流+其余电动机的额定电流之和。

8.1.6 交流接触器

交流接触器是利用电磁吸力控制触点闭合或断开,从而接通或断开电动机或其他负载电路的一种自动控制电器。它具有控制容量大、适于频繁操作和远距离控制等优点。图 8.6(a)、(b)为交流接触器的结构示意;图 8.6(c)~(f)为接触器文字和图形符号,其中 8.6(c)为线圈;8.6(d)为主触点,8.6(e)为常开的辅助触点,8.6(f)为常闭的辅助触点。绘图时,同一接触器的线圈触点不管在电路的什么位置,都用同一字母符号。

交流接触器主要由电磁机构、触点系统两部分组成。电磁机构由线圈、静铁芯、动铁芯(衔铁)和弹簧组成,触点系统由静触点和桥式动触点组成。为了减轻切断较大感性负载时电弧对触点的烧蚀,主触点之间必须采用灭弧装置。当线圈通电后,山字形动铁芯与下铁芯吸合,使常闭触点断开,而使常开触点闭合。为了消

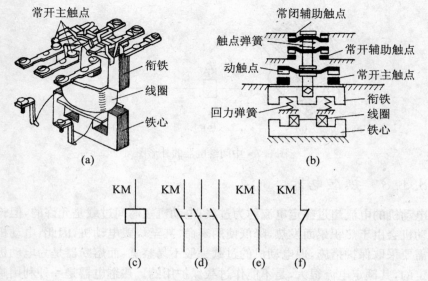

图 8.6　交流接触器的主要结构图及符号

(a) 结构图;(b) 原理示意图;(c)～(f) 符号

除铁芯的颤动和噪声,在铁芯端面的一部分套有短路环。

根据不同用途,交流接触器的触点分主触点和辅助触点两种 。 辅助触点面积小,通过的电流小,常接在控制回路中。主触点面积较大,能通过的电流大,常接于主回路中。

选用交流接触器时,应注意其额定电流、线圈电压及触点数量等。目前国产的交流接触器主要有 CJ10、CJ12、CJ20、3TB 等系列。电磁线圈的额定电压有 110V、127V、220V、380V,主触点的额定电流有 5A、10A、20A、40A、60A、100A、150A 等。

8.1.7　中间继电器

在继电接触控制系统中,为解决某些继电器触点不够用的矛盾,专门生产了一种多触点的继电器,用来传递信号和同时控制多个电路,也可直接用来控制小容量电动机或其他电气执行元件,这种继电器称为中间继电器。

中间继电器的结构和工作原理类似于交流接触器,选用中间继电器时,主要考虑电磁线圈额定电压及常开、常闭触点的数量,图 8.7(a) 为 JZ7 电磁式中间继电器的外形图,8.7(b)、(c) 分别为线圈和触点的符号。

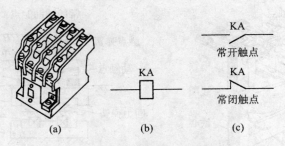

図 8.7　中間継电器的外形图

8.1.8　热继电器

电动机的电流超过额定电流称为过载,电动机短时间过载是允许的,但长期过载电动机会由于热积累而发热,降低使用寿命,甚至烧毁电动机,因此,电动机在运行时需要采取保护措施,但电动机的过载一般不易察觉,而熔断器是为电动机短路而设定的,其额定电流很大,是不能作过载保护用的。热继电器是一种利用感受到的热量自动动作的继电器,在继电器接触控制系统中常用作电动机的过载保护,其原理性结构图如图 8.8(a)所示,图 8.8(b)、(c)分别为热继电器的热元件和常闭触点的文字和图形符号。

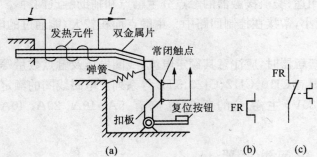

图 8.8　热继电器原理性结构图和符号

(a) 原理图;(b)、(c) 文字和图形符号

热继电器的热元件串联于电动机的主回路中,是一段阻值不大的电阻丝,而常闭触点串联于控制回路中。双金属片由两种具有不同膨胀系数的金属辗压而成,下层金属膨胀系数大,上层金属膨胀系数小。当电动机正常工作时,通过热元件的电流小,金属片不膨胀,常闭触点不会动作。电动机过载时,主回路电流增大,热元件因通过的电流大而产生的热量大,双金属片受热膨胀向上弯曲、脱扣,扣板在弹簧的拉力下,使常闭触点断开,从而断开控制回路,使线圈失电、电动机停转。热继电器动作后的复位,须待双金属片冷却后,按一下复位按钮。

198

一个热继电器可能有 2 个或 3 个热元件,分别接在电动机的 2 根或 3 根电源线中。由于双金属片是间接受热而动作的,其热惯性较大,即双金属片在电动机过载后到其温度升至产生弯曲运动,最后使热继电器脱扣,需要较长一段时间,这个较大的热惯性正好符合电动机过载保护的要求,当电动机起动时(起动冲击电流高达电动机额定电流的 4~7 倍)或短时间过载时,避免了电动机的误动作:起动不了或作不必要的停车。

热继电器的主要技术数据是整定电流(或称为动作电流),它是热继电器的热元件能够长期通过、但恰又不致引起热继电器动作的电流值。热继电器主要根据整定电流选用,使用时通过调节它的整定电流调节旋钮,使热继电器的整定电流稍大于电动机的额定电流。当电动机的电流超过额定电流的 20% 时,热继电器应在 20min 内动作;当超过 50% 额定电流时,热继电器应小于 2min 动作。

常用的热继电器有 JR0、JR1、…、JR15 和 JR16 等系列。

8.1.9 时间继电器

时间继电器的特点是当它接受到信号后,经一段时间延时,其触点才动作,因此通过时间继电器可以实现顺序控制。时间继电器按不同的延时原理,可分为电磁式、空气阻尼式、电动机式、钟摆式和晶体管式等。目前生产上用得最多的是电磁式、空气阻尼式和晶体管式。图 8.9 为通电延时空气阻尼式时间继电器的结构原理图。它利用空气的阻尼作用达到动作延时的目的,当线圈通电后将衔铁向下吸合,使衔铁与活塞杆之间有一段距离,在释放弹簧的作用下,活塞杆向下移动。由于伞形活塞的表面固定有一层橡皮膜,当活塞下移时,膜上面将会造成空气稀薄的空间。受到下面空气的压力,活塞不能迅速下移,当空气由进气孔进入,活塞才逐渐下移。移到位时,杠杆使微动开关动作。延时时间即从线圈通电到微动开关

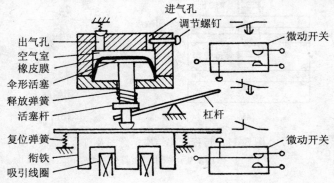

图 8.9 通电延时的空气式时间继电器结构示意图

动作的时间间隔,通过调节进气孔螺钉,改变进气量,就可调节延时时间。图 8.10
为时间继电器的几种符号。

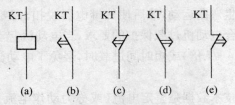

图 8.10 时间继电器符号

(a) 线圈;(b)常开延时闭合;(c)常闭延时断开;(d)常开延时断开;(e) 常闭延时闭合

吸引线圈断电后,依靠弹簧的恢复作用而复原,空气由出气孔被迅速排出。继电器有两个延时触点,一个是延时断开的常闭触点,一个是延时闭合的常开触点,另外还有两个瞬时触点。只要把铁芯倒装,通电延时继电器就成为断电延时继电器。

8.1.10 行程开关

行程开关也称位置开关,主要用于将机械位移变为电信号,以实现对机械运动的电气控制。生产中为了工艺和安全的需要,常常要控制某些机械的行程和限位,如行车在轨道上行进或后退,在轨道两端都需要安装行程开关,以使行车行到轨道两端时会自动停下,以免冲出而发生事故。

行程开关是一种自动电器,其种类很多,结构和符号如图 8.11 所示。它有一对常开触点,一对常闭触点。当机械运动部件撞击触杆时,触杆下移将常闭触点断开,常开触点闭合。撞击力去掉(运动部件离去),在复位弹簧作用下,触杆回到原来位置,触点恢复常态。

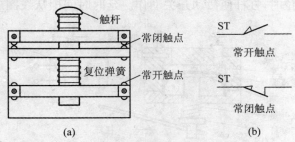

图 8.11 行程开关结构示意图及符号

(a) 结构示意图;(b) 符号

8.2 三相异步电动机的基本控制电路

本节主要介绍继电接触器控制中常用的控制电路。

电气控制原理图遵守下述原则绘制：

（1）电气控制原理图中，同一电器元件的各个部件按其在电路中所起的作用，它的图形符号可以不画在一起，但代表同一元件的文字符号必须相同。

（2）电气原理图中所有电器的触点都按没有通电或没有外力作用时的状态绘制，行程开关都按碰撞前的状态绘制。

（3）原理图中应将电源电路、主电路和控制电路分开绘。电源电路绘成水平线，相序 L_1、L_2、L_3 由上而下排列，中线 N 和保护线 PE 放在相线下面；主电路画左侧，控制电路画右侧。

（4）接触器、继电器的线圈不能串联。

普通鼠笼式电动机的起动方式有全压直接起动和降压起动两种。直接起动就是直接给电动机加上额定电压起动。这种方法的优点是起动设备简单、起动迅速，缺点是起动电流大，约为额定电流的 4～7 倍，一般适用于容量较小的电动机。对于容量较大的鼠笼式电动机，常采用降压启动的方法来限制起动电流，即，电动机定子绕组先是 Y 形接法起动，当其速度达到或接近额定转速时，再切换成△形接法在额定电压下运行。

在实践中所遇到的电气控制线路往往是十分复杂的，要迅速地排除电气控制线路的故障，就必须熟悉它们的原理。然而，不管线路有多么复杂，总是由几个基本控制环节组成。因此，掌握电气控制线路的基本环节，对分析复杂电气控制线路的工作原理和维修会有很大的帮助。

8.2.1 直接起动与停止控制

图 8.12 是由刀开关、熔断器、按钮、接触器和热继电器等组成的电动机"起—停"控制电路的原理图。该电机起动为全压直接起动方式之一。其工作原理是：

合上电源开关 Q，主回路及控制回路同时引入电源电压，当按下起动按钮 SB_2 时，交流接触器 KM 线圈得电，主回路中三对主触点闭合，电动机 M 接通电源开始运转。与此同时，在控制回路中的一对接触器的常开辅助触点 KM 也闭合，以保证松开 SB_2 之后，KM 线圈仍有电，电动机连续运行。这对常开辅助触点 KM 称为自锁触点。

按下停止按钮 SB_1，线圈 KM 失电，三对主触点断开，电动机停止运行。

若图 8.12 电路中去掉自锁触点 KM，就成为点动控制电路。所谓点动是指短

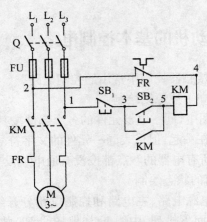

图 8.12   电动机直接起动与停止控制电路

时、间断运行的工作状态,即按下起动按钮 SB₂,电动机运转,松开 SB₂ 电动机停转。点动控制常用于各种机械的调整、调试等,如电动机的调整、生产机械进行试车、机床加工时调整对刀等。图 8.12 中熔断器 FU 起短路保护作用。热继电器 FR 起过载保护作用。

本控制电路还具有失压保护功能。若遇停电,主回路和控制回路同时失去电源,电动机停转,同时接触器 KM 因线圈失电而恢复常态,自锁触点断开。当电源恢复正常后,必须重新按起动按钮 SB₂ 电动机才会再运转。

8.2.2   正反转控制

在实际生产中,无论是工作台的上升、下降,还是立柱的夹紧、放松,或者是进刀、退刀,大都是通过电动机的正反转来实现的。三相异步电动机若要正反转,只要把电动机定子绕组接到电源的三根导线中的任意两根对调即可实现。因此,可以用两个交流接触器实现:其中一个用来实现正转控制,而另一个用来实现反转控制。

图 8.13 为应用极广的接触器联锁的异步电动机正反转控制电路。在主电路中,三相电源通过接触器 KM₁ 的主触点顺序接入电动机的三相定子绕组,通过接触器 KM₂ 的主触点将三相电源逆序接入电动机的三相定子绕组。因此当接触器 KM₁ 的主触点闭合,而 KM₂ 的主触点断开时,电动机正向运转;接触器 KM₂ 的主触点闭合而 KM₁ 的主触点断开时,电动机反转。当接触器 KM₁ 和 KM₂ 的主触点同时闭合时,将引起电源相间短路,这种情况是不允许出现的。

为了实现主电路的要求,控制电路中使用了三个按钮,用于发出控制指令。SB₁ 为停止按钮,SB₂ 为正向起动按钮,SB₃ 为反向起动按钮。将接触器 KM₁ 的一

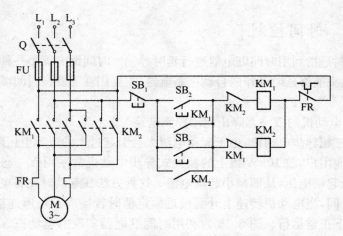

图 8.13　接触器联锁的正反转起动控制电路

对常闭辅助触点串入 KM_2 线圈回路,而将接触器 KM_2 的一对常闭辅助触点串入 KM_1 线圈回路中,以保证接触器 KM_1 和 KM_2 的线圈不会同时获电。KM_1 和 KM_2 这两副常闭辅助触点被称为是互锁触点(或联锁触点)。

当按下正转起动按钮 SB_2 后,接触器 KM_1 线圈获电吸合,KM_1 主触点闭合,同时 KM_1 的联锁触点断开,自锁触点闭合,电动机正向连续运转。

若要反向运转电动机,必须先按停止按钮 SB_1,使 KM_1 线圈断电释放,KM_1 的主触点和自锁触点断开,KM_1 联锁触点闭合,然后再按反向起动按钮 SB_3。

当按反向起动按钮 SB_3 之后,KM_2 线圈得电,KM_2 主触点闭合,同时 KM_2 的联锁触点断开,自锁触点闭合,电动机反向连续运转。

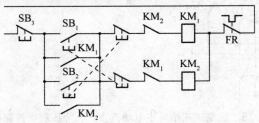

图 8.14　按钮触点联锁的正反转控制电路

这种控制电路的缺点是操作不方便,因为若要电动机改变转动方向,必须按两次按钮,图 8.14 中采用了复合按钮,将 SB_1 按钮的常闭触点串接在 KM_2 线圈电路中,将 SB_2 的常闭触点串接在 KM_1 的线圈电路中。这样,无论何时只要按下反转起动按钮,在 KM_2 线圈通电之前,SB_2 的常闭触点早已断开,以保证 KM_1、KM_2 线圈不会同时通电。从反转到正转情况也一样。

8.2.3 时间控制

时间控制是指利用时间继电器进行延时控制。时间继电器是一种接受控制信号后,它的触头能够延时动作的自动控制电器,主要用在需要按时间顺序进行控制的电路中。

1. 异步电动机的 Y—△降压起动控制电路

鼠笼式三相异步电动机,由于起动电流大会引起过大的电源电压降落,影响同一电源的其他用户,故 10kW 以上的鼠笼式异步电动机常采用 Y—△换接的办法起动,以降低起动电压,从而减小起动电流。这种方法在起动时先将电动机接成星形,经一段时间,当电动机转速上升到接近额定值时转换成三角形连接,使电动机在额定电压下正常运行。图 8.15 为利用时间继电器实现的电动机 Y—△降压起动控制电路。

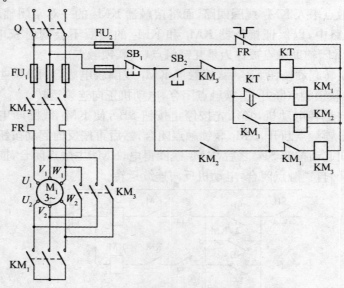

图 8.15　鼠笼式三相异步电动机 Y—△降压起动控制电路

启动时,按下起动按钮 SB$_2$,接触器 KM$_1$ 线圈获电吸合,KM$_1$ 主触点闭合,KM$_1$ 自锁触点闭合,KM$_1$ 联锁触点断开,从而 KM$_2$ 线圈获电吸合;KM$_2$ 主触点闭合,KM$_2$ 自锁触点闭合,电动机星形接法运转。时间继电器 KT 线圈与 KM$_1$ 线圈同时获电吸合,KT 常闭触点延时一段时间后断开(大约 6 秒左右),KM$_1$ 线圈失电,KM$_1$ 自锁触点断开,KM$_1$ 主触点断开,电动机绕组 U$_2$、V$_2$、W$_2$ 端悬空,KM$_1$ 联锁触点闭合,KM$_3$ 线圈因此获电吸合,因而 KM$_3$ 的三个主触点闭合,电动机定子绕组变为△形接法继续同方向运转。同时 KM$_3$ 互锁触点断开,以保证电动机以△形接法正常运行时,即使误按起动按钮 SB_2 也不会发生 KM_1、KM_3 线圈同时通电、电源短路的情况。动作过程如下:

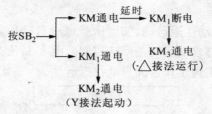

2. 顺序控制电路

有时需要多台电动机按一定顺序起动、运行。如在金属切削机床中,主轴电动机必须在润滑油泵电动机起动后才能起动。当油泵电动机停车后,主轴电动机才可停车,这就是顺序控制问题。

图 8.16 为两台电动机顺序起动和停止的一种控制电路。顺序为:电动机 M_1 起动后,电动机 M_2 才能起动,M_1、M_2 同时停车。工作过程如下:

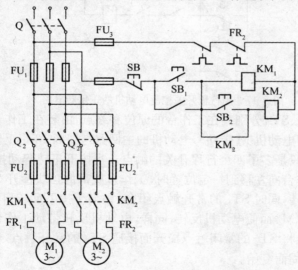

图 8.16　两台电动机顺序控制电路

合上电源开关 Q,然后按下电动机 M_1 的起动按钮 SB_1,交流接触器 KM_1 线圈得电,其主触点和自锁触点闭合,电动机 M_1 起动并连续运行。这时再按下电动机 M_2 的起动按钮 SB_2,KM_2 线圈得电,KM_2 自锁触点及主触点闭合,M_2 起动并连续运行。

当按下停止按钮 SB 时,KM_1、KM_2 的线圈同时断电,它们的主触点断开,电动机都停止运转。

若 M_1 电动机未运转就按 M_2 电动机的起动按钮 SB_2,由于 KM_1 自锁触点未

205

闭合,KM_2 线圈无电流。

8.2.4　行程控制

许多机床都需要自动往返运动,如磨床是通过自动往返运动来实现磨削加工的,这就要求电动机能够自动实现正反转控制。图 8.17 是利用行程开关自动控制电动机正反转电路,以实现工作台的自动往返运动。

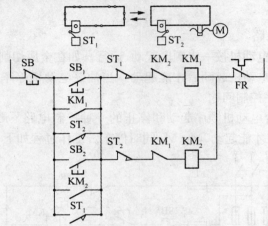

图 8.17　用行程开关控制电动机的正反转电路

行程开关 ST_1、ST_2 分别装在工作台的原位和终点,由装在工作台底部的挡块来撞动。工作台由电动机 M 带动。电动机的主回路与图 8.13 正反转控制主回路一样,控制电路也只是多了四个行程开关的触点。当按下正转起动按钮 SB_1,使电动机正转带动工作台向左移到一定位置时,工作台底部的挡块撞开 ST_1 的常闭触点,电动机停止正转,同时 ST_1 的常开触点闭合(相当于按下反转启动按钮 SB_2),接通反转接触器 KM_2 而使电动机反转;同样,电动机反转带动工作台向右移动到一定位置时挡块又将 ST_2 的常闭触点撞开而接通 ST_2 的常开触点,于是反转停止又开始正转,如此周而复始。

工作台在任意位置要使电动机停止,只要按下停止按钮 SB。

小　　结

(1) 本章介绍了接触器、继电器、断路器、按钮等低压电器的结构、用途、工作原理、文字及图形符号。

(2) 对电动机的几种基本控制环节,如起动、停止、正反转、Y—△起动顺序控制等,要求会分析、能设计。对较复杂的控制电路要会读图。读图时一般先根据设计说明,搞清楚图中各符号的含义和作用,然后结合主电路理解电路中的主要控制关系,最后结合控制电路自上而下依次阅读,直至读懂全部控制过程。

(3)电动机的几种保护,如短路保护、过载保护、欠压保护和失压保护等,在运行控制电路中都不应缺少。

思考题

(1)按钮的主要功能是什么? 它用在什么电路中?

(2)为什么说接触器控制线路具有失压保护作用?

(3)试画出一台电动机两地控制的主电路和控制电路。

(4)指出图 8.18 所示异步电动机"起动与停止"控制电路的接线错误。

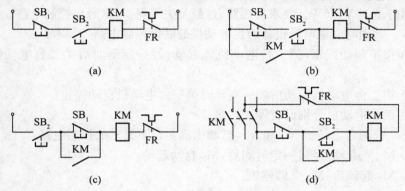

图 8.18　思考题 8.4 的图

(5)功率为 10KW 以上△接法连续运行工作的电动机通常都采用 Y—△降压起动以降低起动电流,试问:起动时定子绕组先接成 Y 形,此时每相绕组上的电压降到正常工作时的额定电压的几分之几? 起动电流(线电流)下降到直接△形接法起动时的电流的几分之几?

习　　题

8.1　设计一台三相异步电动机能点动工作的继电接触器控制电路。

8.2　设计两台三相异步电动机(M_1、M_2)联锁控制电路,要求:M_1 起动后,M_2 才能起动;M_2 停车后 M_1 才能停车。

8.3　某单位的电烤箱用三相四线制 380V 电源供电,其每相负载的额定电压为 220V,功率为 2 000W,试计算每相负载所采用熔断器中熔体的额定电流。

8.4　设计一个控制电动机运行的电路,要求如下:

（1）按下起动按钮后电动机立即起动；

（2）按下停机按钮后，电动机应延时 30s 后再停机；

（3）停机后控制电路中的各种电器应断电。

画出能满足上述控制要求的电路原理图，简单说明控制电路中每一元件的功能。

8.5 由两条皮带运输机构成的运输线，为避免物料堆集在皮带运输机上而压断皮带，要求拖动这两条皮带运输机的三相电动机 M_1、M_2 起、停时应满足如下要求：

（1）开机时先开电动机 M_1，M_1 开机 20s 之后才允许电动机 M_2 开机；

（2）停机时，先停电动机 M_2，M_2 停机 20s 后电动机 M_1 自动停机。

8.6 某机床的主轴电动机（三相鼠笼式）为 7.5kW，15.4A，1440r/min 单转向，照明灯是 36V，40W。要求有短路、过载及失压保护，试画出控制电路。

8.7 利用时间继电器设计两台电动机的联锁控制电路。要求：

（1）按下起动按钮，第一台电动机先起动，经一定延时后第二台电动机自行起动；

（2）第二台电动机起动后经一定延时第一台电动机自动停止；

（3）两台电动机分别设有停止按钮。

8.8 有两台电动机 M_1 和 M_2，试画出满足以下要求的控制电路：

（1）M_1 先起动，经过一定时间后，M_2 自动起动；

（2）M_2 起动后，M_1 立即停机。

8.9 有电动机 M_1、M_2 和 M_3，试画出满足以下要求的控制电路：

（1）按 M_1、M_2、M_3 顺序起动；

（2）具有过载和短路保护。

8.10 图 8.19 为两台电动机的控制电路，（1）试说明此电路具有什么控制功能；（2）电路设计得是否合理？应如何改进？

8.11 图 8.20 为两台异步电动机的直接起动控制电路，试说明其控制功能。应如何改进电路才能更合理？

8.12 某生产机械由两台鼠笼式异步电动机 M_1、M_2 拖动，要求 M_1 起动后 M_2 才能起动，M_2 停止后 M_1 才能停止。分析图 8.21 所给设计图中有无错误？应如何改正？

8.13 在图 8.14 电路中，请增加两个行程开关以实现工作台自动往返终端限位保护。

8.14 设计一个运物小车控制电路，要求如下：每按一次起动开关后，小车从起始地出发向目的地运行，到达目的地后自动停车，停车 2 分钟后自动返回出发位置并停车。

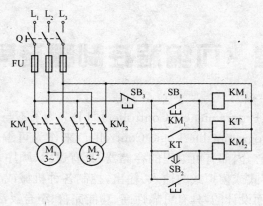

图 8.19　题 8.10 的图

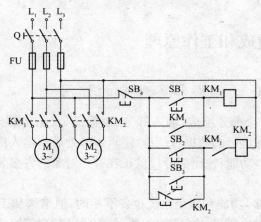

图 8.20　题 8.11 的图

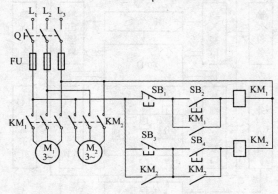

图 8.21　题 8.12 的图

第 9 章 可编程控制器及其应用

可编程控制器(Programmable Controller)即 PC,为了不与个人计算机 PC 混淆,人们用 PLC(Programmable Logic Controller)来作为可编程控制器的缩写。它以微处理器为核心,内部有可编程的存储器,具有逻辑、顺序、计时、计数与运算等功能,并通过数字式或模拟式的输入、输出,控制各种机械或生产过程。它是专门为工业现场应用而设计的,具有可靠性高、功能完善、组合灵活、编程简单及功耗低等许多独特的优点。

9.1 PLC 的组成和工作原理

9.1.1 PLC 的组成和各部分的作用

通常,PLC 由三个部分组成:输入部分、逻辑部分、输出部分。输入部分收集并保存被控对象实际运行的数据和信息,逻辑部分处理由输入部分所取得的信息,并判断需要输出哪些功能;输出部分提供正在被控对象的许多装置中,哪几个设备需要实时操作处理。

PLC 的种类很多,功能和指令系统也各不相同,但结构和工作原理基本相同,通常由主机、输入/输出接口、电源、编程器、外部设备接口等组成,如图 9.1 所示。

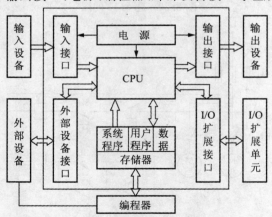

图 9.1 PLC 硬件系统方框图

1. 主机

主机部分包括中央处理器(CPU)和存储器。CPU是核心,主要用来运行用户程序、监控输入/输出接口状态,做出逻辑判断和进行数据处理。它根据获取的输入变量,执行用户程序中所规定的各种操作,再将结果送到输出端口,并能响应外部设备(如编程器、打印机等)的请求以进行各种内部诊断等。

系统程序存储器用于存放系统管理和监控程序,以及对用户程序做编译处理的程序。系统程序已由厂家固化,用户不能修改;用户程序及数据存储器用于存放用户编制的应用程序及各种暂存数据和中间结果。

2. 输入/输出接口(I/O)

I/O接口是PLC与输入/输出设备的连接部件,输入接口接受输入设备(如按钮、行程开关、传感器、拨动开关等)的控制信号。输出接口将主机处理后的结果通过输出电路去驱动输出设备(如接触器线圈、指示灯、电磁阀等)。I/O接口电路一般采用光电耦合电路,以提高抗电磁干扰的能力。

输入接口的电源有三种类型:直流12~24V输入接口,交流100~120V或200~240V输入接口,交直(AC/DC)12~24V输入接口。输出接口也有三种类型:继电器输出型、晶体管输出型、双向晶闸管输出型。

I/O扩展接口用于扩展外部输入/输出端子的数量。

3. 编程器

编程器是PLC的一个重要的外部设备,它由键盘、显示器、工作方式选择开关和外存储器接插口等部分组成。编程器用来编写、输入、调试用户程序,也可在线监视PLC的工作情况。

9.1.2 PLC的工作原理

PLC是采用"顺序扫描,不断循环"的方式进行工作的,即在运行时,CPU根据用户存于存储器中的程序,按指令步序号(地址号)作周期性循环扫描,若无跳转指令,就从第一条指令开始逐条顺序执行用户程序,直到程序结束,然后重返第一条指令,开始下一轮新的扫描。顺序扫描的工作方式简单而直观,简化了程序设计并为PLC的可靠运行提供了非常有用的保证。因为一方面,所扫描到的功能经解算后,其结果马上就可以被后面将要扫描到的逻辑运算所利用;另一面,还可通过CPU内部设置的监视定时器,来监视每次扫描是否超过规定时间,以免由于CPU内部故障使程序执行进入死循环而造成的故障影响。PLC的扫描工作过程可分为输入采样、程序执行和输出刷新三个阶段。

1. 输入采样阶段

在输入采样阶段,PLC以扫描方式顺序读入所有输入端子的状态(接通/断开),并将此状态存入输入状态寄存器。随即关闭输入端口,转入程序执行阶段。在程序执行期间,即使输入状态变化,输入状态寄存器的内容也不会改变,变化了的输入信号只能在下一扫描周期的输入采样阶段被读入。

2. 程序执行阶段

在程序执行阶段,PLC 总是按先左后右、先上后下的顺序逐条扫描。所需的执行条件可以从输入状态寄存器和当前输出状态寄存器中读入,经相应的处理和运算后,将结果写入输出状态寄存器中。输出状态寄存器内容随程序的执行而不断变化。

3. 输出刷新阶段

执行完所有指令后,输出状态寄存器中所有输出继电器的状态(接通/断开)在输出刷新段转存到输出锁存电路,去驱动输出线圈,这才是 PLC 的实际输出。经过这三个阶段,完成一个扫描周期。对于小型 PLC,由于在每个扫描周期中,只对输入状态采样一次,对输出状态刷新一次,一定程度上降低了系统的响应速度,即存在输入/输出滞后的现象。但从另一角度考虑,由此却大大提高了系统的抗干扰能力,使可靠性增加。另外,PLC 几毫秒至几十毫秒的响应延迟对一般工业系统的控制来讲是无关紧要的。

思考题

PLC 的扫描周期是如何定义的?

9.2 PLC 的主要技术指标

描述 PLC 的主要性能通常有以下指标。

1. I/O 点数

该指标是指 PLC 的外部输入和输出端子数(外部接线端子数)。这是一项重要技术指标。通常小型机有几十个点,中型机有几百个点,大型机超过千个点。

2. 用户程序存储容量

该指标用于衡量 PLC 能够存储的用户程序数量。在 PLC 中,程序指令是按"步"存储的,一"步"占用一个地址单元,一条指令往往不止一"步",一个地址单元一般占两个字节(即两个 8 位字节)。如一个内存容量为 1000 步的 PLC,其内存为2kB。

3. 扫描速度

扫描 1000 步用户程序所需的时间称为扫描时间,以 ms/千步为单位,有时也可用扫描一步指令的时间 μs/步。

212

4. 指令系统条数

PLC指令系统中有基本指令、高级指令等,指令的种类和数量越多,其软件的功能越强。

5. 编程元件的数量和种类

编程元件是指输入继电器、输出继电器、辅助继电器、定时器、计数器、特殊功能继电器、数据寄存器和通用"字"寄存器等,其种类和数量越多,编程越灵活、方便。

9.3 PLC 程序的编制

9.3.1 编程元件

不同厂家、不同系列的 PLC 其内部软继电器的功能、编程元件编号与符号、指令语句各不相同。表 9.1 为 FP1 系列 PLC 常用的编程元件的编号范围和功能说明。

表 9.1 FP1-C24 编程元件的编号范围与功能说明

元件名称	代表字母	编号范围	功能说明
输入继电器	X	X0～XF 共 16 点	接收外部输入设备的信号
输出继电器	Y	Y0～Y7 共 8 点	输出程序执行结果给外部输出设备
辅助继电器	R	R0～R62F 共 1 008 点	在程序内部使用,不能提供外部输出
定时器	T	T0～T99 共 100 点	延时定时继电器,其触点在程序内部使用
计数器	C	C100～C143 共 44 点	减法计数继电器,其触点在程序内部使用
通用"字"寄存器	WR	WR0～WR62 共 63 点	每个 WR 由相应的 16 个辅助继电器 R 构成

1. 输入继电器(X)

输入继电器专门用来接收从外部(开关、按钮、传感器)发来的信号,它与输入端子相连,可以提供无数对常闭、常开触点供内部编程使用,它是 PLC 存储器的一个存储单元,是"软继电器"而不是物理继电器。当写入该单元的逻辑状态为"1"时,表示相应继电器的线圈接通,其常开触点闭合,常闭触点断开。输入继电器只

213

能由外部设备驱动，不能由指令从内部驱动。

2. 输出继电器（Y）

输出继电器专门用来将程序执行的结果传送给外部设备，外部信号无法直接驱动输出继电器，它只能在程序中用指令驱动。

3. 辅助继电器（R）

PLC中有许多辅助继电器，每个辅助继电器都有无数对常闭、常开触点供编程使用。辅助继电器的触点不能直接输出驱动外部设备，只能由程序驱动，其作用相当于继电器控制中的中间继电器。

4. 定时器（T）

PLC中的定时器相当于继电器控制系统中的时间继电器。它可以提供无数对常闭、常开延时触点，供编程使用。其延时时间由编程时设定的系数 K 决定。

5. 计数器（C）

计数器是用来记录信号开关动作次数或脉冲个数的，其设定值由编程时设定常数 K 值决定。开关每动作一次（或每来一个计数脉冲），K 减 1，直至 K 减到 0，计数器的触点动作。

9.3.2 编程语言

PLC的控制作用是靠执行用户程序实现的，因此必须将控制要求用程序的形式表达出来。PLC的编程语言以梯形图语言和指令语句表语言（或称指令助记符语言）最为常用，并且两者常联合使用。

1. 梯形图

梯形图是一种由继电接触器控制电路图演变而来的图形语言。在梯形图中通常用 ┤├、┤/├ 图形符号分别表示 PLC 编程元件的常开触点和常闭触点；用-[ ]-表示线圈。

在绘制梯形图时，一般应遵守以下规则：

（1）梯形图按自上而下、从左到右的顺序排列。每一逻辑行（或称梯级）起始于左母线，然后是触点的串、并联，最后是线圈与右母线连接。梯形图中左右两边的竖线称左、右母线，如图 9.2 所示。左母线与线圈之间一定要有触点，而线圈与右母线之间不可有触点。

（2）在梯形图中，除了输入继电器没有线圈，只有触点外，其他继电器既有线圈又有触点。一般情况下，一个梯形图中某个编号继电器的线圈只能出现一次，而其触点可以无数次使用。

（3）梯形图是 PLC 形象化的编程手段，左、右母线也并非是实际电源的两端，因此梯形图中流过的不是实际的物理电流，而是"概念电流"，是用户在程序执行过

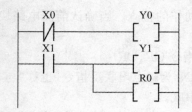

地址	指令	
0	ST/	X0
1	OT	Y0
2	ST	X1
3	OT	Y1
4	OT	R0

图 9.2　ST、ST/、OT 指令的用法

程中满足输出条件的形象表示方式。

（4）编程时通常遵循"上重下轻、左重右轻"的规则，即每一逻辑行中并联触点多的电路应放在左边，串联触点多的支路应放上边。

2. 指令语句表

指令语句表是一种用指令助记符（如图 9.2 中的 ST、ST/、OT 等）编制 PLC 程序的重要编程语言，应用普遍。梯形图相当于计算机编程中的流程图，设计者应首先根据控制要求设计好梯形图，再根据梯形图的编程规则，由上而下、从左往右，逐条编写指令语句表，编好的语句表，还需上机调试、修改，调试通过后才能加载运行。

思考题

比较 PLC 继电器与继电接触器的异同？

9.3.3　基本指令

1. 取指令 ST、ST/和输出线圈指令 OT

ST 取指令（也称起始指令）：从左母线开始取常开触点，作为该逻辑行运算的开始。

ST/取反指令（也称起始反指令）：从左母线开始取常闭触点作为该逻辑行运算的开始。

OT 线圈输出指令：用于驱动输出线圈。

它们的用法如图 9.2 所示。

指令使用说明：

（1）ST、ST/指令使用元件为 X、Y、T、C；OT 指令使用元件为 Y，R。

（2）OT 指令不能直接用于左母线，但可以连续使用多次，这相当线圈的并联。

2. 程序结束指令 ED

ED 是一条无目标元件的只占一个地址号的指令。若在程序最后写入 ED 指令，则 ED 以后的程序就不再执行，直接进入输出处理。在程序调试过程中，按段插入 ED 指令,可以按顺序扩大对各程序段动作的检查。当确认前面电路块的动作正确无误之后,依次删去 ED 指令。

3. 触点串联指令 AN、AN/ 与触点并联指令 OR、OR/

AN 为触点串联指令(也称"与"指令);AN/为触点串联反指令(也称"与非"指令)。它们分别用于单个常开和常闭触点的串联。

OR 为触点并联指令(也称"或"指令);OR/ 为触点并联反指令(也称"或非"指令)。它们分别用于单个常开和常闭触点的并联。其用法如图 9.3 所示。

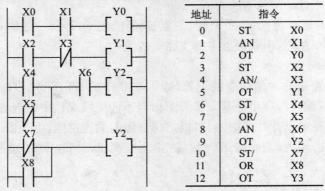

地址	指令	
0	ST	X0
1	AN	X1
2	OT	Y0
3	ST	X2
4	AN/	X3
5	OT	Y1
6	ST	X4
7	OR/	X5
8	AN	X6
9	OT	Y2
10	ST/	X7
11	OR	X8
12	OT	Y3

图 9.3 AN,AN/,OR,OR/指令的用法

指令使用说明:

(1) AN、AN/、OR、OR/指令使用元件为 X、Y、R、T、C。

(2) 一个逻辑行中,串联和并联次数没有限制,因此 AN、AN/、OR、OR/可以多次连续使用。

4. 块串联指令 ANS 和块并联指令 ORS

它们的用法如图 9.4 所示。块指令使用的方法是:先定义两个块,再用块串联或块并联指令将它们连接起来。

指令使用说明:

(1) 每一指令块都以 ST(或 ST/)开始。

(2) 当两个以上指令块串联或并联时,可将前面块串联或并联的结果作为新的指令块参与运算。

(3) 指令块中各支路的元件个数没有限制。

[例 9.1] 写出图 9.5(a)所示梯形图的指令语句表。

[解] 指令语句表如图 9.5(b)所示。

5. 反指令/

反指令(也称"非"指令),用于该指令所在位置的运算结果取反。图 9.6 中,当

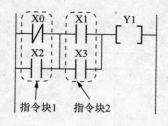

地址	指令	
0	ST/	X0
1	OR	X2
2	ST	X1
3	OR	X3
4	ANS	
5	OT	Y1

(a)

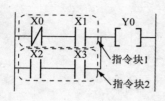

地址	指令	
0	ST/	X0
1	AN	X1
2	ST	X2
3	AN/	X3
4	ORS	
5	OT	Y0

(b)

图 9.4 ANS,ORS 指令的用法

（a）ANS 的用法；（b）ORS 的用法

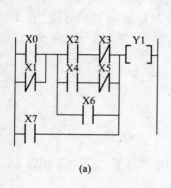

(a)

地址	指令	
0	ST	X0
1	OR/	X1
2	ST	X2
3	AN/	X3
4	ST	X4
5	AN/	X5
6	ORS	
7	OR	X6
8	ANS	
9	OR	X7
10	OT	Y1

(b)

图 9.5 例 9.1 的梯形图和指令语句表

X0 闭合时,Y0 接通,Y1 断开;反之,则结果相反。

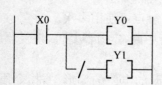

地址	指令	
0	ST	X0
1	OT	Y0
2	/	
3	OT	Y1

图 9.6 /指令的用法

217

6. 定时器指令 TM

定时器指令的用法如图 9.7 所示。

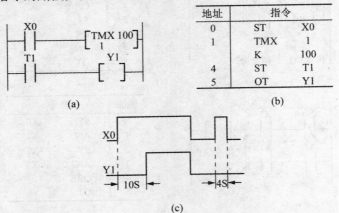

地址	指令	
0	ST	X0
1	TMX	1
	K	100
4	ST	T1
5	OT	Y1

(a)   (b)

(c)

图 9.7　TM 指令的用法

(a) 梯形图；(b) 指令语句表；(c) 动作时序图

在梯形图中,定时器的线圈[ ]中除标以定时器的指令助记符"TMX"外,还要标上定时器编号"1",定时设置值 K"100"。当定时触发信号发出(即触点 X0 闭合)后,定时开始 10s 后,定时时间到,定时器触点 T1 闭合,线圈 Y1 接通。

指令使用说明:

(1) 定时器的定时单位有三种类型;

TMR:定时单位为 0.01s;

TMX:定时单位为 0.1s;

TMY:定时单位为 1s。

(2) 定时设置值可取 K0～K32767 范围内的任意一个十进制数。定时器的延时时间等于定时设置值与定时单位的乘积。

(3) 定时器为减 1 计数,即每来一个时钟脉冲 C(C 由 PLC 内部产生),K 减 1,减至 0 时,定时器动作,其常开触点闭合,常闭触点断开。

(4) 程序中每个定时器只能使用一次,但其触点可使用多次。

(5) 在定时器工作期间,若 X0 断开,则运行中断,定时器复位,恢复原设置值,同时其触点恢复常态。

[例 9.2]　试编制延时 6s 接通、延时 5s 断开的电路的梯形图,指令语句表及动作时序图。

[解]　利用两个定时器 TMX1 和 TMX2,其设置值 K 分别为 60 和 50,则延时时间分别为 6s 和 5s。梯形图、指令语句表及动作时序图分别如图 9.8(a)、(b)、(c)所示。

218

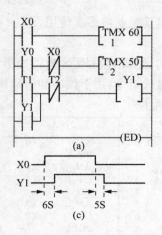

地址	指令	
0	ST	X0
1	TMX	1
	K	60
4	ST	Y0
5	AN/	X0
6	TMX	2
	K	50
9	ST	T1
10	OR	Y1
11	AN/	T2
12	OT	Y1
13	ED	

(b)

图 9.8　例 9.2 的图

7. 计数器指令 CT

图 9.9(a)中,计数器的线圈中,除标以计数器指令助记符 CT 外,还要标上计数器编号"100",设置值 K"5"。用 CT 编程时,一定要有复位信号和计数脉冲。图中它们分别由输入触点 X1 和 X0 控制。计数器执行减 1 计数,当减至 0 时,计数器动作,其常开触点闭合,常闭触点断开。与图 9.9(a)对应的指令语句表及动作时序图见图 9.9(b)、(c)。

指令使用说明:

(1) 计数设置值为 K0～K32767 范围内任意一个十进制数。

(2) 计数器工作期间,若有复位信号(X1 触点闭合),计数器恢复原设置值,同时其触点恢复常态。

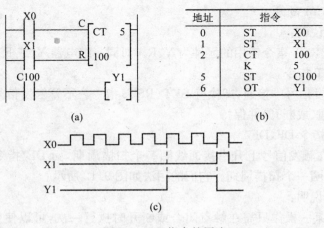

地址	指令	
0	ST	X0
1	ST	X1
2	CT	100
	K	5
5	ST	C100
6	OT	Y1

(b)

图 9.9　CT 指令的用法

219

（3）程序中每个计数器只能使用一次，但其触点可多次使用。

8. 堆栈指令 PSHS，RDS，POPS

PSHS 为进栈指令，用于存储该指令处的运算结果；RDS 为读栈指令，用于读出由 PSHS 指令存储的运算结果；POPS 为出栈指令，用于读出和清除由 PSHS 指令存储的运算结果。它们的用法如图 9.10 所示。

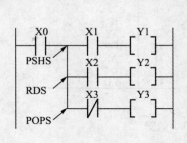

地址	指令	
0	ST	X0
1	PSHS	
2	AN	X1
3	OT	Y1
4	RDS	
5	AN	X2
6	OT	Y2
7	POPS	
8	AN/	X3
9	OT	Y3

图 9.10　PSHS、RDS、POPS 指令的用法

指令使用说明：

（1）堆栈指令通常用于梯形图中连接于同一点的多条支路要用到同一中间运算结果的场合。

（2）堆栈指令是一种组合指令，不能单独使用。PSHS、POPS 在堆栈程序中各出现一次（在入栈和出栈时），而 RDS 可多次使用。

9. 置位与复位指令 SET，RST

SET 为置位指令，使动作保持；RST 为复位指令，用 RST 指令可以对计数器的内容清零。它们的用法如图 9.11 所示。触发信号 X0 闭合，Y1 接通。触发信号 X1 闭合时，Y1 断开。

指令使用说明：

（1）SET、RST 指令使用的元件为 Y、R。对同一继电器 Y（或 R），可以多次使用 SET 和 RST 指令。

（2）当触发信号一接通，即执行 SET（RST）指令。不管触发信号随后如何变化，线圈将接通（或断开）并保持。

10. 微分指令 DF，DF/

DF 指令在触发信号上升沿接通线圈一个扫描周期，而 DF/指令在触发信号下降沿接通线圈一个扫描周期。它们的用法如图 9.12 所示。

指令使用说明：

（1）如果某一操作只需在触点闭合或断开时执行一次，可以使用 DF 或 DF/指令。

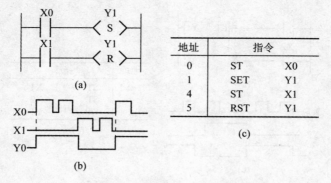

图 9.11 SET、RST 指令的用法

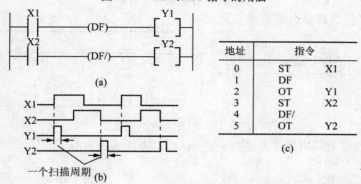

图 9.12 DF、DF/指令的用法

（2）DF,DF/指令可多次使用。

11. 保持指令 KP

KP 指令的用法如图 9.13 所示。梯形图中,线圈中除标以指令助记符 KP 外,还要标上指定需保持继电器的输出 Y1,S 和 R 分别为置位和复位输入端。当 X1 闭合时,Y1 接通并保持,当 X2 闭合时,Y1 断开复位。

指令使用说明：

（1）KP 指令的使用元件为 Y,R。

（2）置位触发信号一旦将指定的继电器接通,则无论触发信号随后如何变化,指定的继电器都保持接通,直到有复位信号。

（3）如果置位、复位触发信号同时接通,则复位触发信号优先。

（4）同一继电器 Y（或 R）一般只使用一次 KP 指令。

12. 空操作指令 NOP

NOP 指令不完成任何操作,其用法如图 9.14 所示。NOP 指令只占一步,当插入 NOP 指令时,程序容量有所增加,但对运算结果没有影响。插入 NOP 指令

221

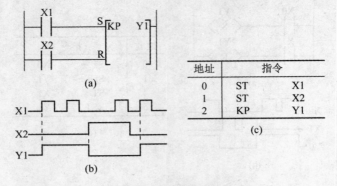

地址	指令	
0	ST	X1
1	ST	X2
2	KP	Y1

(c)

图 9.13　KP 指令的用法

可使程序在检查或修改时容易阅读。

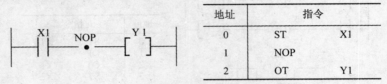

地址	指令	
0	ST	X1
1	NOP	
2	OT	Y1

图 9.14　NOP 指令的用法

PLC 除以上基本指令外还有一些指令,可查阅相关资料了解。

9.4　程序设计方法

9.4.1　编程方法

本节以图 9.15(a)三相异步电动机直接起动与停止控制电路为例,介绍 PLC 控制的编程方法。

1. 确定 I/O 点数及其分配

停止按钮 SB1、起动按钮 SB2 必须接在 PLC 的两个输入端子上,可分别分配 X1、X2 来接收输入信号;线圈 KM 须接在输出端子上,分配为 Y1,分配表如图 9.15(d)所示。

2. 绘出外部接线图

图 9.15(b)为电动机直接起动控制的外部接线图,图中输入边的直流电源 E 通常由 PLC 内部提供,输出边交流电源是外接的。"COM"是两边各自的公共端子。

编制的梯形图和指令语句表如图 9.15(c)和(e)所示。

外部接线图 9.15(c)中停止按钮 SB1 接成常开形式,则在梯形图中,用的是常

222

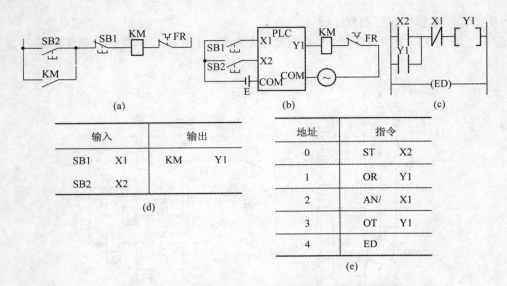

输入		输出	
SB1	X1	KM	Y1
SB2	X2		

(d)

地址	指令	
0	ST	X2
1	OR	Y1
2	AN/	X1
3	OT	Y1
4	ED	

(e)

图 9.15　电动机直接起动与停止控制电路 PLC 控制编程方法

闭触点 X1[①]。因 SB1 断开时,对应的输入继电器断开,其常闭触点 X1 在不通电状态下是闭合的。当按下 SB1 时,输入继电器接通,常闭触点才断开。

比较图 9.15(a)和(c)可看出,为使梯形图和继电接触器控制电路一一对应,PLC 输入设备的触点应尽可能地接成常开形式。此外,热继电器 FR 的触点只能接成常闭的,通常不作为 PLC 的输入信号,而将其与接触器线圈串联连接,以便直接通断线圈。

9.4.2　应用举例

PLC 控制系统的应用中,外部硬件接线部分比较简单,对被控制对象的控制作用,主要体现在 PLC 的程序上。因此,PLC 的程序设计,直接影响到控制系统的性能。

PLC 的程序设计方法主要有继电器控制电路移植法、逻辑设计法和逐步探索法等,以下仅介绍继电器控制电路移植法。

根据继电器控制系统的电气原理图,用 PLC 中的编程元件代替原理图中的元件,画出相应的梯形图,然后根据梯形图的规则不断修改、完善,得到比较满意的梯形图,这种程序设计方法称为继电器控制电路移植法。用这种方法设计,具有很大随意性,设计的质量与设计者的经验有很大关系,所以也称为经验设计法,一般可

---

① 图 9.15(c)中 SB1 接成常闭,接在 PLC 输入继电器的 X1 端子上,则在编制梯形图时,X1 用的是常开触点。

用于比较简单的梯形图程序设计。

[**例 9.3**] 图 9.16 为 Y—△起动控制电路,试用 PLC 实现这一顺序控制。

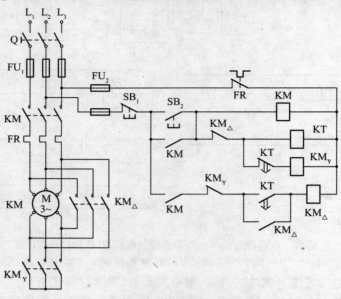

图 9.16 Y—△换接起动的继电器控制电气原理图

[**解**] (1) 设计梯形图。首先把图 9.16 中控制电路部分的所有元件(除 FR)用 PLC 编程元件的符号代替,并标上元件编号,初步画出梯形图如图 9.17(a)所示。然后根据梯形图规则不断修改得修改后梯形图如图 9.17(b)所示。

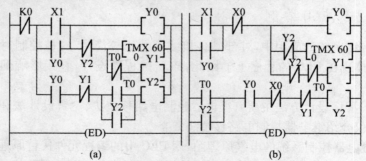

图 9.17 Y—△换接起动控制梯形图
(a) 初步梯形图;(b) 修改后的梯形图

(2) 编制指令语句表。由图 9.17(b)写出语句表如下:

地 址	指 令		地 址	指 令	
0	ST	X1	11	AN/	Y2
1	OR	Y0	12	AN/	T0
2	AN/	X0	13	OT	Y1
3	PSHS		14	ST	T0
4	OT	Y0	15	OR	Y2
5	RDS		16	AN	Y0
6	AN/	Y2	17	AN/	X0
7	TMX	0	18	AN/	Y1
	K	60	19	OT	Y2
10	POPS		20	ED	

（3）分配输入/输出端子，画出外部接线图。按钮触点属输入部分，应接 PLC 输入端。三个接触器线圈属输出部分，应接 PLC 输出端，而时间继电器线圈和触点由 PLC 内部的寄存器实现，热继电器触点串联于线圈回路，如图 9.18 所示。

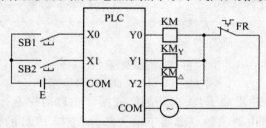

图 9.18　Y—△换接起动电路的外部接线图

（4）键入语句表。用编程器将指令输入 PLC，操作相应的按钮，就可以实现 Y—△换接起动控制。

［**例 9.4**］　图 9.19 是利用行程开关自动控制电动机正反转电路，以实现工作台自动往返运动的梯形图。试用 PLC 实现这一控制。

［**解**］　（1）设计梯形图。先用 PLC 中的编程元件代替原理图中的元件，得初步梯形图如图 9.19（a）所示，修改后的梯形图如图 9.19（b）所示。

（2）编制语句表程序。根据图 9.19（b）梯形图写出指令语句表程序如下：

地 址	指 令		地 址	指 令	
0	ST	X1	8	OR	X3
1	OR	X4	9	OR	Y2
2	OR	Y1	10	AN/	X0
3	AN/	X0	11	AN/	X4
4	AN/	X3	12	AN/	Y1

225

地 址	指 令		地 址	指 令	
5	AN/	Y2	13	OT	Y2
6	OT	Y1	14	ED	
7	ST	X2			

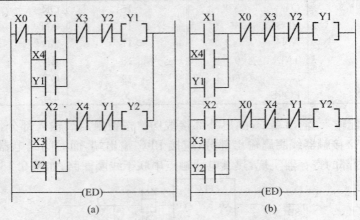

图 9.19　自动往返行程控制梯形图

(a) 初步梯形图；(b) 修改后的梯形图

（3）分配输入/输出端子，画出外部接线图。在自动往返行程控制电路中，按钮、行程开关和热继电器的触点都属于输入部分，应接 PLC 的输入端。而接触器线圈属输出部分，应接 PLC 的输出端、输入端都采用常开触点，如图 9.20 所示。

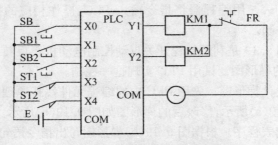

图 9.20　自动往返行程控制的外部接线图

（4）键入语句表程序。用编程器输入语句，操作相应的按钮，就能实现自动往返行程控制。

[**例 9.5**]　一台汽车自动清洗机。当按下起动按钮 SB1 时，清洗机开始工作，即清洗机开始移动并打开喷淋阀门。当检测到进入刷洗距离时，起动刷子电动机进行刷洗，汽车离开则停止刷车。试用 PLC 实现控制。

[**解**] （1）画出 PLC 外部接线图（如图 9.21 所示）。图 9.21 中 SB1 为起动按钮，ST 为车辆检测器，SB2 为停止按钮，YV 为水阀门，KM1 为刷子接触器，KM2 为清洗机接触器。

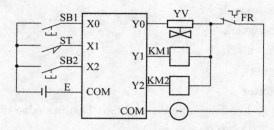

图 9.21 自动清洗控制的外部接线图

（2）设计梯形图。由于"步"较少，只用辅助继电器 R0 记忆起动指令，R1 记忆停止刷洗状态，其他"步"不再用辅助继电器记忆。则梯形图如图 9.22(a)所示，指令语句表如图 9.22(b)。

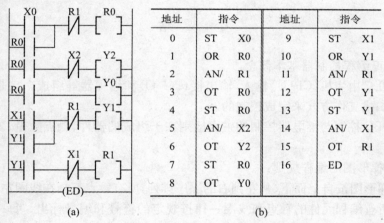

地址	指令		地址	指令	
0	ST	X0	9	ST	X1
1	OR	R0	10	OR	Y1
2	AN/	R1	11	AN/	R1
3	OT	R0	12	OT	Y1
4	ST	R0	13	ST	Y1
5	AN/	X2	14	AN/	X1
6	OT	Y2	15	OT	R1
7	ST	R0	16	ED	
8	OT	Y0			

(a)　　　　　　　　　　　　(b)

图 9.22 例 9.5 的梯形图及指令语句表

当按下起动按钮 X0 时，只要不停止刷洗，R0 将接通并自锁。通过 R0 控制清洗机移动（第 4 行语句开始）和打开喷淋阀门（第 7 行语句开始）。当进入刷洗范围，X1 接通，接触器通电控制刷子电动机运转，使清洗机沿着车身清洗一遍，直到移出刷洗距离使 X1 断开为止。

[**附**] 上述指令的英文全称

（1）ST(ST/)：start(start not)

（2）AN(AN/)：And(And not)

（3）OR(OR/)：Or(Or not)

(4) OT：Out

(5)"/"：Not

(6) ANS(ORS)：And stack(Or stack)

(7) PSHS：Push stack

(8) RDS：Read stack

(9) POPS：Pop stack

(10) TM：Timer

(11) CT：Counter

(12) DF(DF/)：Leading edge differential(Trailing edge differential)

(13) SET(RST)：Set(Reset)

(14) KP：Keep

(15) NOP：NO operation

(16) ED：End

小　　结

(1) 可编程控制器基本概念：

① PLC 由主机(CPU)、输入/输出接口(I/O)和编程器等组成。它是通过不断循环、扫描工作方式来完成控制的。

② PLC 控制与继电器控制的主要区别在于组成的器件、触点数量、工作方式不同。

(2) 梯形图的编程规则：

① 梯形图按自上而下、从左到右的顺序排列,所有触点都画在线圈左边。

② 所有编程元件的触点和线圈一律按规定的符号和编号标出。每一编号的触点可出现无数次,但每一编号的线圈只能出现一次。

③ 并联电路中的串联电路块应排在上面,串联电路中的并联电路块应排在左边。

(3) 继电器控制电路移植法设计程序要点：

① 先根据继电控制电路原理图(电气原理图)画出初步梯形图,再根据梯形图编程规则反复修改得出较满意的梯形图。

② 据修改后的梯形图写出指令语句表。

③ 画出 PLC 外部接线图。

④ 将语句键入编程器调试直至成功。

习　题

9.1　试画出下列指令语句表所对应的梯形图。

ST	X2
AN	X3
ST	X10
AN	X11
ORS	
OR	X0
AN	X4
AN/	X5
ST	X6
AN	X7
OR	X8
ANS	
OT	Y0
ST	Y0
OR	Y1
AN/	X9
OT	Y1
ST	Y1
TMX	1
K	50
ST	T1
OT	T2
ED	

(a)

ST	X1
OR	Y0
AN	X2
OT	Y0
ST	X3
TMX	1
K	50
ST	T1
AN/	X4
OT	Y1
ST/	Y1
OT	Y2
ST	X6
ST	X7
CT	100
K	6
ST	C100
OT	Y3
ED	

(b)

ST	X2
AN/	X3
ST	X4
AN	X5
OR	Y0
OR	X6
ANS	
OT	Y0
ED	

(c)

9.2　写出图 9.23 梯形图的指令语句表。

9.3　有两台三相异步电动机(M1、M2)联锁控制电路,要求:(1)M1 起动后,M2 才能起动,M2 停车后,M1 才能停车;(2)M1 先起动,经一定时间后,M2 自行起动,M2 起动一定时间后,M1 停转。试用 PLC 分别实现上述控制要求,画出梯

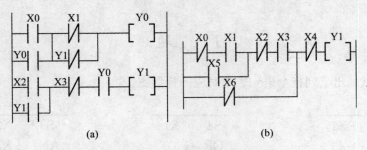

图 9.23　题 9.2 的梯形图

形图并写出指令语句表。

9.4　有一台异步电动机,要求:(1) 按下起动按钮后电动机立即起动;(2) 按下停止按钮后电动机应延时 20s 再停车。试用 PLC 分别实现上述控制要求,画出梯形图、指令语句表。

9.5　有三台电动机 M1、M2、M3,要求:(1)M1、M2、M3 按顺序起动;(2)M1 起动 10s 后 M2 起动,M2 起动 20s 后 M3 起动,M3 起动 10min 后 M1 停车,M1 停车 10s 后 M2 和 M3 立即停车。试分别编制用 PLC 实现上述控制要求的梯形图。

9.6　试设计一个传送控制电路。要求:把货物从始发地送到目的地后自动停车;延时 90s 后自动返回始发地停车。试用 PLC 实现上述控制,画出 PLC 的外部接线图、梯形图及指令语句表。

9.7　图 9.24 所示的梯形图有什么错误? 请按梯形图的规则加以改正。

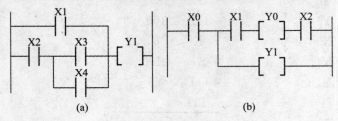

图 9.24　题 9.7 的梯形图

9.8　请用 PLC 实现下列控制要求,分别画出梯形图,并写出指令语句表。

(1) 电动机 M1 起动后,M2 才能起动,M2 可单独停车;

(2) M1 起动后,M2 才能起动,M2 能实现点动;

(3) M1 起动后,经一定延时,M2 能自行起动;

9.9　试画出用 PLC 控制图 8.13 中电动机正反转的梯形图。

9.10　试画出用 PLC 控制图 8.15 中电动机 Y—△降压起动控制电路的梯形图。

附录 A 工业电力系统与安全用电

A.1 电力系统的基本概念

所谓电力系统,通常是指由发电厂、输配电线路、变电设备、配电设备和电力用户等组成的有联系的总体,也称为电网。

发电厂按照所利用的能源种类可分为水力、火力、风力、核能、太阳能等几种。电力系统是通过电气线路实现传输和分配电能的。由于发电厂往往距离用电负荷中心较远,所以就需要用各种不同电压等级的电气线路,把发电厂、变电站和电能用户联系起来,将发电厂发出的电能源源不断地输送到电能用户,并分配到各个电气设备上。

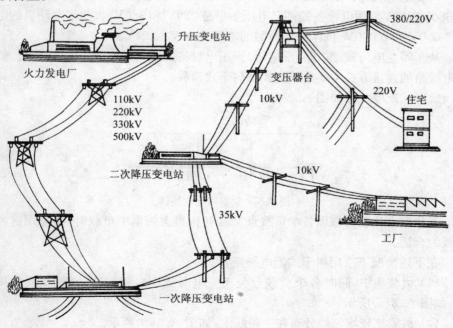

图 A.1 电力系统

1. 电力系统的电压等级

目前,我国电力系统一般采用的电压等级中超高压为 500kV、330kV、220kV、

110kV;高压为 35kV(20kV)、10kV(6kV);低压为 380V/220V。

2. 额定电压和额定频率

额定电压通常指电气设备(三相)铭牌上所标的线电压值。一般电气设备都是按照规定的电压和频率来设计、制造和工作的。此规定的电压和频率就被称为该电气设备的额定电压和额定频率。当电气设备在额定电压和额定频率下运行时,就能发挥最佳的技术性能和经济效果。

我国规定的工业用标准额定频率为 50Hz(一般称之为工频)。世界大多数国家也是采用的这一频率,而部分国家(如美国、加拿大、朝鲜等)采用的频率则为 60Hz。

3. 输配电线路

输电线末端的变电所将电能分配给各工业企业和城市。工业企业设有中央变电所和车间变电所(小规模的企业往往只有一个变电所)。中央变电所接受送来的电能,然后分配到各车间,再由车间变电所或配电箱(配电板)将电能分配给各用电设备。

高压配电线的额定电压有 3kV、6kV 和 10kV 三种。低压配电线的额定电压是 380V/220V。用电设备的额定电压多半是 220V 和 380V,大功率电动机的电压是 3 000V 和 6 000V,机床局部照明的电压是 36V 和 24V。

从车间变电所或配电箱(配电板)到用电设备的线路属于低压配电线路。低压配电线路的连接方式主要是放射式和树干式两种。

放射式配电线路如图 A.2 所示。

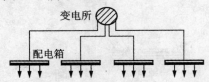

图 A.2　放射式配电线器

当负载点比较分散而各个负载点又具有相当大的集中负载时,则采用这种线路较为合适。

在下述情况下采用树干式配电线路:

(1) 负载集中,同时各个负载点位于变电所或配电箱的同一侧,其间距离较短,如图 A.3(a)所示。

(2) 负载比较均匀地分布在一条线上,如图 A.3(b)所示。

采用放射式或图 A.3(a)的树干式配电线路时,各组用电设备常通过总配电箱或分配电箱连接。用电设备既可独立地接到配电箱上,也可连成链状接到配电箱上。

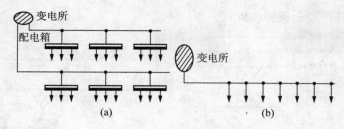

图 A. 3　树干式配电线路

　　距配电箱较远,但彼此距离很近的小型用电设备宜接成链状,这样能节省导线。但是,同一链条上的用电设备一般不得超过三个。

　　由于触电时对人体的危害性极大,为了保障人的生命安全,使触电者能够自行脱离电源,因此各国都规定了安全操作电压。我国规定的安全操作电压:对 50～500Hz 的交流电压安全额定值(有效值)为 42V、36V、24V、12V、6V 五个等级,供不同场合选用,还规定安全操作电压在任何情况下均不得超过 50V 有效值。当电器设备采用大于 24V 的安全电压时,必须有防止人体直接触及带电体的保护措施。

A. 2　安全用电

A. 2. 1　触电的类型

　　当人体不慎接触到带电体便是触电。触电对人体的伤害程度与通过人体的电流大小、电流频率、电流通过人体的路径、触电持续时间等因素有关。当通过人体的电流很微小时,仅会使触电部分的肌肉发生轻微痉挛或刺痛。一般认为当通过人体的电流超过 50mA 时,肌肉的痉挛加剧,使触电者不能自行脱离带电体,持续一定时间便导致中枢神经系统麻痹,严重时可能引起死亡。

　　根据电流通过人体的路径和触及带电体的方式,触电一般可分为以下三类:

　　1. 身体直接触及带电体

　　此类直接接触触电可分为单相触电及两相触电。

　　(1)单相触电。当人体某一部位与大地绝缘不佳时,另一部位触及某相带电体,电流经大地构成触电回路,这种触电事故称为单相触电,单相触电按电网运行方式又可分为两类:

　　① 变压器低压侧中性点直接接地供电系统中的单相触电如图 A. 4 所示(假设用电设备未安装任何安全保护装置)。

　　② 变压器低压侧中性点不接地系统中的单相触电,如图 A. 5 所示(假定电气

设备未安装任何安全保护装置）。

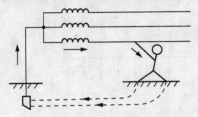

图 A. 4　中性点直接接地的单相触电

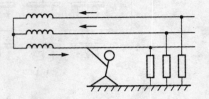

图 A. 5　中性点不接地的单相触电

此类触电事故发生时，触电电流由相—人—地—相（或零线）形成回路。故加在人体的电压较高，当阻抗（Z）小的时候危害性相当大，要引起重视。

（2）两相触电。发生触电时，人体的两不同部位同时触及两相带电体（同一变压器供电系统）称两相触电。两相触电时，相与相之间以人体作为负载形成回路，如图 A. 6

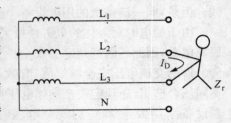

图 A. 6　两相触电

所示。此时，流过人体的电流大小取决于与电流路径相对应的人体阻抗及供电电网的线电压。

2. 间接触电

间接触电是指电气设备绝缘损坏发生接地故障时，设备外壳（金属部分）及接地点周围出现对地电压，而引起的人体触电。多数触电皆为间接触电，此类触电大致可分为跨步电压触电和接触电压触电。

（1）跨步电压触电。当带电体接地处有较强电流进入大地时（如输电线断线故障），电流通过接地体向大地作半球形流散，并在接地点周围地面产生一个相当大的电场。电场强度随着距离增加而减小。试验资料表明：约有 68% 的电压降在距接地体 1m 以内的范围中；24% 的电压降在 2～10m 的范围内；8% 的电压降在 11～20m 的范围内。所以，离接地体 20m 处，对地电压基本为零。若用曲线表示接地体及其周围各点的对地电压，则曲线呈典型的双曲线形状，如图 A. 7 所示。

在电场作用范围内（以接地点为圆心，20m 为半径的半球体），人体如双脚分开站立，则施加于两足的电位不同而致两足间存在电位差，此电位差便称为跨步电压。人体触及跨步电压而造成的触电，称跨步电压触电。

跨步电压触电时，电流仅通过身体下半部及两下肢，基本上不通过人体的重要器官，故一般不危及人体生命，但人体感觉可相当明显。当跨步电压较高时，流过两下肢电流较大，易导致两下肢肌肉强烈收缩，此时如身体重心不稳（如奔跑等）极

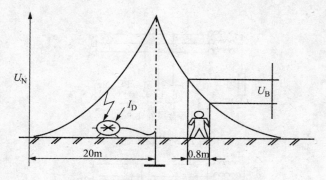

图 A.7　对地电压呈典型双曲线形态

易跌倒而造成电流通过人体的重要器官(心脏等),引起人身死亡事故。

　　除了输电线路断线落地会产生跨步电压外,当大电流(如雷电电流)从接地装置流入大地时,若接地电阻偏大也会产生跨步电压。

　　(2)接触电压触电。当电气设备发生故障时。由于绝缘损坏,使设备漏电,金属外壳带电,当操作人员身体某部分对地绝缘不佳(如双脚),另一部分(手)触及外壳,就会发生接触电压触电。

　　若设备外壳未接地,在此接触电压下的触电情况与单相触电相同;若设备外壳接地则接触电压为设备外壳对地电位与人站立点的对地电位之差。

　　3.与带电体的距离小于安全距离的触电

　　当带电体电位较高时,人体与带电体(高压带电体)之间的空气间隙小于一定距离时,气体可被击穿,带电体对人体放电,并在人体与带电体之间产生电弧。此时,人体可受到电弧高温的灼伤与电击的损害。因此,为防止此类事故的发生,国家有关标准规定了不同电压等级的最小安全距离,以免发生电击事故。

A.2.2　保护接地和保护接零

　　为了人身安全和电力系统工作的需要,要求电气设备采取接地措施。按接地目的的不同,主要可分为工作接地、保护接地和保护接零三种,接地体是埋入地中并且直接与大地接触的金属导体.

　　1.低压配电系统的形式

　　根据配电系统接地方式的不同,国际上把低压配电系统分为 IT、TT 和 TN 三种形式。其中 TN 系统又分为 TN—C、TN—S 和 TN—C—S 三种。我国配电系统在新的标准中也采用了这种分类形式。

　　IT、TT 和 TN 三种系统的线路图,分别由图 A.8、图 A.9 和图 A.10 所示。

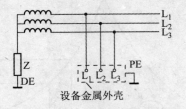

图 A.8　IT 系统

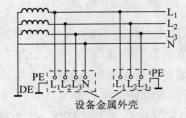

图 A.9　TT 系统

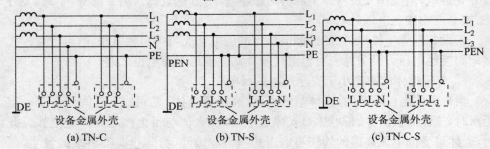

(a) TN-C　　　　　(b) TN-S　　　　　(c) TN-C-S

图 A.10　TN 系统

(a) TN—C；(b) TN—S；(c) TN—C—S

低压配电系统代号的含义：

（1）第一位字母表示系统和地之间的关系：

Ⅰ表示系统所有带电的零部件均与地绝缘或由一点经过一定的阻抗接地。

T 表示系统有一点直接接地。

（2）第二位字母表示成套设备中外露可导电部件与地的关系；

T 表示外露可导电部件与地之间有直接电连接，这种连接和电源系统中的接地点无关（即不是通过接地点接地）。

N 表示外露可导电部件与电源系统接地点（交流系统通常为变压器的中性点）之间有直接电连接。

（3）其余字母是用来表示中性导体（即工作零线）和保护导体（即保护零线）的布置形式；

S 表示中性导体和保护导体各自独立(从第一点分开后不允许再次相接)。

C 表示中性导体和保护导体合用一根导体(PEN)。

2. 保护接地的原理和应用范围

接地应用很广泛。接地是一种防止间接接触所导致触电的安全技术措施,不论是交流电或直流电,高压电或低压电,也不论是在一般环境或特殊环境下,采用接地措施能确保电气设备正常运行和人身安全。

保护接地通常应用于不接地的低压配电系统,即变压器中性点不接地系统(如IT 系统)。也有用于中性点接地,即有工作接地的系统(如 TT 系统),但有其局限性。

(1) IT 系统的保护接地。在不接地的低压配电系统中,当一相绝缘损坏时,人体一旦触及无保护接地的电气设备外壳,接地电流 I_E 则通过人体和电网对地绝缘阻抗形成回路,如图 A. 11 所示。如各相对地绝缘阻抗 Z_φ 相等,则电网对地绝缘等效阻抗 $Z=Z_\varphi//Z_\varphi//Z_\varphi=Z_\varphi/3$。这时人体的接触电压 U_B 为

$$U_B = \frac{U_\varphi Z_B}{|Z_B + Z|} = \frac{U_\varphi Z_B}{\left|\dfrac{Z_B + Z_\varphi}{3}\right|} = \frac{3U_\varphi Z_B}{|3Z_B + Z_\varphi|} \quad (V)$$

式中:U_φ 为电网相电压(V);Z_B 为人体阻抗(Ω);Z_φ 为电网每相对地绝缘阻抗(Ω);Z 为电网对地绝缘等效阻抗(Ω)。

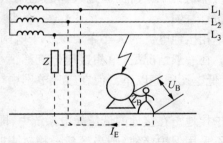

图 A. 11 IT 系统设备外壳不接地

电网对地绝缘等效阻抗 Z 由电网对地每线的分布电容和绝缘电阻组成;二者可视为并联。一般情况下,绝缘电阻远大于分布电容的容抗。如把绝缘电阻看作无穷大,则电网每相对地绝缘阻抗等于电网每相对地容抗 X_φ。即

$$Z_\varphi = X_\varphi = \frac{1}{\omega C} \quad (\Omega)$$

式中:C 为每相对地分布电容(F);ω 为电源角频率(rad/s)。

当配电线路长度越长(即电网每相对地容抗 X_φ 越小)及电网绝缘电阻越小时,人体触及故障设备的接触电压也越高。如对于长度 5km 左右的 380V 配电线

路,且电网绝缘电阻很高,当人体阻抗为 1500Ω 触及漏电设备时,人体承受的接触电压可达到 98V,通过人体的电流可达到 65mA,这对人是很危险的。

若采取了保护接地措施,如图 A.12 所示。由于人体阻抗 Z_B 与保护接地电阻 R_P 并联,且 $Z_B \gg R_P$(因 $R_p \leqslant 4\Omega$),则可近似认为人体承受的接触电压为

$$U_B = \frac{3U_\varphi Z_B}{|\,3R_p + Z_\varphi\,|} \quad (V)$$

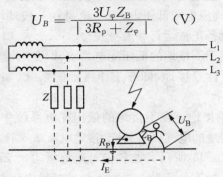

图 A.12　TT 系统设备外壳接地

又因为 $Z_\varphi \gg R_P$,所以人体承受的电压也大大降低。只要适当控制保护接地电阻 R_P 的大小,即可限制漏电设备对地电压在安全范围内。

如上述 5km 线路长度时,采用保护接地后,当接地电阻 $R_P = 4\Omega$ 时,则人体的接触电压将从原来约 98V,降低为 0.3V;而通过人体的电流从原来约 65mA 减小到 0.2mA。这对人是没有危险的。

在不接地电网中,单相接地电流的大小主要取决于电网的特征,如电压高低、范围大小、敷设方式等。在一般情况下,单相接地电流都很小,这就有可能把漏电设备对地电压限制在特低电压限值以下。但在接地电网中,这一规律是不一定成立的。

(2) TT 系统的保护接地。在接地的低压配电系统中,即变压器中性点直接接地系统,如果电气设备不采用保护接地,则当设备一相碰壳时,其外壳就存在相电压 U_φ,人体一旦接触带电的外壳,就会通过电流,造成触电事故,如图 A.13 所示。

由于人体阻抗 Z_B 远大于工作接地电阻 R_D,即 $Z_B \gg R_D$,则人体的接触电压为

$$U_B = \frac{U_\varphi Z_B}{Z_B + R_D} \approx \frac{U_\varphi Z_B}{Z_B} = U_\varphi \quad (V)$$

如果采用了保护接地,如图 A.14 所示,当电气设备一相绝缘损坏时,其接地短路电流较大,能使熔体熔断或低压断路器断开,从而切断电源,确保安全。

为了安全可靠,保护接地电阻应越小越好,减小接地电阻的方法是尽量利用自然接地体,采用多点接地、网状接地等。

由上可见,在变压器中性点直接接地的低压配电系统中,单纯采取保护接地虽

238

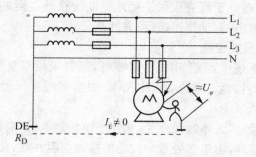

图 A.13 TT 系统保护不接地

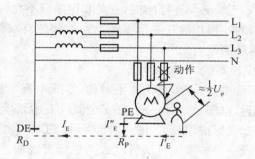

图 A.14 TT 系统的保护接地

然比不采取任何安全措施要好一些,但并没有彻底解决安全问题,危险仍然存在。特别是当对地短路电流不大,使线路上的保护装置不会动作时,这一危险状态会长时间存在。因此,在接地的低压配电系统中,除另有规定外,均应采用保护接零。

3. 保护接零

目前我国的低压配电系统大多采用 TT 系统,而在欧美等国家普遍采用 TN—S 配电系统。由于 TN—S 配电系统对人身的安全和电网运行的安全可靠性最佳,因此,在我国的高压用户中应用不断扩大。

将电气设备在正常情况下不带电的金属外壳或构架用导线与系统的 PE 线(TN－S、TN－C－S 系统)或 PEN 线(TN—C 系统)紧密地连接,称为保护接零。其作用原理是,当用电设备某相发生绝缘损坏,引起碰壳时,由于保护零线(即,PE 或 PEN 线)有足够的截面、阻抗甚小,能产生很大的单相短路电流,使配电线路上的熔体迅速熔断、或使低压断路器自动分断,从而切断用电设备电源。因此,保护接零与保护

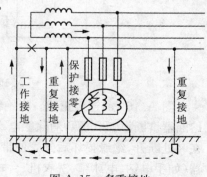

图 A.15 多重接地

239

接地相比的优越性,就在于能克服保护接地受制于接地电阻的局限性。所以故障时就有足够大的短路电流,动作迅速、可靠性高。

4. 保护接零与重复接地

在中性点接地系统中,除采用保护接零外,还要采用重复接地,就是将零线相隔一定距离多处进行接地。这样,在图 A.15 中当零线在×处断开而电动机一相碰壳时:

(1) 如无重复接地,人体触及外壳,相当于单相触电,是有危险的。

(2) 如有重复接地,由于多处重复接地的接地电阻并联,使外壳对地电压大大降低,减小了危险程度。

为了确保安全,零干线必须连接牢固,开关和熔断器不允许装在零干线上。但引入住宅和办公场所的一根相线和一根零线上一般都装有双极开关,并都装有熔断器以增加短路时熔断的机会。

5. 工作零线与保护零线

在三相四线制系统中,由于负载往往不对称,零线中有电流,因而零线对地电压不为零,距电源越远,电压越高,但一般在安全值以下,无危险性。为了确保设备外壳对地电压为零,专设保护零线,如图 A.16 所示。工作零线在进建筑物入口处要接地,进户后再另设一保护零线。这样就成为三相五线制。所有的接零设备都要通过三孔插座接到保护零线上。在正常工作时,工作零线中有电流,保护零线中不应有电流。

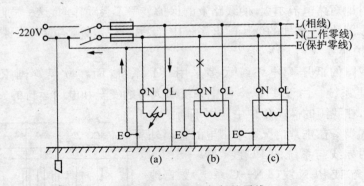

图 A.16　工作零线与保护零线

图 A.16 (a)连接正确。当绝缘损坏,外壳带电时,短路电流经过保护零线,将熔断器熔断,切断电源,消除触电事故。图 A.16 (b)的连接是不正确的,因为如果在×处断开,绝缘损坏后外壳便带电,将会发生触电事故。有的用户在使用日常电器(如手电钻、电冰箱、洗衣机、台式电扇等)时,忽视外壳的接零保护,插上单相电源就用,如图 A.16 (c)所示,这是十分不安全的。一旦绝缘损坏,外壳也就带电。

A.2.3　电气防火和防爆

电气设备发生事故时,很容易造成火灾或爆炸。电气线路、开关、熔丝、照明器具、电动机、电炉及电热器具等设备在出现事故或使用不当时,会产生电火花、电弧或发热量大大增加。当这些电气设备与可燃物体接近或接触时,就会引起火灾。电力变压器、互感器、电力电容器等电气设备,除了可能引起火灾以外,还可能发生爆炸。

一般来说引起电气火灾或爆炸主要有这样一些原因:电气设备内部出现短路;电气设备严重过载;电路中的触点接触不良;电气设备或线路的绝缘损坏或老化;电气设备中的散热部件或通风设施损坏。

对于有火灾或爆炸危险的场所,在选用和安装电气设备时,应选用合理的类型,例如防爆型、密封型、防尘型等。为防止火灾或爆炸,应严格遵守安全操作规程和有关规定,确保电气设备的正常运行。要定期检查设备,排除事故隐患。要保持通风良好,采用耐火材料及良好的保护装置等。

A.2.4　静电的防护

静止的电荷称为静电。积累的电荷越多电位也就越高。绝缘物体之间相互摩擦会产生静电,日常生活中的静电现象一般不会造成危害。

工业上有不少场合会产生静电,例如石油、塑料、化纤、纸张等在生产过程或运输中,由于固体物质的摩擦、气体和液体的混合及搅拌等都可能产生和积累静电,静电电压有时可达几万伏。高的静电电压不仅会给工作人员带来危害,而且当发生静电放电形成火花时,可能引起火灾和爆炸。例如曾有巨型油轮和大型飞机因油料静电而引起火灾和爆炸,或因矿井静电引起瓦斯爆炸的事故发生。

为了防止因静电而发生火灾,基本的方法是限制静电的产生和积累,防止发生静电放电而引起火花。常用的措施有:

(1)限制静电的产生。例如减少摩擦,防止传动皮带打滑,降低气体、粉尘和液体的流速。

(2)给静电提供转移和泄漏路径。尽量采用导电材料制造容易产生静电的零件。在非导电物质(橡胶、塑料、化纤等)中掺入导电物质,适当增加空气的相对湿度。

(3)利用异极性电荷中和静电。

(4)采用防静电接地。

除以上一些措施外,在静电危险场所工作的人员要穿防静电的衣服和鞋子,不要穿容易产生静电的(例如用晴纶、尼龙等缝制的)衣裤和鞋袜等。

附录 B 电工测量

测量是人们对客观事物取得数量概念的认识过程。电工测量是研究电学量和磁学量的测量方法及测量仪表的学科。

在测量中,观测者使用专门的设备,通过一定的实验方法,测定出被测量的数值。随着电气技术在社会经济生活各领域的广泛应用,电工测量的基本知识也成为现代社会中人人都要了解的生活常识,它广泛地应用在科学研究、农业生产、工程建设、交通运输、通信广播、医疗卫生和日常生活等领域中。

电工测量包括三个阶段

(1) 准备阶段:明确被测量对象的性质和测量目的,确定测量方法,熟悉相应的测量仪器。

(2) 测量阶段:按测量仪器所要求的测试条件,按规定的方法正确读数并记录数据。

(3) 数据处理阶段:依据记录的数据,计算出测量结果和误差。

B.1 电工测量仪表的分类

常用的直读式电工测量仪表按照下列几个方面来分类:

(1) 按照被测量的种类分类,如表 B.1 所列。

表 B.1 电工测量仪表(按被测量)分类表

次序	被测量的种类	仪表名称	符号
1	电流	电流表	Ⓐ
		毫安表	ⓜⒶ
2	电压	电压表	Ⓥ
		千伏表	ⓀⓋ
3	电功率	功率表	Ⓦ
		千瓦表	ⓀⓌ
4	电能	电度表	KWh

次序	被测量的种类	仪表名称	符号
5	相位差	相位表	ⓥ
6	频率	频率表	ⓕ
7	电阻	欧姆表	Ⓞ
		兆欧表	ⓂΩ

（2）按照工作原理分类，如表 B.2 所列。

表 B.2　电工测量仪表（按工作原理）分类表

型式	符号	被测量的种类	电流的种类与频率
磁电式		电流、电压、电阻	直流
整流式		电流、电压	工频及较高频率的交流
电磁式		电流、电压	直流及工频交流
电动式		电流、电压、电功率、功率因数、电能量	直流及工频与较高频率的交流

（3）按照电流的种类分类，电工测量仪表可分为直流仪表、交流仪表和交直流两用仪表。如表 B.2 所示。

（4）按照准确度分类，准确度是测量结果中系统误差和随机误差的综合。目前我国直读式电工测量仪表按照准确度分为 0.1、0.2、0.5、1.0、1.5、2.5 和 5.0 七级。

B.2　测量误差

被测量的实际值是客观存在的。在实际测量中，由于测量设备的准确性、测量方法的完善性、测量程序的规范性及测量环境等因素的影响，使得测量结果与实际值之间总有误差存在。也就是说"一切测量都具有误差，误差自始至终存在于所有科学试验的过程之中"。人们研究测量误差的目的就是寻找产生误差的原因，认识误差的规律，找出减小误差的途径与方法，以获得最接近实际值的测量结果。

B.2.1 测量误差的表示

1. 绝对误差

绝对误差定义为测量值与被测量实际值之差,即

$$\Delta A = AX - A_0 \tag{B.1}$$

式中:ΔA 为绝对误差,其值可正可负;A_x 为测量值;A_0 为被测量的实际值。

由于被测量的实际值是无法获得的,所以在计算中常用理论计算值代替 A_0,或用准确度较高的仪器仪表来校验准确度较低的仪器仪表,将前者的测量值取作被测量的"实际值" A_0。

2. 相对误差

相对误差定义为绝对误差与被测量"实际值"之比,一般用无量纲的百分数形式表示,即

$$\gamma_0 = \frac{\Delta A}{A_0} \times 100\% \tag{B.2}$$

式(B.2)表示了测量的准确度。

实际上,当已知某个仪表在某一量限的绝对误差为 ΔA 时,测量结果的相对误差通常是以下式近似求得的:

$$\gamma_x = \frac{\Delta A}{A_x} \times 100\% \tag{B.3}$$

3. 引用误差

引用误差定义为绝对误差与测量仪表量程之比,用百分数表示即

$$\gamma = \frac{\Delta A}{A_m} \times 100\% \tag{B.4}$$

式中:A_m 为测量仪表的量程。

确定测量仪表的准确度等级应用最大引用误差,即最大绝对误差 ΔA_m 与量程之比。

$$\gamma_m = \frac{\Delta A_m}{A_m} \times 100\% \tag{B.5}$$

国家标准 GB776—76《测量指示仪表通用技术条件》规定,电工测量仪表的准确度等级指数 a 分为:0.1,0.2,0.5,1.0,1.5,2.5,5.0 共 7 级,它们的基本误差及最大引用误差不能超过仪表准确度等级指数的百分数,即

$$\gamma_m \leqslant a\% \tag{B.6}$$

[例 B.1] 某 1.0 级电压表,量程为 300V,当测量分别为 $U_1 = 250V$,$U_2 = 50V$ 时,试求出测量值的最大绝对误差和相对误差。

[解] 根据式(B.5)求得最大绝对误差。

$$\Delta A_\mathrm{m} = \gamma_\mathrm{m} \times A_\mathrm{m} = a\% \times A_\mathrm{m} = \pm 1.0\% \times 300 = \pm 3 (\mathrm{V})$$

由式(B.3)求得相对误差

$$\gamma_{U1} = \pm \frac{3}{250} \times 100\% = \pm 1.2\%$$

$$\gamma_{U2} = \frac{\pm 3}{50} \times 100\% = \pm 6\%$$

由上例看出,测量误差不仅与所选仪表等级指数 a 有关,而且与所选仪表的量程有关。量程 A_m 和测量值 A_x 相差愈小,测量准确度愈高。因此在选用仪表的量程时,测量值应尽可能接近仪表满度值,一般不小于满度值的三分之二。这一结论适合于电流表、电压表、功率表。

B.2.2　测量误差的分类

1. 系统误差

在测量过程中由于测量仪器本身的结构或制作不完善、使用仪器时未满足所要求的条件、测量方法或所依据的理论不完善、试验人员的测量素质不高等原因,会产生一些固定的或有规律的误差,这就被称为系统误差。系统误差的大小可以衡量数据与实际值的偏离程度,用以表征测量结果的正确性。系统误差越小,测量结果越准确。系统误差能够用校正的方法消除或减小。

2. 随机误差

随机误差是由于实验条件的微小变化,如环境温度变化、电磁场扰动、地面振动等产生的。这些因素互不相关,人们难以预料和控制。随机误差说明了测量数据本身的离散程度,用以表征测量的精密度。随机误差的大小、方向随机不定,不可预见、不可修正,只能用统计规律加以描述。

3. 粗大误差

产生粗大误差的原因有读错或记错数据,或测量中的错误操作等。这时的实验数据是无效数据,应当剔除。

B.3　电工测量仪表

常用的直读式电工测量仪表按照工作原理可分为磁电式、电磁式和电动式等几种。各种指示式仪表主要由驱动装置、反作用装置和阻尼装置三部分组成。

1. 驱动装置

驱动装置的作用是将测量仪表中通入由被测量所形成的电流后产生的电磁作用力以驱动指针偏转。驱动力矩与通入的电流之间存在一定的比例关系,即指针偏转角度与被测量的值成一定的比例关系。

2. 反作用装置

反作用装置的作用是产生反作用力矩。在仪表未测量时,反作用力矩使指针归零位。在仪表进行测量时,反作用力矩与驱动力矩共同作用于指针,当两个力矩达到平衡时,指针停到某一相应位置,此时指针偏转角度与被测量的值成一定的比例关系。

3. 阻尼装置

阻尼装置的作用是在测量时,使指针很快稳定在平衡位置,产生一个与指针偏转方向相反的阻尼力矩(或称制动力矩)。常用的阻尼装置有空气阻尼、液体阻尼和电磁阻尼等。

B.3.1 磁电式仪表

磁电系仪表的构造如图 B.1 所示。在永久磁铁的 N 极和 S 极之间安置一个圆柱形固定铁芯,铁芯上面可自由转动的铝框上绕着线圈(动圈)。永久磁铁和铁芯之间存在着均匀磁场。当被测电流通过线圈时,载流线圈在磁场中受到电磁的作用,从而形成驱动力矩,带动指针偏转。

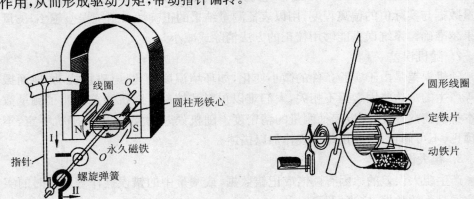

图 B.1 磁电式仪表   图 B.2 电磁式仪表

驱动力矩 T 与被测电流 I 成正比,即

$$T = K_1 I \tag{B.7}$$

式中 K_1 为比例常数。

当指针偏转时,装在轴上的螺旋弹簧(游丝)产生一个反作用力矩 T_C,T_C 与指针的偏转角度 α 成正比,即

$$T_C = K_2 \alpha \tag{B.8}$$

式中 K_2 为比例常数。

246

当弹簧的阻转矩与转动转矩达到平衡,指针静止时,

$$T_C = T \qquad (B.9)$$

所以

$$\alpha = \frac{K_1}{K_2} \times I = KI \qquad (B.10)$$

可见,指针的偏转角度 α 与被测电流 I 成线性比例关系,因此磁电系仪表刻度盘的刻度是均匀的。

放置动圈的铝框相当于一个闭合线圈。测量时,铝框随动圈一起转动,由于切割磁力线在铝框内产生感应电流,这一感应电流在磁场中也受到电磁力的作用,从而使铝框受到与转动方向相反的力矩作用,使仪表的转动部分受到阻尼作用,指针很快静止下来。这种阻尼形式称为电磁阻尼。

磁电式仪表的优点是消耗功率小,刻度均匀,防外磁场能力强。其缺点是过载能力小,只能用于直流测量,结构复杂、造价高。磁电式仪表主要作实验室仪表和高精度直流标准表。

B.3.2 电磁式仪表

电磁式仪表常采用推斥式的构造,如图 B.2 所示,它的主要部分是固定的圆形线圈,线圈内部有固定铁片、固定在转轴上的可动铁片。

当线圈中有被测电流通过时产生磁场,两铁片均被磁化,同一端的极性是相同的,因而互相推斥,可动铁片因受斥力而带动指针偏转。若线圈中通入交流电流,两铁片的极性同时改变,所以仍然产生推斥力。

由推斥力而产生的驱动转矩 T 近似地与电流的平方成正比,即:

$$T = k_1 I^2 \qquad (B.11)$$

由螺旋弹簧(游丝)产生的反作用力矩 T_C。T_C 与指针的偏转角度 α 成正比,即

$$T_C = k_2 \alpha \qquad (B.12)$$

当弹簧的阻转矩与转动转矩达到平衡,指针静止时,

$$T_C = T \qquad (B.13)$$

所以

$$\alpha = \frac{k_1}{k_2} \cdot I^2 = kI^2 \qquad (B.14)$$

可见电磁式仪表的指针偏转角度与被测量(电流)成非线性关系,故仪表刻度盘的刻度是不均匀的。

电磁式仪表的阻尼力矩由空气阻尼器产生。其阻尼作用由与转轴相联的活塞

在小室中移动而形成。

电磁式仪表的优点是构造简单,价格低廉,可用于交、直流。缺点是刻度不均匀,磁场弱,易受外界磁场影响,灵敏度和准确度不高。

B.3.3　电动式仪表

电动式仪表的构造如图 B.3 所示。它有两个线圈,固定线圈和可动线圈。可动线圈与指针及空气阻尼器的活塞都固定在转轴上。

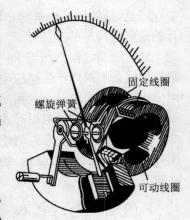

当固定线圈中通以电流 I_1 时,在固定线圈中产生磁场。若在此时给可动线圈通入电流 I_2,则形成驱动力矩,使可动线圈偏转,从而带动指针产生偏转。驱动力矩

$$T = K_1 I_1 I_2 \tag{B.15}$$

螺旋弹簧产生反作用力矩 T_C

$$T_C = K_2 \alpha \tag{B.16}$$

当弹簧的阻转矩与转动转矩达到平衡,指针静止时,

图 B.3　电动式仪

$$T_C = T \tag{B.17}$$

此时

$$\alpha = \frac{k_1}{k_2} \cdot I_1 I_2 = K I_1 I_2（直流） \tag{B.18}$$

当线圈中通入交流电流时,驱动转矩

$$T = k_1 I_1 I_2 \cos\varphi \tag{B.19}$$

式中:I_1 和 I_2 是交流电流 $i_1 = I_{1m}\sin\omega t$ 和 $i_2 = I_{2m}\sin(\omega t + \varphi)$ 的有效值;φ 是 i_1 和 i_2 之间的相位差。

当 $T_C = T$ 时,

$$\alpha = K_1 I_2 I_2 \cos\varphi（交流） \tag{B.20}$$

电动式仪表的优点适用于交直流,准确度较电磁式要高。缺点是受外界磁场的影响大;过载能力不强;成本较高。由于电动式仪表指针的偏转角不仅与通过固定线圈和可动线圈的电流成正比,而且还与这两个电流间的相位差的余弦成正比,利用这个特性可以制成功率表,用以测量交流电路中的功率。

电动式仪表作功率表使用时,固定线圈用粗导线绕成匝数少,当弹簧的阻转矩与转动转矩达到平衡,指针静止时,固定线圈与转矩被测电路的负载串联,用来反映负载电流,也称电流线圈。转动线圈用细导线,匝数多,串联一个倍压器,测量时

与负载并联,用来反映负载电压,也称为电压线圈,测量电路如图 B.6 所示。如果近似认为转动线圈的电路是纯电阻性的,则电流之间的相位差即为负载电压与负载电流的相位差。于是指针的偏转角 α 将正比于负载所消耗的功率,即

$$\alpha = KUI\cos\varphi \qquad (B.21)$$

B.4 电流、电压和功率的测量

B.4.1 电流的测量

测量直流电流一般都用磁电式电流表,测量交流电流主要采用电磁式电流表。测量时,电流表应串联在电路中,如图 B.4(a)所示。为了使电路的工作不因接入电流表而受影响,电流表的内阻必须很小。若使用时不慎将电流表并联在电路两端,电流表将被烧毁,必须特别注意。

采用磁电式电流表测量直流电流时,其测量机构(即表头)所允许通过的电流很小,不能直接测量较大电流。为了扩大它的量程,应该在测量机构上并联一个分流器 R_A,如图 B.4(b)所示。

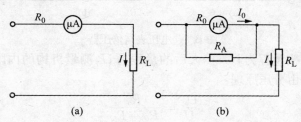

图 B.4　电流表与分流器

图 B.4 中 R_A 为分流器,R_0 为表头内阻,根据并联电路的分流关系,可知:

$$I_0 = \frac{R_A}{R_0 + R_A} \cdot I$$

即

$$R_A = \frac{R_0}{\dfrac{I}{I_0} - 1} \qquad (B.22)$$

由式(B.17)可知:当 I_0 和 R_0 一定时,I 越大,R_A 越小。即用电流表测电流时需要扩大的量程越大,分流电阻就越小。

[例 B.2]　有一磁电式表头,其满偏电流为 $400\mu A$,内阻为 400Ω,现要求将其改装成量程为 2A 的电流表,求分流器的电阻?

[**解**]　应并入的分流电阻为：

$$R_A = \frac{\dfrac{400}{2}}{400 \times 10^{-6} - 1)} = 0.08 \ (\Omega)$$

用电磁式电流表测量交流电流时，不用分流器来扩大量程。一般利用电流互感器来扩大量程。

B.4.2　电压的测量

测量直流电压常用磁电式电压表，测量交流电压常用电磁式电压表。测量某段电路电压时，应将电压表与被测电路并联如图 B.5(a) 所示。为了减小对被测电路工作状态的影响，电压表的内阻必须很高。而测量机构的内阻 R_0 通常较小，必须和它串联一个倍压器 R_V，以扩大量程。如图 B.5(b) 所示。

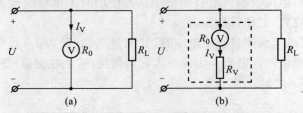

图 B.5　电压表与倍压器

图中电压表头量程为 U_0，扩大后的量程为 U，测量机构的内阻为 R_0，倍压器的阻值为 R_V，则由分压原理：

$$\frac{U_0}{U} = \frac{R_0}{R_0 + R_V}$$

$$R_V = \frac{R_0}{\dfrac{U}{U_0} - 1}, \tag{B.23}$$

可见，需要扩大的量程越大，所需的 R_V 值也越大。

[**例 B.3**]　有一量程为 50V，内阻为 1 000Ω 的电压表，今要将其量程扩大到 300V，求 R_V 值：

[**解**]　$R_V = \dfrac{R_0}{\dfrac{U}{U_0} - 1} = 1\,000\left(\dfrac{300}{50} - 1\right) = 5\,000 \quad (\Omega)$

测量交流电压时常用电磁式仪表，与磁电式电压表一样，扩大量程时需串接倍压器测 600V 以上的高压时需使用电压互感器来扩大量程。

B.4.3 功率的测量

电功率由电路中的电压和电流的乘积值决定,测量电路的功率通常用电动式功率表。

1. 单相交流和直流功率的测量

单相交流电功率和直流电功率的测量接线完全相同,如图 B.6 所示。使用功率表时要注意如下问题:

（1）正确接线。功率表有四个接线端（电压线圈、电流线圈各两个），其中电流线圈和电压线圈的一端标有"＊"号,使用时应将这两端短接后接在电源一侧。

（2）量程的选择。要求电流线圈的量程大于负载电流,电压线圈的量程大于负载电压,不能只考虑被测功率的大小。

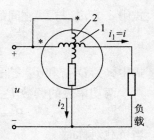

图 B.6 功率表的接线
1—电流线圈;2—电压线圈

2. 三相功率的测量

在对称三相交流电路中,可以用一只功率表测出其中一相的功率,再将其乘以3就是三相的功率。在不对称的三相四线制电路中,可以用三只功率表分别测出各相的功率,相加后即为三相的总功率。对于三相三线制电路,不论负载连成星形还是三角形,也不论负载对称与否,都可用两表法来测三相的总功率,测量电路如图 B.7 所示。

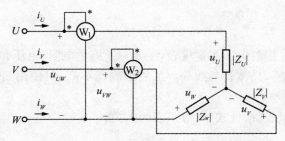

图 B.7 用两表法测量三相功率

三相瞬时功率为

$$P = P_U + P_V + P_W = u_U i_U + u_V i_V + u_W i_W$$

因为

$$i_U + i_V + i_W = 0$$

所以

$$P = u_U i_U + u_V i_V + u_W(-i_U - i_V)u$$
$$= (u_U - u_W)i_U + (u_V - u_W)i_V$$

251

$$= u_{UW}i_U + u_{UW}i_U$$
$$= P_1 + P_2 \tag{B.24}$$

在图 B.7 中第一个功率表的读数为

$$P_1 = \frac{1}{T}\int_0^T u_{UW}i_U\cos\alpha = U_{UW.}\ I_U\cos\alpha \tag{B.25}$$

式中 α 为 u_{uw} 与 I_u 之间的相位差。第二个功率表 W_2 的读数为

$$P_2 = \frac{1}{T}\int_0^T u_{VW.}\ i_V\,\mathrm{d}t = U_{VW}I_V\cos\beta \tag{B.26}$$

式中 β 为 $U_{VW.}$ 和 I_V 之间的相位差。

两功率表的读数 P_1 和 P_2 之和即为三相功率

$$P = P_1 + P_2 = U_{UW}I_U\cos\alpha + U_{VW}I_V\cos\beta \tag{B.27}$$

当负载对称时

$$P = P_1 + P_2 = U_i I_i\cos(30-\varphi) + U_i I_i\cos(30+\varphi) = \sqrt{3}U_i I_i\cos\varphi \tag{B.28}$$

当 $\varphi=0$ 时,$P_1=P_2$,$P=2P_1$

当 $\varphi>60°$ 时,P_2 为负值,$P=P_1-P_2$

我国生产有专供测三相三线制电路总功率的二元功率表,也称三相功率表。它是两个功率表的共轴组合,轴受到的电磁转矩为两者之代数和,所以三相总功率可以直接从表上读出。

B.5 万用表

万用表是最常用的电工测量仪表,主要用于测量电阻、电压和电流。有的万用表还能测电容、电感、晶体管参数等。虽然准确度不高,但使用简单、携带方便、价格便宜。

万用表分模拟表(指针式)和数字表两大类。

B.5.1 磁电式万用表的原理

万用表一般由高质量的磁电式表头配以若干分流器、倍压器以及干电池组、电位器、半导体整流器和转换开关等组成,其简化的原理电路如图 B.8 所示。

1. 用万用表测量电流和电压

万用表测量直流电流和直流电压的原理与前 B.4.1 和 B.4.2 中有关磁电式仪表测量直流电流、电压的原理分析相同。万用表也能测交流电压和交流电流,是将交流信号经过半导体整流器,变为直流信号,再送入测量电路。万用表只能测量正弦交流信号的有效值。不能测量非正弦交流信号。

2. 用万用表测量电阻

由图 B.8 可知,用万用表测量电阻时,将表头内阻 R_A、调零电位器 R_w、被测电阻 R_x 与表内电池串联成一个回路。回路电流为

$$I = \frac{E}{R_A + R_w + R_x}$$

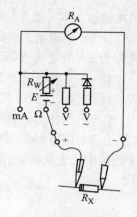

图 B.8 万用表原理图

回路电流 I 大小反比于 R_x,R_x 越小,I 越大。而表头指针的偏转角度 α 正比于流经表头的电流 I,故 R_x 越小,指针偏转角度 α 越大。所以万用表测电阻时的刻度线是:指针静止处对应于 R_x 为无穷大的刻度线,指针偏转到最大时,对应于 R_x 为零的刻度线。

B. 5. 2 万用表的正确使用

万用表可以测量多种参数,使用时稍有不慎,就会损坏仪表。使用时,应注意以下几点:

(1) 正确选择测量内容。例如测量直流电压时,必须将转换开关旋至直流电压档,绝不能将转换开关置在测电阻档或测电流档时去测量电压,这样会损坏万用表。

(2) 正确选择量程。测量前不知被测量的最大数值,应先选用大量程档进行测试,然后逐渐将量程转换到合适的档位上。测电压和电流时,一般以指针在满量程的三分之二处为宜,可减小测量误差。

(3) 测直流量时,注意万用表接线端的"＋"、"－"号,使"＋"、"－"接线端分别与被测电路的正、负极连接,防止表头指针反偏。

(4) 测电阻时,每更换量程,要及时调零。为提高测量准确度,应尽量使用表盘刻度的中间段。不能带电测电阻。测电路中某一电阻时,应将此电阻与电路中其他电阻分开后测量。测量大电阻时($>10\mathrm{k}\Omega$),两手不要同时分别与两个表笔相接,以防人体电阻对测量结果造成影响。

习　　题

B. 1　用量程为 100V、准确度为 0.5 级的电压表分别测量 80V 电压和 40V 电压,可能出现的最大相对误差是多少? 并说明仪表量程选择的意义。

B. 2　用量程为 5A 的电流表,测量一实际值为 4A 的电流。若读数为3.97A,求测量的绝对误差和相对误差。若求得的绝对误差被视为最大绝对误差,问仪表

253

的准确度为哪一级？

    B.3　某磁电式表头内阻为 15Ω，允许通过的额定电流为 5mA，现将它改装成量程为 5A 的电流表，问需接入多大阻值的分流器。

    B.4　某磁电式表头内阻为 150Ω，额定压降为 45mV，现将其改为 150V 电压表，其倍压器电阻 R_V 的值应为多少？

    B.5　为什么磁电式仪表不能直接测量交流量？

    B.6　用万用表测量阻值较大的电阻（比如 $51k\Omega$）时，两只手同时分别握住两个测量用的表笔棒，问能否得到正确的测量结果？为什么？

附录 C　国际单位制(SI)的词头

因数	词头名称		符号
	法文	中文	
10^{18}	exa	艾	E
10^{15}	peta	拍	P
10^{12}	tera	太	T
10^{9}	giga	吉	G
10^{6}	mega	兆	M
10^{3}	kilo	千	k
10^{2}	hecto	百	h
10^{1}	deca	十	da
10^{-1}	deci	分	d
10^{-2}	centi	厘	c
10^{-3}	milli	毫	m
10^{-6}	micro	微	μ
10^{-9}	nano	纳	n
10^{-12}	pico	皮	p
10^{-15}	femto	飞	f
10^{-18}	atto	阿	a

附录 D 常用导电材料的电阻率和电阻温度系数

材料名称	电阻率 $\rho(20℃)$ $\Omega \cdot mm^2/m$	电阻温度系数 α $(0\sim100℃)(1/℃)$
铜	0.0175	0.004
铝	0.026	0.004
钨	0.049	0.004
铸铁	0.50	0.001
钢	0.13	0.006
碳	10.0	-0.0005
锰铜	0.42	0.000005
康铜	0.44	0.000005
镍铬铁	1.0	0.00013
铝铬铁	1.2	0.00008